"十四五"国家重点出版物出版规划项目

基础科学基本理论及其热点问题研究

国家出版基金项目

NATIONAL PUBLICATION FOUNDATION

丢番图逼近与超越数

朱尧辰◎著

超越数
基本理论

中国科学技术大学出版社

内 容 简 介

本书较全面地讲述了超越数论的基本结果和主要方法,包括 Hilbert 第七问题的解,指数函数、对数函数、椭圆函数、E 函数、Mahler 型函数等重要函数类的超越性质,以及数的分类和超越性度量.通过这些基本结果给出了 Gelfond-Schneider 方法、Baker 方法、Siegel-Shidlovskii 方法、Mahler 方法及逼近方法等超越数论基本方法.

图书在版编目(CIP)数据

超越数:基本理论/朱尧辰著.—合肥:中国科学技术大学出版社,2024.1
(丢番图逼近与超越数)
国家出版基金项目
"十四五"国家重点出版物出版规划项目
ISBN 978-7-312-05784-7

Ⅰ.超… Ⅱ.朱… Ⅲ.超越数 Ⅳ.O156.6

中国国家版本馆 CIP 数据核字(2023)第 236241 号

超越数：基本理论

CHAOYUESHU：JIBEN LILUN

出版	中国科学技术大学出版社
	安徽省合肥市金寨路 96 号,230026
	http://press.ustc.edu.cn
	https://zgkxjsdxcbs.tmall.com
印刷	安徽新华印刷股份有限公司
发行	中国科学技术大学出版社
开本	787 mm×1092 mm　1/16
印张	16.5
字数	400 千
版次	2024 年 1 月第 1 版
印次	2024 年 1 月第 1 次印刷
定价	72.00 元

前　言

超越数论与丢番图逼近论紧密相关,是数论的一个重要分支.自从 20 世纪 30 年代 Hilbert 第七问题被解决以来,经典的 Gelfond-Schneider 方法不断得到改进和发展.特别是 20 世纪 60 年代末期 A. Baker 关于代数数的对数的线性无关性的工作推动了超越数论的发展,他因此而荣获 Fields 奖.近 30 年来,由于丢番图逼近论的进展以及来自交换代数、代数几何等学科的新的技术的出现,形成了一些新的超越方法,并产生了不少引人注目的新结果,例如 R. Apéry 关于 $\zeta(3)$ 的无理性(1979),Yu. V. Nesterenko 关于 π,e^{π} 和 $\Gamma(1/4)$ 的代数无关性(1996),等等.另外,超越数论的方法在理论计算机科学中还找到有价值的应用.当前超越数论是数论研究非常活跃的领域之一.在我国,从 20 世纪 70 年代初期起,在王元院士的倡导和组织下,在研究丢番图逼近论的同时也开展了超越数论的研究工作,并取得一些有意义的理论和应用成果,初步形成了研究队伍.为了有助于人们较全面地了解和学习超越数论的经典理论、方法和当代成果,有利于超越数论的研究在国内的发展,我编写了这本书.

超越数论的结果相当丰富,原始论文也非常浩繁,本书以几种重要的函数类的数论性质(超越性和代数无关性)为主要研究对象,通过证明一些经典结果和当代成果较全面地给出超越数论的基本方法.全书分 8 章.第 1 章讲超越数与代数数的基本性质和一些常用工具性数论引理，并应用丢番图逼近的结果构造一些超越数，从而给出超越数论中的逼近方法的基本思想．第 2～4 章论述 Gelfond-Schneider 方法．第 2 章给出著名的 Hilbert 第七问题的解，即 A. O. Gelfond 和 Th. Schneider 的两种基本方法．第 3 章研究一类重要周期函数即椭圆函数的超越性质，并介绍 Yu. V. Nesterenko 关于模函数的最新超越性结果．第 4 章用 Gelfond 方法研究指数函数值的代数无关性．第 5 章讲述 Baker 方法，研究代数数的对数的线性无关性（定性和定量两个方面），其中介绍了 M. Waldschmidt 关于对数线性型下界估计迄今最好的结果，并用来建立某些经典超越数的超越性度量．第 6 章研究 E 函数的数论性质，是 Siegel-Shidlovskii 方法的基本引论．第 7 章讨论某些满足一类函数方程的特殊函数在代数点上的值的超越性，简明地论述了 Mahler 方法．大体上前 7 章给出了超越数论的基本方法．最后一章的主题是 K. Mahler 的数的分类理论，它与丢番图逼近的度量理论紧密相关．我们假定读者具有初等代数数论和复分析的基础知识．除第 1 章外，其余各章相对独立．

书中部分材料在研究生课程或专题讲座中使用过，正式成书时据此作了修改，并且增加了一些新材料，有些内容在同类书中是第一次由原始论文改写成书的形式．但由于本书性质及篇幅所限，有些结果只作介绍而未展开讨论．在每章最后我们增加了一节"补充与评注"，其中包括一些新近进展和某些前沿性研究问题，以弥补正文之不足．

本书的写作得到我的老师王元院士的热情鼓励和指导，在出版和讲课过程中得到潘承彪教授和王天泽教授的帮助，谨向他们致以衷心的感谢．我还要感谢国家自然科学基金委员会 30 多年来对我科研工作的长期支持．

限于作者水平，本书存在不妥和谬误在所难免，恳切地希望读者和同行批评指正．

朱尧辰于北京

主要符号说明

$\mathbb{N}$　正整数集

$\mathbb{N}_0 = \mathbb{N} \cup \{0\}$

$\mathbb{Z}$　（有理）整数集

$\mathbb{Q}$　有理数集

$\mathbb{R}$　实数集

$\mathbb{C}$　复数集

$\mathbb{A}$　代数数集

$\mathbb{Z}_{\mathbb{A}}$　全体代数整数的集合

$\mathbb{Z}_K$　代数数域 K 中全体代数整数的集合

$\log a$　非零复数 a 的自然对数

$K[z_1, \cdots, z_n]$　域 K 上变量 $z_1, \cdots, z_n$ 的多项式环

$K(z_1, \cdots, z_n)$　域 K 上变量 $z_1, \cdots, z_n$ 的有理函数域

$K[[z_1, \cdots, z_n]]$　域 K 上变量 $z_1, \cdots, z_n$ 的形式幂级数环

（设 $P \in \mathbb{C}[z_1, \cdots, z_n]$.）

$\deg P$ 或 $d(P)$　P 的（全）次数

$\deg_{z_i} P$　　P 关于变量 z_i 的次数

$\hat{d}(P) = \max_{1 \leqslant i \leqslant n} \deg_{z_i} P$

$L(P)$　　P 的长

$H(P)$　　P 的高

$t(P) = d(P) + \log H(P)$　　P 的规格

$M(P)$　　P 的 Mahler 度量

$\Lambda(P) = 2^{d(P)} L(P) (P \in \mathbb{C}[z])$

（设 $P \in \mathbb{A}[z_1, \cdots, z_n]$.）

$\lceil P \rceil$　　P 的尺度

$\text{den}(P)$　　P 的分母

（设 $\alpha \in \mathbb{A}$.）

$\deg\alpha$ 或 $d(\alpha)$　　α 的次数

$L(\alpha)$　　α 的长

$H(\alpha)$　　α 的高

$t(\alpha) = d(\alpha) + \log H(\alpha)$　　α 的规格

$M(\alpha)$　　α 的 Mahler 度量

$h(\alpha)$　　α 的绝对对数高

$\lceil \alpha \rceil$　　α 的尺度

$\partial(\alpha)$　　α 的一个分母

$\text{den}(\alpha)$　　α 的最小分母

$s(\alpha) = \max(\log\lceil\alpha\rceil, \log \text{den}(\alpha))$　　α 的容度

（设 $\alpha, \beta, \cdots \in \mathbb{A}$.）

$\partial(\alpha, \beta, \cdots)$　　$\alpha, \beta, \cdots$ 的一个公分母

$\text{den}(\alpha, \beta, \cdots)$　　$\alpha, \beta, \cdots$ 的最小公分母

$\|a\| = \min\{|z - a| \mid z \in \mathbb{Z}\} (a \in \mathbb{R})$

$\text{tr deg}_K L$　　域 K 的扩域 L 在 K 上的超越次数

$\text{tr deg} L$　　域 L（在 $\mathbb{Q}$ 上）的超越次数

θ（或 σ）　　S 数的型

$\mu(\omega)$　　无理数 ω 的无理性指数

τ　　超越型

$\varphi(d, H)$　　超越性或代数无关性度量

$\psi(H)$　　线性无关性度量

□　　定理、引理、推论或命题证明完毕

目　　录

第 **1** 章
超越数与代数数

本章是全书的预备,包括一些基本定义、代数数的简单性质及常用数论引理,还给出 Mahler 超越性的充要条件及构造超越数的某些方法.

1.1 代数数及其简单性质

设 $\alpha \in \mathbb{C}$,若存在非零多项式 $P \in \mathbb{Z}[z]$ 使 $P(\alpha)=0$,则称 α 为代数数,否则称 α 为超越数.全体代数数形成一个域,记为 $\mathbb{A}$.由对称多项式定理,上述定义中条件 $P \in \mathbb{Z}[z]$ 可等价地换成 $P \in \mathbb{A}[z]$.

设 $s \geqslant 1, P \in \mathbb{C}[z_1, \cdots, z_s]$.记

$$P(z_1, \cdots, z_s) = \sum_{(i)} a_{(i)} z_1^{i_1} \cdots z_s^{i_s},$$

其中 $a_{(i)} \in \mathbb{C}$，$\sum\limits_{(i)}$ 是关于 $(i) = (i_1, \cdots, i_s) \in \mathbb{N}_0^s$ 的有限和. 分别称 $\sum\limits_{(i)} |a_{(i)}|$ 和 $\max\limits_{(i)} |a_{(i)}|$ 为 P 的长和高，记为 $L(P)$ 和 $H(P)$. 用 $d(P)$ 表示 P 的(全)次数，$\deg_{z_i}(P)$ 表示 P 关于 z_i 的次数，令

$$\hat{d}(P) = \max_i \deg_{z_i}(P),$$

于是

$$\hat{d}(P) \leqslant d(P) \leqslant s\hat{d}(P).$$

还定义 $t(P) = d(P) + \log H(P)$，称为 P 的规格.

若 $\alpha \in \mathbb{A}$，$P \in \mathbb{Z}[z]$（在 $\mathbb{Q}$ 上）不可约且 $P(\alpha) = 0$，则称 $P(z)$ 为 α 的极小多项式，其次数、长、高和规格分别称为 α 的次数、长、高和规格，并记为 $d(\alpha), L(\alpha), H(\alpha)$ 和 $t(\alpha)$. 设 $\alpha^{(1)} = \alpha, \alpha^{(2)}, \cdots, \alpha^{(n)}$ 是 α 的极小多项式的全部根，则称 $\alpha^{(1)}, \cdots, \alpha^{(n)}$ 为 α 的共轭(或共轭元)，并称 $N(\alpha) = \alpha^{(1)} \cdots \alpha^{(n)}$ 为 α 的范数，以及 $\overline{|\alpha|} = \max\limits_{1 \leqslant i \leqslant n} |\alpha^{(i)}|$ 为 α 的尺度.

若代数数 α 的极小多项式首项(即最高次项)系数为 1，则称 α 为代数整数. 所有代数整数构成 $\mathbb{A}$ 中的一个环，记为 $\mathbb{Z}_\mathbb{A}$.（$\mathbb{Q}$ 中的)整数有时称为有理整数.

设 $\alpha \in \mathbb{A}$，若 $a \in \mathbb{N}$ 使 $a\alpha \in \mathbb{Z}_\mathbb{A}$，则称 a 为 α 的一个分母，记为 $\partial(\alpha)$. 因此 α 的极小多项式的首项系数(设为正数)是 α 的一个分母. α 的分母中最小者称为 α 的最小分母，记为 $\mathrm{den}(\alpha)$. 对于多个代数数 $\alpha_1, \cdots, \alpha_s$，若 $a \in \mathbb{N}$ 是所有 α_i 的分母，则称 a 为 $\alpha_1, \cdots, \alpha_s$ 的公分母，记为 $\partial(\alpha_1, \cdots, \alpha_s)$，其中最小者称为 $\alpha_1, \cdots, \alpha_s$ 的最小公分母，记为 $\mathrm{den}(\alpha_1, \cdots, \alpha_s)$.

对于 $\alpha \in \mathbb{A}$，称

$$s(\alpha) = \log \max(\overline{|\alpha|}, \mathrm{den}(\alpha))$$

为其容度. 对于

$$P = \sum_{(i)} a_{(i)} z_1^{i_1} \cdots z_s^{i_s} \in \mathbb{A}[z_1, \cdots, z_s],$$

称 $\overline{|P|} = \max\limits_{(i)} \overline{|a_{(i)}|}$ 为其尺度，$\mathrm{den}(P) = \mathrm{den}(a_{(i)})$ 为其分母. 特别地，若 $P \in \mathbb{Z}[z_1, \cdots, z_s]$，则 $\overline{|P|} = H(P)$.

引理 1.1.1 若 $\alpha \in \mathbb{A}$，$\alpha \neq 0$，则

$$(1 + H(\alpha))^{-1} < |\alpha| < 1 + \frac{H(\alpha)}{\mathrm{den}(\alpha)}. \tag{1.1.1}$$

特别地，有 $\overline{|\alpha|} < 1 + H(\alpha)$.

证 若 $|\alpha| \leqslant 1$，则式(1.1.1)右边显然成立. 现设 $|\alpha| > 1$，且 $P(z) = a_n z^n + \cdots + a_0$ 为其极小多项式. 由 $P(\alpha) = 0$ 得

$$|a_n \alpha^n| = |a_{n-1}\alpha^{n-1} + \cdots + a_0| \leqslant H(\alpha)(|\alpha|^{n-1} + \cdots + 1)$$

$$= H(\alpha)\frac{|\alpha|^n - 1}{|\alpha| - 1} < H(\alpha)\frac{|\alpha|^n}{|\alpha| - 1}.$$

因

$$\mathrm{den}(\alpha) \leqslant |a_n|,$$

故得式(1.1.1)右边. 将不等式(1.1.1)的右边应用于代数数 $1/\alpha$,注意

$$H(\alpha) = H(1/\alpha),$$

即得式(1.1.1)左半. □

引理 1.1.2(代数数基本不等式) 若 $\alpha \in \mathbb{A}$,$\alpha \neq 0$,则

$$\log|\alpha| \geqslant -(n-1)\log\overline{|\alpha|} - n\log\mathrm{den}(\alpha) > -2ns(\alpha).$$

证 因 $\mathrm{den}(\alpha)\alpha$ 为非零代数整数,故

$$|N(\mathrm{den}(\alpha)\alpha)| \geqslant 1,$$

因而

$$\mathrm{den}(\alpha)^n|\alpha|\overline{|\alpha|}^{n-1} \geqslant 1 \quad (\text{其中 } n = d(\alpha)),$$

于是得到

$$\log|\alpha| \geqslant -(n-1)\log\overline{|\alpha|} - n\log\mathrm{den}(\alpha) > -2ns(\alpha). \quad \square$$

引理 1.1.3 设 α 是非零代数数,$m \in \mathbb{Z}$,则

$$H(\alpha) \leqslant (2\mathrm{den}(\alpha)\max(1,\overline{|\alpha|}))^{d(\alpha)}, \tag{1.1.2}$$

$$H(\alpha + m) \leqslant (d(\alpha) + 1)(1 + |m|)^{d(\alpha)}H(\alpha). \tag{1.1.3}$$

证 设 $P(z) = a_n z^n + \cdots + a_0$ 是 α 的极小多项式,则由多项式根与系数的关系得,当 $i = 0, \cdots, n$ 时

$$|a_i| \leqslant |a_n|\binom{n}{i}\overline{|\alpha|}^{n-i} \leqslant 2^n|a_n|\max(1,\overline{|\alpha|}^n). \tag{1.1.4}$$

又因为 $\mathrm{den}(\alpha)\alpha \in \mathbb{Z}_{\mathbb{A}}$,所以存在非零多项式

$$R(z) = z^n + b_{n-1}z^{n-1} + \cdots + b_0 \in \mathbb{Z}[z],$$

使 $R(\mathrm{den}(\alpha)\alpha) = 0$,或者 $R_1(\alpha) = 0$,其中

$$R_1(z) = \mathrm{den}(\alpha)^n z^n + \cdots + b_0 \in \mathbb{Z}[z].$$

但 $P(z)$ 不可约,故 $P|R_1$,从而

$$|a_n| \leqslant \mathrm{den}(\alpha)^n,$$

于是由式(1.1.4)得式(1.1.2).

现在令 $G(z) = P(z - m)$,则 $G(z)$ 是 $\alpha + m$ 的极小多项式,于是由 G 与 P 的系数

间的关系得

$$H(\alpha + m) \leqslant H(\alpha) \sum_{j=0}^{n} (1 + |m|)^j \leqslant (n+1)(1 + |m|)^n H(\alpha).$$

因而式(1.1.3)得证.

下面两个引理比较显然,我们略去证明.

引理 1.1.4 设 $\alpha, \beta \in \mathbb{A}$, $a, m \in \mathbb{N}$, 则

$$\mathrm{den}(\alpha\beta) \leqslant \mathrm{den}(\alpha)\mathrm{den}(\beta), \qquad \boxed{\alpha\beta} \leqslant \boxed{\alpha}\,\boxed{\beta},$$
$$\mathrm{den}(\alpha + \beta) \leqslant \mathrm{den}(\alpha)\mathrm{den}(\beta), \qquad \boxed{\alpha + \beta} \leqslant \boxed{\alpha} + \boxed{\beta},$$
$$\mathrm{den}(a\alpha) \leqslant a\,\mathrm{den}(\alpha), \qquad \boxed{a\alpha} = a\boxed{\alpha},$$
$$\mathrm{den}(\alpha^m) \leqslant \mathrm{den}(\alpha)^m, \qquad \boxed{\alpha^m} = \boxed{\alpha}^m.$$

引理 1.1.5 若 $\alpha_1, \cdots, \alpha_t \in \mathbb{A}$, 则

$$s(\alpha_1 + \cdots + \alpha_t) \leqslant s(\alpha_1) + \cdots + s(\alpha_t);$$

若 $\alpha_1, \cdots, \alpha_t \in \mathbb{Z}_\mathbb{A}$, 则

$$s(\alpha_1 + \cdots + \alpha_t) \leqslant \max_{1 \leqslant i \leqslant t} s(\alpha_i) + \log t.$$

引理 1.1.6 设 $\alpha, \beta \in \mathbb{A}$, $d(\alpha), d(\beta) \leqslant d$, $H(\alpha), H(\beta) \leqslant h(h \geqslant e)$, 则

$$d(\alpha + \beta) \leqslant d^2, \quad d(\alpha\beta) \leqslant d^2,$$
$$H(\alpha + \beta) \leqslant h^c, \quad H(\alpha\beta) \leqslant h^c,$$

其中 $c > 0$ 是与 α, β 有关的常数.

证 设 α, β 的共轭分别是 $\alpha^{(i)}, \beta^{(j)}$, 其极小多项式最高项系数分别为 a, b, 则

$$P(x) = (ab)^{d^2} \prod_{i,j} (x - (\alpha^{(i)} + \beta^{(j)})) \in \mathbb{Z}[x],$$

且 $\alpha + \beta$ 的极小多项式是 $P(x)$ 的因子, 因此

$$d(\alpha + \beta) \leqslant d^2.$$

并且由引理 1.1.1、引理 1.1.3 和引理 1.1.4 得

$$H(\alpha + \beta) \leqslant (2\mathrm{den}(\alpha + \beta)\max(1, \boxed{\alpha + \beta}))^{d(\alpha + \beta)}$$
$$\leqslant (2ab \cdot 2h)^{d^2} \leqslant h^c,$$

其中 $c = d^2(1 + \log(4ab))$. 类似地, 可证另二式.

现在设 $P \in \mathbb{C}[z]$ 是 d 次非零多项式

$$P(z) = a_d z^d + \cdots + a_0 = a_d \prod_{i=1}^{d} (z - \alpha_i),$$

由 Jensen 公式(例如,文献[222])得

$$| a_d | \prod_{i=1}^{d} \max(1, | \alpha_i |) = \exp\Big(\int_0^1 \log | P(e^{2\pi it}) | \, dt\Big).$$

我们定义 P 的 Mahler 度量[134]为

$$M(P) = | a_d | \prod_{i=1}^{d} \max(1, | \alpha_i |).$$

因此 $M(P)$ 是一个积性函数:

$$M(P_1 P_2) = M(P_1) M(P_2) \quad (P_1, P_2 \in \mathbb{C}[z]).$$

如果代数数 α 有极小多项式 $P \in \mathbb{Z}[z]$,则称 $M(\alpha) = M(P)$ 为 α 的 Mahler 度量,还令

$$h(\alpha) = \frac{1}{d(\alpha)} \log M(\alpha),$$

并称为 α 的绝对对数高.

引理 1.1.7 设 $P \in \mathbb{C}[z]$,则

$$2^{-d(P)} H(P) \leqslant M(P) \leqslant \min(\sqrt{d(P)+1} H(P), L(P)). \tag{1.1.5}$$

特别地,若 α 为 d 次代数数,则

$$2^{-d} H(\alpha) \leqslant M(\alpha) \leqslant \min(\sqrt{d+1} H(\alpha), L(\alpha)). \tag{1.1.6}$$

证 设 $P(z) = a_d z^d + \cdots + a_0$,其零点为 $\alpha_1, \cdots, \alpha_d$,则

$$a_j = (-1)^{d-j} a_d \sum_{1 \leqslant s_1 < \cdots < s_j \leqslant d} \alpha_{s_1} \cdots \alpha_{s_j} \quad (0 \leqslant j \leqslant d),$$

其中和式中加项个数是 $\binom{d}{j} \leqslant 2^d$,且每个加项的绝对值都不超过 $M(P)/| a_d |$,故得式 (1.1.5) 左半.

为证式 (1.1.5) 右半,由 Riemann 积分定义及算术几何平均不等式可得

$$\exp\Big(\int_0^1 \log | P(e^{2\pi it}) |^2 \, dt\Big) \leqslant \int_0^1 | P(e^{2\pi it}) |^2 \, dt.$$

因此

$$\exp\Big(\frac{1}{2} \int_0^1 \log | P(e^{2\pi it}) |^2 \, dt\Big) \leqslant \Big(\int_0^1 | P(e^{2\pi it}) |^2 \, dt\Big)^{1/2} = \Big(\sum_{i=0}^{d} | a_i |^2\Big)^{1/2},$$

由此易得式 (1.1.5) 右半.

取 P 为 α 的极小多项式,由式 (1.1.5) 即得式 (1.1.6). □

引理 1.1.8 若 $\alpha_1, \alpha_2 \in \mathbb{A}$,则

$$h(\alpha_1 + \alpha_2) \leqslant h(\alpha_1) + h(\alpha_2) + \log 2,$$

$$h(\alpha_1 \alpha_2) \leqslant h(\alpha_1) + h(\alpha_2).$$

且若 $\alpha \in \mathbb{A}$, $\alpha \neq 0$, $n \in \mathbb{Z}$, 则

$$h(\alpha^n) = |n| \, h(\alpha).$$

证 注意当 $x, y \geqslant 0$ 时, 有

$$\max(1, xy) \leqslant \max(1, x) \cdot \max(1, y),$$
$$\max(1, x + y) \leqslant 2\max(1, x) \cdot \max(1, y).$$

由此易证前二不等式. 又因当 $x > 0$, $n \in \mathbb{Z}$, $n \geqslant 0$ 时

$$\max(1, x^n) = \max(1, x)^n,$$

因而此时 $h(\alpha^n) = nh(\alpha)$. 而当 $x > 0$ 时

$$\max(1, x) = x \max(1, 1/x),$$

故当 $\alpha \neq 0$ 时 $h(\alpha) = h(1/\alpha)$, 从而当 $n < 0$ 时也有 $h(\alpha^n) = |n| h(\alpha)$. □

注 1.1.1 若 $s \geqslant 2$, $\alpha_i \in \mathbb{A}$, 则 (见文献[249])

$$h(\alpha_1 + \cdots + \alpha_s) \leqslant \log s + \sum_{i=1}^{s} h(\alpha_i).$$

引理 1.1.9 若 α 为 d 次代数数, 则

$$\frac{1}{d} \log H(\alpha) - \log 2 \leqslant h(\alpha) \leqslant \frac{1}{d} \log H(\alpha) + \frac{1}{2d} \log(d + 1),$$

$$\frac{1}{d} s(\alpha) \leqslant h(\alpha) \leqslant \log \operatorname{den}(\alpha) + \log \max(1, \overline{|\alpha|}) \leqslant 2s(\alpha).$$

证 由引理 1.1.7 立得第一式. 而由引理 1.1.3 的证明知 α 的极小多项式首项系数 a_d 满足

$$|a_d| \leqslant \operatorname{den}(\alpha)^d,$$

还有

$$|a_d| \geqslant \operatorname{den}(\alpha),$$

所以

$$\max(\operatorname{den}(\alpha), \overline{|\alpha|}) \leqslant |a_d| \prod_{i=1}^{d} \max(1, |\alpha_i|) \leqslant \operatorname{den}(\alpha)^d (\max(1, \overline{|\alpha|}))^d,$$

其中 α_i 是 α 的共轭元, 于是第二式也得证. □

引理 1.1.10 (Liouville 不等式, Liouville 估计, 见文献[69]) 设 $\alpha_1, \cdots, \alpha_s \in \mathbb{A}$, $[\mathbb{Q}(\alpha_1, \cdots, \alpha_s) : \mathbb{Q}] = D$, $d(\alpha_k) = d_k (k = 1, \cdots, s)$, 并且设

$$P(z_1,\cdots,z_s) = \sum_{k_1=0}^{N_1}\cdots\sum_{k_s=0}^{N_s} a_{k_1\cdots k_s} z_1^{k_1}\cdots z_s^{k_s} \in \mathbb{Z}[z_1,\cdots,z_s],$$

如果 $P(\alpha_1,\cdots,\alpha_s)\neq 0$,则有

$$|P(\alpha_1,\cdots,\alpha_s)| \geqslant L(P)^{1-\delta D}\prod_{k=1}^{s} L(\alpha_k)^{-\delta D N_k/d_k},$$

其中

$$\delta = \begin{cases} 1, & \text{当 } \mathbb{Q}(\alpha_1,\cdots,\alpha_s) \text{ 是实域}, \\ 1/2, & \text{当 } \mathbb{Q}(\alpha_1,\cdots,\alpha_s) \text{ 是复域}. \end{cases}$$

证 依本原元定理,我们有

$$\mathbb{Q}(\alpha_1,\cdots,\alpha_s) = \mathbb{Q}(\theta),$$

其中 θ 是 D 次代数数,于是对每个 $k(1\leqslant k\leqslant s)$ 有

$$\alpha_k = f_k(\theta),$$

其中 $f_k\in\mathbb{Q}[z]$,次数$<D$,并且

$$P(\alpha_1,\cdots,\alpha_s) = P(f_1(\theta),\cdots,f_s(\theta)) = T(\theta),$$

其中 $T\in\mathbb{Q}[z]$. 设 $\theta=\theta^{(1)},\cdots,\theta^{(D)}$ 是 θ 的全部共轭,而 $\alpha_k^{(1)}=\alpha_k,\cdots,\alpha_k^{(d_k)}$ 是 α_k 的全部共轭,那么 $d_k|D$,并且每个 $\alpha_k^{(\sigma)}$ 在 $\{T(\theta^{(1)}),\cdots,T(\theta^{(D)})\}$ 中恰好出现 D/d_k 次. 记

$$T(\theta^{(t)}) = P(f_1(\theta^{(t)}),\cdots,f_s(\theta^{(t)})) = P(\alpha_1^{(j_{t,1})},\cdots,\alpha_s^{(j_{t,s})}),$$

则有

$$T(\theta^{(1)}),\cdots,T(\theta^{(D)}) \in \mathbb{Q}, \tag{1.1.7}$$

并且 $\alpha_k^{(j_k)}$(α_k 的某个共轭)只在其 D/d_k 个因子中出现,因此 α_k 的每个共轭在乘积 (1.1.7)中至多为 $N_k D/d_k$ 次. 易知,若 $\beta\in\mathbb{A}$ 的全部共轭为 $\beta_1(=\beta),\cdots,\beta_l$,极小多项式首项系数为 γ,则 $\gamma\beta_{j_1}\cdots\beta_{j_r}$($\{j_1,\cdots,j_r\}\subseteq\{1,\cdots,l\}$)为代数整数. 因此,若用 a_{k,d_k} 表示 α_k 的极小多项式的首项系数,则

$$A = \prod_{t=1}^{D} T(\theta^{(t)}) \cdot \prod_{k=1}^{s} a_{k,d_k}^{N_k D/d_k}$$

$$= \prod_{t=1}^{D} P(\alpha_1^{(j_{t,1})},\cdots,\alpha_s^{(j_{t,s})}) \prod_{k=1}^{s} a_{k,d_k}^{N_k D/d_k} \in \mathbb{Z}.$$

由于 $T(\theta^{(1)})\neq 0$,所以 $A\neq 0$,因而 $|A|\geqslant 1$,还有

$$|T(\theta^{(t)})| = \left|P(\alpha_1^{(j_{t,1})},\cdots,\alpha_s^{(j_{t,s})})\right| \leqslant L(P)\prod_{k=1}^{s}\max(1,|\alpha_k^{(j_{t,k})}|^{N_k}).$$

于是由引理 1.1.7 得

$$1 \leqslant |P(\alpha_1, \cdots, \alpha_s)| \, |T(\theta^{(2)}) \cdots T(\theta^{(D)})| \cdot \prod_{k=1}^{s} a_{k,d_k}^{N_k D/d_k}$$

$$\leqslant |P(\alpha_1, \cdots, \alpha_s)| \cdot L(P)^{D-1} \prod_{k=1}^{s} \left(a_{k,d_k} \prod_{t=1}^{d_k} \max(1, |\alpha_k^{(t)}|) \right)^{N_k D/d_k}$$

$$\leqslant |P(\alpha_1, \cdots, \alpha_s)| \cdot L(P)^{D-1} \prod_{k=1}^{s} L(\alpha_k)^{N_k D/d_k}. \tag{1.1.8}$$

如果 $\mathrm{Im}\,\theta \neq 0$，则不妨认为 $\theta^{(2)} = \bar{\theta}$，于是

$$1 \leqslant |P(\alpha_1, \cdots, \alpha_s)|^2 |T(\theta^{(3)}) \cdots T(\theta^{(D)})| \prod_{k=1}^{s} a_{k,d_k}^{N_k D/d_k}$$

$$\leqslant |P(\alpha_1, \cdots, \alpha_s)|^2 L(P)^{D-2} \prod_{k=1}^{s} L(\alpha_k)^{N_k D/d_k}. \tag{1.1.9}$$

由(1.1.8)，(1.1.9)两式即可得所要的不等式. $\qquad\square$

推论 1.1.1（Liouville 定理[121]） 设 α 是 $n(n>1)$ 次代数数. 则存在常数 $c(\alpha)>0$，使对任意有理数 $p/q(q>0)$，有

$$\left| \alpha - \frac{p}{q} \right| > c(\alpha) q^{-n}. \tag{1.1.10}$$

证 取多项式

$$P(z) = qz - p,$$

由引理 1.1.10 得

$$\left| \alpha - \frac{p}{q} \right| > \frac{(|p|+q)^{1-\delta n}}{q} L(\alpha)^{-\delta} \geqslant q^{-n} L(\alpha)^{-\delta} \left(1 + \frac{|p|}{q} \right)^{-n}.$$

如果

$$\left| \alpha - \frac{p}{q} \right| \leqslant 1,$$

则得

$$\frac{|p|}{q} \leqslant \left| \alpha - \frac{p}{q} \right| + |\alpha| \leqslant 1 + |\alpha|,$$

从而

$$\left| \alpha - \frac{p}{q} \right| > (L(\alpha)^{-1}(2+|\alpha|)^{-n}) q^{-n}.$$

如果

$$\left| \alpha - \frac{p}{q} \right| > 1,$$

则式(1.1.10)自然成立.故取

$$c(\alpha) = L(\alpha)^{-1}(2 + |\alpha|)^{-n},$$

即得结论. □

推论 1.1.2 在引理假定下,若

$$P(\alpha_1, \cdots, \alpha_s) \neq 0,$$

则

$$|P(\alpha_1, \cdots, \alpha_s)| \geqslant ((N_1 + 1) \cdots (N_s + 1)H(P))^{-D+1} \prod_{k=1}^{s} ((d_k + 1)H(\alpha_k))^{-N_k D/d_k}.$$

注 1.1.2 当 $s = 1$ 时

$$\theta = \alpha(= \alpha_1), \quad T(\theta) = P(\alpha),$$

于是式(1.1.8)和式(1.1.9)可分别换为

$$|P(\alpha_1)| L(P)^{D-1} L(\alpha_1)^{N_1} \max(1, |\alpha_1|)^{-N_1} \geqslant 1,$$

$$|P(\alpha_1)|^2 L(P)^{D-2} L(\alpha_1)^{N_1} \max(1, |\alpha_1|)^{-2N_1} \geqslant 1.$$

因此我们得到:若 $\alpha \in \mathbb{A}$,$P \in \mathbb{Z}[z]$ 非零,则或 $P(\alpha) = 0$,或

$$|P(\alpha)| \geqslant \max(1, |\alpha|)^{d(P)} L(P)^{-d(\alpha)\delta+1} L(\alpha)^{-d(P)\delta},$$

其中 $\delta = 1$(当 $\alpha \in \mathbb{R}$)或 $1/2$(当 $\alpha \notin \mathbb{R}$).

注 1.1.3 推论 1.1.2 的直接证明可见文献[102]6.1 节.

1.2 超越扩张

设 K 是一个域,$A \supseteq K$ 是一个环,$x_1, \cdots, x_n \in A$.如果存在非零多项式

$$P \in K[X_1, \cdots, X_n]$$

使

$$P(x_1, \cdots, x_n) = 0,$$

则称 $x_1, \cdots, x_n$ 在 K 上代数相关,不然称 $x_1, \cdots, x_n$ 在 K 上代数无关,或称 $\{x_1, \cdots, x_n\}$

是 A 的 K 上代数无关子集.特别地,当 $n=1$ 时,将元素 x 在 K 上代数相关(代数无关)称为 x 在 K 上是代数的(超越的),或称 x 是 K 上的代数元(超越元).若

$$\{x_1,\cdots,x_n\}\subseteq A$$

在 K 上代数无关,则其任何子集也在 K 上代数无关.两个元素 $x_1,x_2\in A$ 在 K 上代数无关,当且仅当 x_1 在 K 上是超越的,并且 x_2 在 $K(x_1)$ 上也是超越的.如果 E 是 A 的有限或无限子集,其任何有限子集都在 K 上代数无关,则称 E 在 K 上代数无关.

设 L 是 K 的扩域,L 的子集 B 若满足下列三个(互相等价的)条件之一,则称为 L 在 K 上的超越基底:

（ⅰ）B 是 L 的 K 上极大代数无关子集;

（ⅱ）B 是 L 的 K 上代数无关子集,而且 L 是 $K(B)$ 的代数扩域;

（ⅲ）B 是集族 $\{T\mid T\subseteq L,L$ 是 $K(T)$ 的代数扩域$\}$ 中的极小集.

L 的任何两个不同的超越基底都有相同的基数.若 L 具有有限超越基底,则其元素个数 $n\geqslant 0$ 称为 L 在 K 上的超越次数(或 L 在 K 上的代数维数),记为 $n=\operatorname{tr}\deg_K L$(或 $\dim_K L$).若 $K\subseteq L\subseteq M$ 是三个域,则

$$\operatorname{tr}\deg_K M = \operatorname{tr}\deg_K L + \operatorname{tr}\deg_L M.$$

(只需等式两边有一边有意义.)特别地,K 的扩域是代数的,当且仅当它在 K 上的超越次数为零.

两个最重要的超越扩域的例子是:

1° $K=\mathbb{Q},L=\mathbb{C}$.此时,若存在非零多项式 $P\in\mathbb{Z}[X_1,\cdots,X_n]$(或 $\mathbb{A}[X_1,\cdots,X_n]$)使复数 $\alpha_1,\cdots,\alpha_n$ 满足 $P(\alpha_1,\cdots,\alpha_n)=0$,则称 $\alpha_1,\cdots,\alpha_n$ 代数相关,否则称代数无关.当 $n=1$ 时,得到上节中所说的代数数和超越数的概念.特别地,用 $\operatorname{tr}\deg F$ 记域 $F(\subseteq\mathbb{C})$ 的超越次数.

2° 设 U 是 $\mathbb{C}$ 的一个连通开集,用 L 表示所有 U 上半纯函数组成的集合.对于每个 $\alpha\in\mathbb{C}$,令它对应于一个 U 到 $\mathbb{C}$ 中的常数函数 $z\mapsto\alpha$,因此有 $\mathbb{C}\subseteq L$.还定义 U 到 $\mathbb{C}$ 上的恒等映射 f_0 为 $f_0(z)=z$(当一切 $z\in U$),于是 $f_0\in L$.取 $K=\mathbb{C}(f_0)$(通常也记为 $K=\mathbb{C}(z)$).我们称半纯函数 $f:U\to\mathbb{C}$ 是代数的(超越的),如果 f 是 L 在 K 上的代数元(超越元),亦即存在(不存在)非零多项式 $P\in\mathbb{C}[X_1,X_2]$ 使 $P(z,f(z))=0$(当一切 $z\in U$).例如指数函数 $f(z)=\mathrm{e}^{lz}(l\neq 0,l\in\mathbb{C})$ 是超越的.我们可以类似地定义(在 $\mathbb{C}(z)$ 上的)代数相关性和代数无关性.

现在设 $F\subseteq\mathbb{C}$ 是 $\mathbb{Q}$ 的超越次数为 q 的有限生成的扩域,那么存在复数 $\omega_1,\cdots,\omega_q$ 在 $\mathbb{Q}$ 上代数无关,使 F 是 $F_0=\mathbb{Q}(\omega_1,\cdots,\omega_q)$ 的有限扩域.由本原元定理,存在复数 ζ^* 使

$$F = \mathbb{Q}(\omega_1,\cdots,\omega_q,\zeta^*),$$

并且 ζ^* 是 $F_0[X]$ 中某个不可约多项式 P^* 的零点.将 P^* 记作

$$P^*(X) = \sum_{i=0}^{d} \frac{p_i^*(\omega_1,\cdots,\omega_q)}{q_i^*(\omega_1,\cdots,\omega_q)} X^i \quad (p_i^*, q_i^* \in \mathbb{Q}[\omega_1,\cdots,\omega_q]),$$

去分母后得到 $\mathbb{Q}[\omega_1,\cdots,\omega_q]$ 上的不可约多项式

$$\widetilde{P}(X) = \sum_{i=0}^{d} \widetilde{p}_i(\omega_1,\cdots,\omega_q) X^i \quad (\widetilde{p}_i \in \mathbb{Q}[\omega_1,\cdots,\omega_q]).$$

最后,以诸 $\widetilde{p}_i$ 的系数的最小公倍数乘 $\widetilde{P}$,可知 ζ^* 是多项式

$$P_1(X) = \sum_{i=0}^{d} p_i(\omega_1,\cdots,\omega_q) X^i \quad (p_i \in \mathbb{Z}[\omega_1,\cdots,\omega_q])$$

的零点. 记

$$\zeta = p_d(\omega_1,\cdots,\omega_q)\zeta^*,$$

那么 ζ 是某个 $\mathbb{Z}[\omega_1,\cdots,\omega_q]$ 上最高项系数为 1 的 d 次不可约多项式的零点,即 ζ 是 $\mathbb{Z}[\omega_1,\cdots,\omega_q]$ 上的整元,并且

$$F = \mathbb{Q}(\omega_1,\cdots,\omega_q,\zeta).$$

F 中每个($\mathbb{Z}[\omega_1,\cdots,\omega_q]$ 上的)整元可唯一地写成

$$\sum_{k=0}^{t} \sum_{j=0}^{d-1} a_{kj} \omega_1^k \zeta^j \quad (a_{kj} \in \mathbb{Z}; t \in \mathbb{N}),$$

并且 F 中的每个元可写成

$$\sum_{j=0}^{d-1} \frac{Q_{j1}(\omega_1,\cdots,\omega_q)}{Q_{j2}(\omega_1,\cdots,\omega_q)} \zeta^j,$$

其中 $Q_{j1}, Q_{j2} \in \mathbb{Z}[z_1,\cdots,z_q]$ 互素($j = 0,\cdots,d-1$). 特别地,若

$$F = \mathbb{Q}(\omega_1,\cdots,\omega_q),$$

则 F 是 $\mathbb{Q}$ 的纯超越扩张.

设 $\tau \in \mathbb{R}$, $(\omega_1,\cdots,\omega_q) \in \mathbb{C}^q$. 如果对每个非零多项式 $P \in \mathbb{Z}[z_1,\cdots,z_q]$ 有

$$\log|P(\omega_1,\cdots,\omega_q)| \geqslant -c_0 t(P)^\tau,$$

其中 $c_0 > 0$ 是一个常数,那么称 $(\omega_1,\cdots,\omega_q)$ 的超越型 $\leqslant \tau$. 此时 $\omega_1,\cdots,\omega_q$ 代数无关.
设域

$$F = \mathbb{Q}(\omega_1,\cdots,\omega_q,\zeta)$$

如上所述,若 $(\omega_1,\cdots,\omega_q)$ 的超越型 $\leqslant \tau$,则称域 F 的超越型 $\leqslant \tau$,或称 F 是有限超越型的域.

设 $d, H \in \mathbb{N}$, $\varphi(x,y)$ 是一个定义在 $\mathbb{N} \times \mathbb{N}$ 上的正函数,$\omega_1,\cdots,\omega_q$ 是 q 个超越数($q \geqslant 1$). 如果对于任何次数 $\leqslant d$,高 $\leqslant H$ 的非零多项式 $P \in \mathbb{Z}[z_1,\cdots,z_q]$,有

$$|P(\omega_1,\cdots,\omega_q)| \geqslant \varphi(d,H),$$

那么称 φ 是 $(\omega_1,\cdots,\omega_q)$ 的一个代数无关性度量. 当 $q=1$ 时称 φ 是 ω_1 的超越性度量.

由上述定义可知,若 $(\omega_1,\cdots,\omega_q)$ 有超越型 $\leqslant\tau$,则 $\exp(-c_0 t(P)^\tau)$ 给出它的一个代数无关性度量(当 $q=1$ 时为超越性度量);反过来,由代数无关性(或超越性)度量也可相应得出其超越型的一个上界.

引理 1.2.1 设 $\varphi(d,H)$ 是超越数 $\omega_1,\cdots,\omega_q(q\geqslant1)$ 的一个代数无关性度量,则

$$\varphi(d,H) \leqslant \exp\Big(c_1 d - \Big(\frac{1}{2}\binom{q+d}{q} - 1\Big)\log H\Big). \tag{1.2.1}$$

特别地,若

$$(\omega_1,\cdots,\omega_q) \in \mathbb{R}^q,$$

则

$$\varphi(d,H) \leqslant \exp\Big(c_2 d - \Big(\binom{q+d}{q} - 1\Big)\log H\Big), \tag{1.2.2}$$

其中 c_1,c_2 是正常数.

证 先设 $(\omega_1,\cdots,\omega_q)\in\mathbb{R}^q$,记

$$\lambda = \max(|\omega_1|,\cdots,|\omega_q|,1), \quad J = \binom{q+d}{q}.$$

令

$$x = \sum_{(j)} a_{(j)} \omega_1^{j_1}\cdots\omega_q^{j_q} \quad (a_{(j)}\in\mathbb{Z}; 0\leqslant a_{(j)}\leqslant H),$$

其中 $(j)=(j_1,\cdots,j_q)\in\mathbb{N}_0^q, j_1+\cdots+j_q\leqslant d$. 于是 (j) 的总数是

$$\sum_{k=0}^d \binom{k+q-1}{q-1} = \sum_{k=0}^d \binom{k+q-1}{k} = \binom{q+d}{q} = J.$$

每个数组 $(a_{(j)})$ 对应唯一的 x,并且

$$A_1 H \leqslant x \leqslant A_2 H,$$

其中

$$A_1 = \sum{}_1 \omega_1^{j_1}\cdots\omega_q^{j_q}, \quad A_2 = \sum{}_2 \omega_1^{j_1}\cdots\omega_q^{j_q},$$

其中 $\sum_1$ 关于 $\omega_1^{j_1}\cdots\omega_q^{j_q}<0$ 求和, $\sum_2$ 关于 $\omega_1^{j_1}\cdots\omega_q^{j_q}\geqslant0$ 求和. 因为

$$|A_1| + A_2 \leqslant J\lambda^d,$$

所以 x 落在一个长为 $J\lambda^d H$ 的区间中. 取 $N\in\mathbb{N}$,并且满足

$$(H+1)^J - 1 \leqslant N < (H+1)^J.$$

将上述区间 N 等分,因为总共有 $(H+1)^J$ 个数组 $(a_{(j)})$,所以由抽屉原理,必有两个不同的数组 $(a'_{(j)})$ 和 $(a''_{(j)})$,由它们决定的 x' 和 x'' 落在上述同一个小区间中,于是

$$|x' - x''| \leqslant J\lambda^d H/N \leqslant J\lambda^d H/((H+1)^J - 1) \leqslant J\lambda^d H^{-J+1}.$$

令

$$b_{(j)} = a'_{(j)} - a''_{(j)},$$

则

$$P(z_1, \cdots, z_q) = \sum_{(j)} b_{(j)} z_1^{j_1} \cdots z_q^{j_q} \not\equiv 0,$$

即得

$$|P(\omega_1, \cdots, \omega_q)| \leqslant J\lambda^d H^{-J+1} \leqslant \exp(c_2 d - (J-1)\log H),$$

其中 $c_2 = q^2 + \log\lambda > 0$,故得式(1.2.2).

对于一般情形,记

$$\omega_1^{j_1} \cdots \omega_q^{j_q} = \xi_{(j)} + \mathrm{i}\eta_{(j)} \quad (\mathrm{i} = \sqrt{-1}),$$

并令

$$y = \sum_{(j)} u_{(j)} \xi_{(j)}, \quad z = \sum_{(j)} u_{(j)} \eta_{(j)} \quad (u_{(j)} \in \mathbb{Z}; 0 \leqslant u_{(j)} \leqslant H).$$

因为 $|\xi_{(j)}|, |\eta_{(j)}| \leqslant \lambda^d$,所以 y, z 分别落在一个长为 $J\lambda^d H$ 的区间中.取 $N \in \mathbb{N}$ 且满足

$$(H+1)^{J/2} - 1 \leqslant N < (H+1)^{J/2},$$

于是

$$N^2 < (H+1)^J.$$

将 y, z 所在区间分别 N 等分,由抽屉原理可知存在两个不同的数组 $(u'_{(j)})$ 和 $(u''_{(j)})$,使它们决定的 (y', z') 和 (y'', z'') 满足不等式

$$|y' - y''| \leqslant J\lambda^d H/N \leqslant J\lambda^d H/((H+1)^{J/2} - 1) \leqslant J\lambda^d H^{-J/2+1},$$
$$|z' - z''| \leqslant J\lambda^d H/N \leqslant J\lambda^d H^{-J/2+1}.$$

令

$$b_{(j)} = u'_{(j)} - u''_{(j)},$$

则

$$P(z_1, \cdots, z_q) = \sum_{(j)} b_{(j)} z_1^{j_1} \cdots z_q^{j_q} \not\equiv 0,$$

并且

$$|P(\omega_1,\cdots,\omega_q)| = |(y'-y'') + i(z'-z'')| \quad (i=\sqrt{-1})$$
$$\leqslant \sqrt{2}J\lambda^d H^{-J/2+1}.$$

由此易得不等式(1.2.1).

推论 1.2.1 若 $(\omega_1,\cdots,\omega_q)$ 的超越型 $\leqslant \tau$，则 $\tau \geqslant q+1$.

证 当 d 充分大时，对上面确定的 $P(z_1,\cdots,z_q)$，有

$$|P(\omega_1,\cdots,\omega_q)| \leqslant \exp\Big(c_1 d - \Big(\frac{1}{2}\frac{d^q+q!}{q!} - 1\Big)\log H\Big)$$
$$\leqslant \exp\Big(-\frac{1}{2}\Big(\frac{1}{2}\frac{d^q+q!}{q!} - 1\Big)\log H\Big)$$
$$\leqslant \exp(-c_3 d^q \log H) \quad (c_3 = c_3(q) > 0).$$

特别地，取 $H = [e^d] + 1$，于是由超越型的定义得

$$-c_4 d^\tau \leqslant -c_3 d^{q+1} \quad (c_4 > 0).$$

若 $\tau < q+1$，则当 d 充分大时得矛盾. $\square$

1.3　Siegel 引理

我们首先研究(有理)整系数齐次线性方程组的(有理)整数解的存在性问题，然后将它扩充到代数数域的情形. 这类结果通常称为 Siegel 引理，它们对于超越性证明至关重要，是构造辅助函数的重要数论工具.

引理 1.3.1(C. L. Siegel[212]) 设线性型

$$L_i = \sum_{j=1}^q a_{ij}x_j \quad (i = 1,\cdots,p;\ q > p) \tag{1.3.1}$$

满足条件

$$a_{ij} \in \mathbb{Z} \quad (1 \leqslant i \leqslant p, 1 \leqslant j \leqslant q), \quad \max_{i,j}|a_{ij}| \leqslant A \quad (A \in \mathbb{N}), \tag{1.3.2}$$

那么方程组

$$L_i = 0 \quad (i = 1,\cdots,p) \tag{1.3.3}$$

存在一组非平凡(即不全为零)的解 $x_1,\cdots,x_q$ 满足

$$x_j \in \mathbb{Z} \quad (1 \leqslant j \leqslant q), \quad \max_j |x_j| < 1 + (qA)^{\frac{p}{q-p}}. \tag{1.3.4}$$

证 令 $H \in \mathbb{N}$，在式(1.3.1)中以 $2H+1$ 个值 $0, \pm 1, \cdots, \pm H$ 各自分别代替变量 $x_1, \cdots, x_q$，则得 $(2H+1)^q$ 个点 $(L_1, \cdots, L_p) \in \mathbb{Z}^p$（这种点称为整点），由式(1.3.2)可知它们都落在 p 维超立方体

$$\{(X_1, \cdots, X_p) \in \mathbb{R}^p \mid -qAH \leqslant X_i \leqslant qAH \ (i = 1, \cdots, p)\}$$

中. 由于这个超立方体中含有 $(2qAH+1)^p$ 个互异整点，因此当 H 满足不等式

$$(2qAH+1)^p < (2H+1)^q \tag{1.3.5}$$

时，至少有两组不同的 $(x_1', \cdots, x_q')$ 和 $(x_1'', \cdots, x_q'')$ 对应于同一个点 $(L_1, \cdots, L_p)$. 令

$$(x_1, \cdots, x_q) = (x_1' - x_1'', \cdots, x_q' - x_q''),$$

那么 $(x_1, \cdots, x_q)$ 为 $L_i = 0 (1 \leqslant i \leqslant p)$ 的非平凡解，并且

$$|x_i| \leqslant 2H \quad (1 \leqslant i \leqslant q). \tag{1.3.6}$$

现在选取 $2H$ 满足不等式

$$(qA)^{\frac{p}{q-p}} - 1 \leqslant 2H < (qA)^{\frac{p}{q-p}} + 1 \tag{1.3.7}$$

（因为这个区间长度为 2，所以所要的偶数 $2H$ 存在），那么我们有

$$(2qAH+1)^p < (qA)^p(2H+1)^p \leqslant (2H+1)^{q-p}(2H+1)^p = (2H+1)^q,$$

从而式(1.3.5)成立，并且由式(1.3.6),(1.3.7)得式(1.3.4).   □

引理 1.3.2（C. L. Siegel[212,213]） 设 K 是一个 n 次代数数域，线性型(1.3.1)满足条件

$$a_{ij} \in \mathbb{Z}_K, \quad \overline{|\alpha_{ij}|} \leqslant A \quad (1 \leqslant i \leqslant p; 1 \leqslant j \leqslant q; A \in \mathbb{R}), \tag{1.3.8}$$

那么方程组(1.3.3)存在一组非平凡解 $(x_1, \cdots, x_q)$ 满足

$$x_j \in \mathbb{Z}_K \quad (1 \leqslant j \leqslant q), \quad \max_j \overline{|x_j|} < \gamma + \gamma(\gamma qA)^{\frac{p}{q-p}}, \tag{1.3.9}$$

其中常数 γ 仅与 K 有关.

证 设 $\{\omega_1, \cdots, \omega_n\}$ 是 K 的一组整基，于是

$$\omega_i \omega_j = \sum_{k=1}^{n} \beta_{ijk} \omega_k \quad (\beta_{ijk} \in \mathbb{Z}; 1 \leqslant i, j \leqslant n; 1 \leqslant k \leqslant n),$$

并且 $a_{ij} \in \mathbb{Z}_K$ 可表示为

$$a_{ij} = \sum_{k=1}^{n} A_{ijk} \omega_k \quad (A_{ijk} \in \mathbb{Z}; 1 \leqslant i \leqslant p; 1 \leqslant j \leqslant q; 1 \leqslant k \leqslant n). \tag{1.3.10}$$

还记

$$x_j = \sum_{l=1}^{n} y_{jl}\omega_l \quad (1 \leqslant j \leqslant q). \tag{1.3.11}$$

要确定 $y_{jl} \in \mathbb{Z}\ (1 \leqslant j \leqslant q; 1 \leqslant l \leqslant n)$ 使式(1.3.9)成立. 因为

$$L_i = \sum_{j=1}^{q} a_{ij}x_j = \sum_{k=1}^{n}\sum_{l=1}^{n}\sum_{j=1}^{q} A_{ijk}y_{jl}\omega_k\omega_l$$

$$= \sum_{j=1}^{q}\sum_{k=1}^{n}\sum_{l=1}^{n}\sum_{t=1}^{n} A_{ijk}y_{jl}\beta_{klt}\omega_t \quad (i = 1,\cdots,p),$$

所以式(1.3.3)等价于

$$\sum_{j=1}^{q}\sum_{l=1}^{n}\left(\sum_{k=1}^{n} A_{ijk}\beta_{klt}\right)y_{jl} = 0 \quad (1 \leqslant i \leqslant p; 1 \leqslant t \leqslant n). \tag{1.3.12}$$

这是一个齐次线性方程组,方程个数为 np,未知数 $y_{jl}(1 \leqslant j \leqslant q; 1 \leqslant l \leqslant n)$ 个数为 qn,并且具有(有理)整系数 $\sum_{k=1}^{n} A_{ijk}\beta_{klt}$. 注意对每个 a_{ij},其共轭元

$$a_{ij}^{(\sigma)} = \sum_{k=1}^{n} A_{ijk}\omega_k^{(\sigma)} \quad (\sigma = 1,\cdots,n), \tag{1.3.13}$$

其中 $\omega_k^{(\sigma)}(\sigma = 1,\cdots,n)$ 是 ω_k 的共轭元. 由整基定义知

$$\det(\omega_k^{(\sigma)})_{1 \leqslant k,\sigma \leqslant n} \neq 0,$$

所以由式(1.3.13)可解出

$$A_{ijk} = \sum_{\sigma=1}^{n} \gamma_{ijk\sigma}a_{ij}^{(\sigma)} \quad (k = 1,\cdots,n). \tag{1.3.14}$$

由此及式(1.3.8)得到

$$\left|\sum_{k=1}^{n} A_{ijk}\beta_{klt}\right| \leqslant \gamma_1 A,$$

其中常数 $\gamma_1 > 0$ 仅与 K 有关. 注意 $np < nq, nq \geqslant 2$,所以由引理 1.3.2 可知方程组(1.3.11)有一组非平凡解 $y_{jl}(1 \leqslant j \leqslant q; 1 \leqslant l \leqslant n) \in \mathbb{Z}^{qn}$ 满足不等式

$$|y_{jl}| < 1 + (nq\gamma_1 A)^{\frac{p}{q-p}}.$$

因为 y_{jl} 不全为零,所以由式(1.3.11)确定的 $(x_1,\cdots,x_q) \in \mathbb{Z}_K^q$ 是式(1.3.1)的非零解,并且

$$\overline{|x_j|} < \gamma_2 \max_{j,l}|y_{jl}|$$

$$< \gamma_2\left(1 + (nq\gamma_1 A)^{\frac{p}{q-p}}\right),$$

其中 $\gamma_2 > 0$ 为仅与 K 有关的常数. 令

$$\gamma = \max(\gamma_2, n\gamma_1),$$

即得式(1.3.9). □

Siegel 引理有不同形式的变体,例如下列引理.

引理 1.3.3(Th. Schneider[197]) 设 K 是一个 n 次代数数域,线性型

$$L_i = \sum_{j=1}^{q} a_{ij} x_j \quad (i = 1, \cdots, p; q > np)$$

满足条件(1.3.8),则存在非平凡数组 $(x_1, \cdots, x_q) \in \mathbb{Z}^q$ 满足

$$L_i = 0 \quad (1 \leqslant i \leqslant p),$$

并且

$$\max_i |x_i| \leqslant 1 + (\delta q A)^{\frac{np}{q-np}}, \tag{1.3.15}$$

其中常数 $\delta > 0$ 至多与 K 有关.

证 设 $\{\omega_1, \cdots, \omega_n\}$ 是 K 的一组整基,于是式(1.3.10)成立.因

$$L_i = \sum_{j=1}^{q} a_{ij} x_j = \sum_{k=1}^{n} \Big(\sum_{j=1}^{q} A_{ijk} x_j \Big) \omega_k \quad (1 \leqslant i \leqslant p),$$

故 $L_i = 0 (1 \leqslant i \leqslant p)$ 等价于下列线性齐次方程组:

$$\sum_{j=1}^{q} A_{ijk} x_j = 0 \quad (1 \leqslant i \leqslant p; 1 \leqslant k \leqslant n). \tag{1.3.16}$$

由式(1.3.14)和式(1.3.8)可知

$$\max_{i,j,k} |A_{ijk}| \leqslant \delta A,$$

其中常数 $\delta > 0$ 仅与 K 有关.还要注意 $q > np$,故将引理 1.3.1 应用于线性方程组(1.3.16),即得结果. □

注 1.3.1 式(1.3.15)的右边可换为 $(\sqrt{2} q A)^{\frac{np}{q-np}}$(例如,文献[232]).

1.4 数的超越性的充要条件

对于任何非零多项式 $P \in \mathbb{Z}[z]$,记

$$\Lambda(P) = 2^{d(P)} L(P).$$

定理 1.4.1（K. Mahler[138,142]） 设 $\xi \in \mathbb{C}$，那么 $\xi \in \mathbb{A}$ 的充要条件是存在一个由不同的整系数多项式组成的无穷序列 $\{P_n(z)\}_{n=1}^{\infty}$ 及一个无穷正数列 $\{\omega_n\}_{n=1}^{\infty}$，具有下列两个性质：

（ⅰ）$\omega_n \to \infty$；

（ⅱ）$0 < |P_n(\xi)| \leqslant \Lambda(P_n)^{-\omega_n}$（$n = 1, 2, \cdots$）.

为证明这个定理，先给出几个辅助引理.

引理 1.4.1 设 $F(x_1, \cdots, x_n)$ 是判别式为 D_F 的 n 个变元 $x_1, \cdots, x_n$ 的正定二次型，则存在不全为零的整数 $x_1^{(0)}, \cdots, x_n^{(0)}$，使

$$F(x_1^{(0)}, \cdots, x_n^{(0)}) \leqslant n D_F^{1/n}.$$

证 记

$$F(x_1, \cdots, x_n) = \sum_{h=1}^{n} \sum_{k=1}^{n} F_{hk} x_h x_k,$$

其中 $F_{hk} = F_{kh}$，$F(x_1, \cdots, x_n) > 0$（当所有非零的 $(x_1, \cdots, x_n) \in \mathbb{Z}^n$），并且

$$D_F = \det(F_{hk})_{1 \leqslant h, k \leqslant n} > 0,$$

它可以写成平方和的形式：

$$F(x_1, \cdots, x_n) = \sum_{h=1}^{n} L_h(x_1, \cdots, x_n)^2,$$

其中 $L_h(x_1, \cdots, x_n)$ 是 $x_1, \cdots, x_n$ 的线性型：

$$L_h(x_1, \cdots, x_n) = \sum_{k=1}^{n} l_{hk} x_k.$$

于是

$$D_F = d^2, \quad d = \det(l_{hk})_{1 \leqslant h, k \leqslant n}.$$

考虑线性型不等式组

$$|L_h(x_1, \cdots, x_n)| \leqslant |d|^{1/n} \quad (h = 1, \cdots, n),$$

由 Minkowski 线性型定理（例如，文献[271]）可知存在非零整点 $(x_1^{(0)}, \cdots, x_n^{(0)})$ 使

$$|L_h(x_1^{(0)}, \cdots, x_n^{(0)})| \leqslant |d|^{1/n},$$

因而

$$F(x_1^{(0)}, \cdots, x_n^{(0)}) \leqslant n |d|^{2/n} = n D_F^{1/n}. \qquad \square$$

引理 1.4.2 设

$$F(x_1, \cdots, x_n) = \sum_{h=1}^{p} (f_{h1} x_1 + \cdots + f_{hn} x_n)^2 + x_1^2 + \cdots + x_n^2,$$

其中 f_{hk} 是任意实数，p 是任意正整数，则其判别式

$$D_F = 1 + \sum_{\nu=1}^{n} \sum_{1 \leqslant h_1 < h_2 < \cdots < h_\nu \leqslant p} \sum_{1 \leqslant k_1 < k_2 < \cdots < k_\nu \leqslant n} \begin{vmatrix} f_{h_1 k_1} & f_{h_2 k_1} & \cdots & f_{h_\nu k_1} \\ f_{h_1 k_2} & f_{h_2 k_2} & \cdots & f_{h_\nu k_2} \\ \vdots & \vdots & & \vdots \\ f_{h_1 k_\nu} & f_{h_2 k_\nu} & \cdots & f_{h_\nu k_\nu} \end{vmatrix}^2,$$

$$(1.4.1)$$

其中求和号 $\sum_{(h)}$，$\sum_{(k)}$ 当 $\nu > \min(n, p)$ 时是空的(和为零).

特别地，我们有

$$D_F = 1 + \sum_{k=1}^{n} f_{1k}^2 \quad (\text{当 } p = 1),$$

$$D_F = 1 + \sum_{h=1}^{2} \sum_{k=1}^{n} f_{hk}^2 + \sum_{1 \leqslant k_1 < k_2 \leqslant n} \begin{vmatrix} f_{1k_1} & f_{2k_1} \\ f_{1k_2} & f_{2k_2} \end{vmatrix}^2 \quad (\text{当 } p = 2).$$

证 约定 $\sum$ 表示 $\sum_{h=1}^{p}$. 易见

$$D_F = \begin{vmatrix} \sum f_{h1} f_{h1} + 1 & \sum f_{h1} f_{h2} & \cdots & \sum f_{h1} f_{hn} \\ \sum f_{h2} f_{h1} & \sum f_{h2} f_{h2} + 1 & \cdots & \sum f_{h2} f_{hn} \\ \vdots & \vdots & & \vdots \\ \sum f_{hn} f_{h1} & \sum f_{hn} f_{h2} & \cdots & \sum f_{hn} f_{hn} + 1 \end{vmatrix}.$$

将第 k 行分拆为两行($1 \leqslant k \leqslant n$)：

$$\left(\sum f_{hk} f_{h1}, \cdots, \sum f_{hk} f_{hk}, \cdots, \sum f_{hk} f_{hn} \right) \quad \text{和} \quad (0, \cdots, 1, \cdots, 0),$$

那么 D_F 可表示为 2^n 个行列式之和，并且元素 1 出现在这些行列式的 (k, k) 位置上，所以

$$D_F = 1 + \sum_{k=1}^{n} \Delta_k + \sum_{1 \leqslant k_1 < k_2 \leqslant n} \Delta_{k_1 k_2} + \sum_{1 \leqslant k_1 < k_2 < k_3 \leqslant n} \Delta_{k_1 k_2 k_3} + \cdots + \Delta_{12 \cdots n},$$

其中对每个满足 $1 \leqslant \nu \leqslant n$ 的指标 ν，$\Delta_{k_1 k_2 \cdots k_\nu}$ 表示行列式：

$$\Delta_{k_1 k_2 \cdots k_\nu} = \det \left(\sum f_{hk_s} f_{hk_t} \right)_{1 \leqslant s, t \leqslant \nu}.$$

将此行列式展开，可知它可表示为 p^ν 个行列式之和：

$$\Delta_{k_1 k_2 \cdots k_\nu} = \sum_{h_1=1}^{p} \sum_{h_2=1}^{p} \cdots \sum_{k_\nu=1}^{p} \begin{vmatrix} f_{h_1 k_1} f_{h_1 k_1} & f_{h_2 k_1} f_{h_2 k_2} & \cdots & f_{h_\nu k_1} f_{h_\nu k_\nu} \\ f_{h_1 k_2} f_{h_1 k_1} & f_{h_2 k_2} f_{h_2 k_2} & \cdots & f_{h_\nu k_2} f_{h_\nu k_2} \\ \vdots & \vdots & & \vdots \\ f_{h_1 k_\nu} f_{h_1 k_1} & f_{h_2 k_\nu} f_{h_2 k_2} & \cdots & f_{h_\nu k_\nu} f_{h_\nu k_\nu} \end{vmatrix}$$

$$= \sum_{h_1=1}^{p} \sum_{h_2=1}^{p} \cdots \sum_{h_\nu=1}^{p} \begin{vmatrix} f_{h_1 k_1} & f_{h_2 k_1} & \cdots & f_{h_\nu k_1} \\ f_{h_1 k_2} & f_{h_2 k_2} & \cdots & f_{h_\nu k_2} \\ \vdots & \vdots & & \vdots \\ f_{h_1 k_\nu} & f_{h_2 k_\nu} & \cdots & f_{h_\nu k_\nu} \end{vmatrix} f_{h_1 k_1} f_{h_2 k_2} \cdots f_{h_\nu k_\nu}.$$

如果 $h_1, h_2, \cdots, h_\nu$ 中有两个相同,那么相应的行列式为零,且两个指标互换时相应的行列式变号,所以

$$\Delta_{k_1 k_2 \cdots k_\nu} = \sum_{1 \leqslant h_1 < h_2 < \cdots < h_\nu \leqslant p} \begin{vmatrix} f_{h_1 k_1} & f_{h_2 k_1} & \cdots & f_{h_\nu k_1} \\ f_{h_1 k_2} & f_{h_2 k_2} & \cdots & f_{h_\nu k_2} \\ \vdots & \vdots & & \vdots \\ f_{h_1 k_\nu} & f_{h_2 k_\nu} & \cdots & f_{h_\nu k_\nu} \end{vmatrix}^2,$$

因此得到式(1.4.1). $\qquad\qquad\square$

引理 1.4.3 设 ξ 是任意实或复数,$m \in \mathbb{N}$. 令 $\delta = \delta(\xi) = 1$(当 $\xi \in \mathbb{R}$)或 $1/2$(当 $\xi \in \mathbb{C}$),约定当 $\xi \notin \mathbb{A}$ 时 $d(\xi) = +\infty$. 如果

$$1/\delta \leqslant m < d(\xi), \tag{1.4.2}$$

那么对每个 $t \geqslant (m+2)^{1+\frac{1}{m+1}}$ 存在一个多项式 $P \in \mathbb{Z}[z]$ 满足下列条件:

$$d(P) \leqslant m, \quad 0 < L(P) < t,$$
$$0 < |P(\xi)| < t^{1-\delta(m+1)}(m+2)^{\delta(m+1)} \max(1, |\xi|)^m.$$

证 先设 $\xi \in \mathbb{R}$,于是

$$\delta(\xi) = 1.$$

选取 $s, t \in \mathbb{R}$ 使适合

$$s \geqslant \max(1, |\xi|)^{-\frac{m}{m+1}}, \tag{1.4.3}$$

$$t = s(m+1)(m+2)^{\frac{1}{2(m+1)}} \max(1, |\xi|)^{\frac{m}{m+1}}, \tag{1.4.4}$$

于是

$$t \geqslant (m+1)(m+2)^{\frac{1}{2(m+1)}}. \tag{1.4.5}$$

考虑正定二次型

$$F(x_0, x_1, \cdots, x_m) = s^{2(m+1)}(x_0 + x_1\xi + \cdots + x_m\xi^m)^2 + x_0^2 + x_1^2 + \cdots + x_m^2.$$

(亦即在引理 1.4.2 中取 $n = m+1, p=1; f_{10} = s^{m+1}, f_{11} = s^{m+1}\xi, \cdots, f_{1m} = s^{m+1}\xi^m$.)由引理 1.4.2 并注意式(1.4.3),知其判别式满足

$$
\begin{aligned}
D_F &= 1 + s^{2(m+1)}(1 + \xi^2 + \xi^4 + \cdots + \xi^{2m}) \\
&\leqslant 1 + s^{2(m+1)}(m+1)\max(1, |\xi|)^{2m} \\
&\leqslant s^{2(m+1)}\max(1, |\xi|)^{2m} + s^{2(m+1)}(m+1)\max(1, |\xi|)^{2m} \\
&= s^{2(m+1)}(m+2)\max(1, |\xi|)^{2m}.
\end{aligned}
$$

由引理 1.4.1 并注意式(1.4.4),存在不全为零的整数 $p_0, p_1, \cdots, p_m$,使多项式

$$P(x) = p_0 + p_1 x + \cdots + p_m x^m$$

满足不等式

$$s^{2(m+1)}P(\xi)^2 + p_0^2 + p_1^2 + \cdots + p_m^2 \leqslant (m+1)s^2(m+2)^{\frac{1}{m+1}}\max(1, |\xi|)^{\frac{2m}{m+1}}$$

$$= \frac{t^2}{m+1}. \tag{1.4.6}$$

因 p_i 不全为零,故由式(1.4.2)知 $P(\xi)\neq 0$,从而由式(1.4.6)得

$$0 < |P(\xi)| < (m+1)^{\frac{1}{2}}(m+2)^{\frac{1}{2}(m+1)}\max(1, |\xi|)^{\frac{m}{m+1}}s^{-m}, \tag{1.4.7}$$

$$0 < p_0^2 + p_1^2 + \cdots + p_m^2 < t^2/(m+1). \tag{1.4.8}$$

由式(1.4.4)和式(1.4.7)得

$$0 < |P(\xi)| < (m+1)^{\frac{1}{2}+m}(m+2)^{\frac{1}{2}}\max(1, |\xi|)^m t^{-m}$$

$$< (m+2)^{m+1}\max(1, |\xi|)^m t^{-m}.$$

由式(1.4.8)及 Cauchy 不等式即得

$$0 < L(P) = |p_0| + \cdots + |p_m| \leqslant (m+1)^{\frac{1}{2}}(p_0^2 + p_1^2 + \cdots + p_m^2)^{\frac{1}{2}}$$

$$\leqslant (m+1)^{\frac{1}{2}}\left(\frac{t^2}{m+1}\right)^{\frac{1}{2}} = t.$$

因此,P 满足引理的诸要求条件.

现设 $\xi \notin \mathbb{R}$,于是 $\delta(\xi) = 1/2$.取 s, t 满足条件

$$s \geqslant \max(1, |\xi|)^{-\frac{2m}{m+1}}, \tag{1.4.9}$$

$$t = s(m+1)(m+2)^{\frac{1}{m+1}}\max(1, |\xi|)^{\frac{2m}{m+1}}, \tag{1.4.10}$$

则得

$$t \geqslant (m+1)(m+2)^{\frac{1}{m+1}}. \tag{1.4.11}$$

还考虑二次型

$$F(x_0, x_1, \cdots, x_m) = s^{m+1} \left| x_0 + x_1\xi + \cdots + x_m\xi^m \right|^2 + x_0^2 + x_1^2 + \cdots + x_m^2,$$

它可表示为

$$\begin{aligned} F(x_0, x_1, \cdots, x_m) &= s^{m+1}(x_0\lambda_0 + x_1\lambda_1 + \cdots + x_m\lambda_m)^2 \\ &\quad + s^{m+1}(x_0\mu_0 + x_1\mu_1 + \cdots + x_m\mu_m)^2 + x_0^2 + x_1^2 + \cdots + x_m^2, \end{aligned}$$

其中已令 $\xi^k = \lambda_k + i\mu_k (\lambda_k, \mu_k \in \mathbb{R})$（$i = \sqrt{-1}$），从而

$$\lambda_k^2 + \mu_k^2 = |\xi|^{2k}, \tag{1.4.12}$$

$$|\lambda_h\mu_k - \lambda_k\mu_h| \leqslant |\xi|^{h+k}. \tag{1.4.13}$$

在引理 1.4.2 中取 $n = m+1, p = 2; f_{10} = s^{\frac{m+1}{2}}\lambda_0, \cdots, f_{1m} = s^{\frac{m+1}{2}}\lambda_m, f_{20} = s^{\frac{m+1}{2}}\mu_0, \cdots, f_{2m} = s^{\frac{m+1}{2}}\mu_m$，可知其判别式

$$D_F = 1 + s^{m+1}\sum_{k=0}^m (\lambda_k^2 + \mu_k^2) + s^{2(m+1)}\sum_{0 \leqslant k_1 < k_2 \leqslant m}(\lambda_{k_1}\mu_{k_2} - \lambda_{k_2}\mu_{k_1})^2. \tag{1.4.14}$$

由式（1.4.12）和式（1.4.13）得

$$\sum_{k=0}^m (\lambda_k^2 + \mu_k^2) = \sum_{k=0}^m |\xi|^{2k} \leqslant (m+1)\max(1, |\xi|)^{2m},$$

$$\sum_{0 \leqslant k_1 < k_2 \leqslant m}(\lambda_{k_1}\mu_{k_2} - \lambda_{k_2}\mu_{k_1})^2 < \sum_{k_1=0}^m\sum_{k_2=0}^m |\xi|^{2(k_1+k_2)} \leqslant (m+1)^2\max(1, |\xi|)^{4m},$$

因此由式（1.4.9）和式（1.4.14）得

$$\begin{aligned} D_F &\leqslant 1 + s^{m+1}(m+1)\max(1, |\xi|)^{2m} + s^{2(m+1)}(m+1)^2\max(1, |\xi|)^{4m} \\ &\leqslant s^{2(m+1)}(1 + (m+1) + (m+1)^2)\max(1, |\xi|)^{4m} \\ &\leqslant s^{2(m+1)}(m+2)^2\max(1, |\xi|)^{4m}. \end{aligned}$$

因此由引理 1.4.1 知，存在非零多项式

$$P(x) = p_0 + p_1x + \cdots + p_mx^m \in \mathbb{Z}[x]$$

满足不等式

$$s^{m+1}|P(\xi)|^2 + p_0^2 + p_1^2 + \cdots + p_m^2 \leqslant (m+1)s^2(m+2)^{\frac{2}{m+1}}\max(1, |\xi|)^{\frac{4m}{m+1}}$$

$$= \frac{t^2}{m+1}.$$

与实数情形类似，由此及式（1.4.10）可得

$$0 < |P(\xi)| < (m+1)^{\frac{1}{2}}(m+2)^{\frac{1}{m+1}}\max(1,|\xi|)^{\frac{2m}{m+1}}s^{-\frac{m-1}{2}}$$
$$< (m+1)^{\frac{m}{2}}(m+2)^{\frac{1}{2}}\max(1,|\xi|)^m t^{-\frac{m-1}{2}}$$
$$< (m+2)^{\frac{1}{2}(m+1)}\max(1,|\xi|)^m t^{1-\frac{1}{2}(m+1)},$$
$$0 < L(P) \leqslant (m+1)^{\frac{1}{2}}(p_0^2+p_1^2+\cdots+p_m^2)^{\frac{1}{2}}$$
$$< (m+1)^{\frac{1}{2}}\cdot\left(\frac{t^2}{m+1}\right)^{\frac{1}{2}} = t.$$

因此 P 也满足引理中的各项要求.

最后,注意当

$$t \geqslant (m+2)^{1+\frac{1}{m+1}}$$

时不等式(1.4.5)和(1.4.11)成立,因而引理得证. $\qquad\square$

定理 1.4.1 的证明 先证充分性. 设 ω_n, P_n 存在且具有所说性质,要证 $\xi\notin\mathbb{A}$. 设不然,即 $\xi\in\mathbb{A}$,且因 $P_n(\xi)\neq 0$,故由注 1.1.2 及所设性质(ⅱ)得

$$\max(1,|\xi|)^{d(P_n)}L(\xi)^{-\delta d(P_n)}L(P_n)^{-\delta d(\xi)+1} \leqslant |P_n(\xi)| \leqslant (2^{d(P_n)}L(P_n))^{-\omega_n},$$

于是

$$2^{d(P_n)}L(P_n) \leqslant \max(1,|\xi|)^{-d(P_n)/\omega_n}L(\xi)^{\delta d(P_n)/\omega_n}L(P_n)^{(\delta d(\xi)-1)/\omega_n}. \quad (1.4.15)$$

注意

$$\max(1,|\xi|)^{-d(P_n)/\omega_n} \leqslant 1,$$

所以当 n 充分大(即 ω_n 充分大)时

$$L(\xi)^{\delta d(P_n)/\omega_n} \leqslant 2^{\frac{1}{2}d(P_n)},$$
$$L(P_n)^{(\delta d(\xi)-1)/\omega_n} \leqslant L(P_n)^{\frac{1}{2}},$$

因而由式(1.4.15)知,当 n 充分大时

$$\Lambda(P_n) \leqslant 2^{\frac{1}{2}d(P_n)}L(P_n)^{\frac{1}{2}} = (\Lambda(P_n))^{\frac{1}{2}},$$

这表明 $\Lambda(P_n)\leqslant 1$(当 n 充分大),这不可能. 所以 $\xi\notin\mathbb{A}$.

现证必要性. 设 $\xi\notin\mathbb{A}$. 我们实际上有无穷多种办法构造序列 $\{P_n\}$ 和 $\{\omega_n\}$ 具有性质(ⅰ)和(ⅱ).

任取一个趋于无穷的正整数列 $\{m_1,m_2,\cdots\}$,并设 $\varepsilon>0$ 任意小. 还设 $\{t_1,t_2,\cdots\}$ 是一个无穷正数列满足不等式

$$t_n \geqslant (m_n+2)^{1+\varepsilon} \quad (n=1,2,3,\cdots),$$

对每个下标 n,将引理 1.4.3 应用于数 ξ,其中参数 $m=m_n$, $t=t_n$(注意当 n 足够大时

$t_n \geqslant (m_n + 1)^{1+\varepsilon} \geqslant (m_n + 2)^{1 + \frac{1}{m_n + 1}})$，可知当 $n \geqslant n_0$ 时存在 $P_n \in \mathbb{Z}[x]$ 具有下列性质：

$$d(P_n) \leqslant m_n, \quad 0 < L(P_n) < t_n, \tag{1.4.16}$$

$$0 < |P_n(\xi)| < (m_n + 2)^{(m_n+1)\delta} \max(1, |\xi|)^{m_n} t_n^{1-(m_n+1)\delta}. \tag{1.4.17}$$

因为

$$m_n + 2 \leqslant t_n^{\frac{1}{1+\varepsilon}},$$

所以由式(1.4.17)得

$$0 < |P_n(\xi)| < t_n^{\frac{1}{1+\varepsilon} \cdot (m_n+1)\delta + 1 - (m_n+1)\delta} \max(1, |\xi|)^{m_n}$$

$$= t_n^{1 - \frac{\varepsilon\delta(m_n+1)}{1+\varepsilon}} \max(1, |\xi|)^{m_n},$$

但 $m_n, t_n \to +\infty$，故当 $n \geqslant n_1$ 时 $(n_1 \geqslant n_0)$

$$t_n \max(1, |\xi|)^{m_n} = t_n^{1 + m_n \log(\max(1, |\xi|))/\log t_n} \leqslant t_n^{\frac{\varepsilon\delta(m_n+1)}{2(1+\varepsilon)}},$$

从而有

$$0 < |P_n(\xi)| \leqslant t_n^{-\frac{\varepsilon\delta(m_n+1)}{2(1+\varepsilon)}} \quad (n \geqslant n_1). \tag{1.4.18}$$

此外，由式(1.4.16)得

$$\Lambda(P_n) = 2^{d(P_n)} L(P_n) \leqslant 2^{m_n} t_n = t_n^{\lambda_n}, \tag{1.4.19}$$

其中

$$\lambda_n = 1 + m_n \log 2 / \log t_n.$$

我们还定义

$$\omega_n = \frac{\delta\varepsilon(m_n + 1)}{2(1+\varepsilon)\lambda_n} \quad (n \geqslant n_1),$$

那么由式(1.4.18),(1.4.19)得知，当 $n \geqslant n_1$ 时

$$0 < |P_n(\xi)| \leqslant \Lambda(P_n)^{-\omega_n}.$$

改记下标(n_1 记为 1，$n_1 + 1$ 记为 2，等等)，并注意

$$\lim_{n \to \infty} \frac{\lambda_n}{m_n} = 0,$$

从而

$$\lim_{n \to \infty} \omega_n = \infty,$$

于是必要性得证. $\qquad\qquad\qquad\qquad\qquad\qquad\qquad\qquad$ □

1.5 超越数的构造

丢番图逼近论中的一些结果可用来构造超越数.1844 年,J. Liouville[121]证明了代数数有理逼近定理(即推论 1.1.1),表明代数数不能被有理数很好地逼近.据此他构造了第一个具体的超越数.1874 年,G. Cantor[41]进一步证明了几乎所有的复数都是超越数.

下面是一个最简单的超越数的例子.

例 1.5.1 $\beta = \sum_{n=1}^{\infty} 2^{-n!}$ 是超越数.

证   令 $p_n = 2^{n!} \sum_{j=0}^{n} 2^{-j!}, q_n = 2^{n!} (n \geqslant 1)$,则有

$$0 < \beta - \frac{p_n}{q_n} = \sum_{j=n+1}^{\infty} 2^{-j!} < 2^{-(n+1)!} \left(1 + \frac{1}{2} + \frac{1}{2^2} + \cdots \right)$$
$$= 2 \cdot 2^{-(n+1)!} < q_n^{-n}.$$

因 n 为任意正整数,故由 Liouville 定理知 $\beta \notin \mathbb{A}$. □

一般地,设 $\alpha \in \mathbb{R}$,若存在由不同的有理数组成的无穷数列 $\left\{ \dfrac{p_n}{q_n} \right\}_{n=1}^{\infty}$ 使

$$0 < \left| \alpha - \frac{p_n}{q_n} \right| < q^{-\lambda_n},$$

其中 $\lambda_n > 0, \varlimsup_{n \to \infty} \lambda_n = \infty$,则 α 是超越数,并称为 Liouville 数.

引理 1.5.1   所有的 Liouville 数组成的集合具有连续统的基数,并且测度(Lebesque 意义下)为零.

证   对于每个无理数 $\alpha \in (0,1)$,将它表示为无穷级数

$$\alpha = \sum_{n=1}^{\infty} \varepsilon_n 2^{-n},$$

其中 $\varepsilon_n \in \{0,1\}$,那么 $\xi = \sum_{n=1}^{\infty} \varepsilon_n 2^{-n!}$ 是一个超越数(证明与例 1.5.1 类似).因 α 与 ξ 间存在一一对应,故知全体 Liouville 数的集合 $\mathscr{A}$ 具有连续统基数.

另一方面,由 Liouville 数的定义及实数有理逼近的 Khintchine 度量定理(见文献[271])可知,$\mathscr{A}$ 具有零测度. □

Liouville 代数数有理逼近定理被许多数学家改进,特别是 1955 年 K. F. Roth[187]证

明了：若 α 是次数大于 1 的实代数数，则对任何 $\varepsilon > 0$，不等式

$$\left| \alpha - \frac{p}{q} \right| < q^{-(2+\varepsilon)}$$

只有有限多个解 $\dfrac{p}{q} \in \mathbb{Q}$，并且指数 $2+\varepsilon$ 不能用 2 代替。1970 年，W. Schmidt[191] 将此结果扩充到联立逼近情形，证明了：若 $n \geqslant 1, \alpha_1, \cdots, \alpha_n$ 是一组实代数数，且 $1, \alpha_1, \cdots, \alpha_n$ 在 $\mathbb{Q}$ 上线性无关，则对任何 $\varepsilon > 0$，不等式

$$q^{1+\varepsilon} \| \alpha_1 q \| \cdots \| \alpha_n q \| < 1$$

只有有限多个非零整解 q，此处 $\| a \|$ 表示实数 a 与距它最近的整数间的距离。应用这些定理及其某些变体，可以构造另一些超越数。

例 1.5.2 下列数都是超越的：

（ⅰ）$\displaystyle\sum_{n=1}^{\infty} 2^{-n^2}$（应用 Roth 定理的 Ridout 推广，见文献[186]）。

（ⅱ）Mahler 十进小数 $0.123456789101112\cdots$（即在小数点后由小到大依次写出所有正整数），但不是 Liouville 数（K. Mahler[132,143]）。

（ⅲ）$\displaystyle\sum_{n=1}^{\infty} \frac{1}{F_{n!}}, \sum_{n=1}^{\infty} \frac{1}{nF_{2^n}}, \sum_{n=1}^{\infty} \frac{[\mathrm{e}n]}{F_{2^n}}, \sum_{n=1}^{\infty} \frac{[\mathrm{e}^n]}{F_{2^n}}$，其中 F_k 表示第 k 个 Fibonacci 数（见文献[272]）。

借助于代数数的简单性质也可构造超越数。

例 1.5.3 设 $\alpha \in \mathbb{A}, 0 < |\alpha| < 1$，则 $\gamma = \displaystyle\sum_{k=1}^{\infty} \alpha^{k!}$ 是超越数。

证 设 $\gamma \in \mathbb{A}$，记

$$\gamma_n = \gamma - \sum_{k=1}^{n-1} \alpha^{k!} \quad (n > 1),$$

则

$$\gamma_n \in \mathbb{Q}(\alpha, \gamma),$$

且有

$$\gamma_n = \sum_{k=n}^{\infty} \alpha^{k!} = \alpha^{n!} + o(|\alpha|^{n!}),$$

因此 $\gamma_n \neq 0, |\gamma_n| < c_1 |\alpha|^{n!}$（此处及下文 c_i 为与 n 无关的正常数），并且

$$\overline{|\gamma_n|} \leqslant \overline{|\gamma|} + n\max(1, \overline{|\alpha|})^{(n-1)!} \leqslant c_2^{(n-1)!},$$

$$\mathrm{den}(\gamma_n) \leqslant \mathrm{den}(\gamma_n)\mathrm{den}(\alpha)^{(n-1)!} \leqslant c_3^{(n-1)!}.$$

由引理 1.1.2 得到

$$\log c_1 + n!\log|\alpha| \geqslant \log|\gamma_n| \geqslant -2[\mathbb{Q}(\gamma,\alpha):\mathbb{Q}]\log\max(\overline{|\gamma_n|},\mathrm{den}(\gamma_n))$$
$$\geqslant -2[\mathbb{Q}(\gamma,\alpha):\mathbb{Q}](n-1)!c_4,$$

两边除以 $n!$ 并令 $n\to\infty$，可知 $\log|\alpha|\geqslant 0$，这与假设矛盾，所以 $\gamma\notin\mathbb{A}$. □

1.6 补充与评注

1° 与代数数及多项式有关的概念及其各种关系式除 1.1 节中介绍的外，进一步的材料可在文献[71,89,218]中找到. 关于绝对对数高的详细论述可参见文献[105,198]等. 关于 Mahler 度量的推广见文献[65,190].

2° 关于 $\mathbb{Q}$ 的有限生成的扩域的详细论述可参见文献[102,232]等. 关于有限超越型的讨论可见文献[232]. 在文献[48](p.178)中 G. V. Chudnovsky 提出下列两个问题，其中第一个问题已由 F. Amoroso[6,7] 解决(还可见文献[162](第 15 章)):

(a) 设 $\varepsilon>0$ 任意小，$q\geqslant 2$，是否几乎所有数组 $(\theta_1,\cdots,\theta_q)\in\mathbb{C}^q$(或 $\mathbb{R}^q$)(在 Lebesque 测度意义下)都有超越型 $\leqslant q+1+\varepsilon!$?

(b) 对 $q\geqslant 1$，求出超越型为 $q+1$ 的数组 $(\theta_1,\cdots,\theta_q)\in\mathbb{R}^q$.

在论文[233]中给出了一些经典的超越数的超越型的上界.

3° 除了超越性度量和代数无关性度量外，我们还考虑线性无关性度量. 设 $\zeta_0,\zeta_1,\cdots,\zeta_m$ 是 $m+1$ 个复数且在 $\mathbb{Q}$ 上线性无关，如果对任何数组 $(x_0,\cdots,x_m)\in\mathbb{Z}^{m+1}$, $0<\max\limits_{0\leqslant k\leqslant m}|x_k|\leqslant H$，有

$$|x_0\zeta_0+x_1\zeta_1+\cdots+x_m\zeta_m|\geqslant\psi_m(H)=\psi(H),$$

其中 $\psi(H)$ 是定义在 $\mathbb{N}$ 上的正函数，则称 ψ 是 $\zeta_0,\zeta_1,\cdots,\zeta_m$ 的一个线性无关性度量. 特别地，若

$$\zeta_0=1,\quad\zeta_1=\omega,\quad\cdots,\quad\zeta_m=\omega^m,$$

则

$$\min_{0\leqslant m\leqslant d}\psi_m(H)=\varphi(d,H)$$

给出越超数 ω 的一个超越性度量，类似地，可以通过 $\psi_m(H)$ 给出几个超越数的代数无关性度量. 另外，如果

$$m=1,\quad\zeta_0=1,\quad\zeta_1=\omega,$$

那么 $\psi_1(H)$ 给出无理数 ω 的无理性度量. 但通常我们用无理性指数作为无理性的度量（见文献[33]）. 若 $\omega \in \mathbb{R}$ 是一个无理数, $\mu = \mu(\omega)$ 是使不等式

$$\left| \omega - \frac{p}{q} \right| \leqslant q^{-\nu}$$

仅有有限多个有理解 p/q($p,q \in \mathbb{Z}$ 互素）的实数 ν 的下确界, 则称 $\mu(\omega)$ 为 ω 的无理性指数. 可以证明对任何 $\omega \in \mathbb{R}$ 有 $\mu(\omega) \geqslant 2$. 一个著名的例子是

$$\zeta(3) = \sum_{n=1}^{\infty} \frac{1}{n^3},$$

其无理性是 R. Apéry 于 1979 年证明的（见文献[12], 还可见文献[55,179]）, 并且有

$$\mu(\zeta(3)) \leqslant 1 + \frac{4\log(1+\sqrt{2}) + 3}{4\log(1+\sqrt{2}) - 3} = 13.4178202\cdots,$$

M. Hata[93] 于 1990 年将它改进为

$$\mu(\zeta(3)) \leqslant 8.8302837\cdots.$$

2000 年他又进一步将此改进为

$$\mu(\zeta(3)) \leqslant 1 + \frac{6\log c_0 + d_0}{6\log c_0 - d_0} = 7.377956\cdots,$$

其中

$$c_0 = (352 + 133\sqrt{7})/9,$$

$$d_0 = 26 + \pi\left(\sqrt{3} - \cot\frac{\pi}{9} - \cot\frac{2\pi}{9}\right).$$

（见文献[94].）迄今最好的结果是 G. Rhin 和 C. Viola[185] 于 2001 年得到的, 他们证明了

$$\mu(\zeta(3)) < 5.513891\cdots.$$

值得注意的是, $\zeta(2h+1)$($h>1$) 的无理性至今尚未解决.

4° Siegel 引理是存在性命题, 用于构造辅助函数. M. Waldschmidt[240] 研究了构造辅助函数的解析方法, 指出了它们在经典超越方法中的作用（还可参见文献[241]）.

5° 关于数的超越性的充要条件, 除 1.4 节中给出的 Mahler 的结果外, 还可见 A. O. Gelfond[90] 给出的另一个充要条件. 一个值得考虑的问题是将它们扩充到多变元情形, 即给出数的代数无关性的充要条件.

6° 关于 Liouville 代数数有理逼近定理及其改进的历史资料可参见[73]或[271]等文献. 1.5 节中介绍的方法以及其他一些方法（如 Padé 逼近、连分数等）统称为超越数论

的逼近方法. 关于它的全面论述可见文献[73], 还可参见文献[238, 270]等. 特别地, 一些超越数(及代数无关数组)是通过某些幂级数给出的, 对此可参见文献[52, 164, 265, 266]等.

7° 近十余年来, 有限特征域中的超越性理论发展颇快, 对此可见文献[80, 92, 258]等.

8° 本书没有系统给出超越数论的发展史, 对此可参见文献[248].

第 2 章
Gelfond-Schneider 定理

本章主要讲述 Gelfond 方法和 Schneider 方法, 应用它们解决 Hilbert 第七问题和六指数问题.

2.1 Hilbert 第七问题

1900 年, D. Hilbert 在第二届国际数学家大会上提出著名的 23 个数学问题, 这些问题对 20 世纪的数学发展起了重要作用. 他的第七问题是关于某些数的无理性和超越性的, 并提出一些具体的例子, 如 $2^{\sqrt{2}}$, e^{π} 等是否是超越数? 这些例子可以归结到这样一个问题: 如果 α 是代数数, $\alpha \neq 0, 1$, β 是一个无理的代数数, 那么 α^{β} 是否是超越数? 这就是著名的 Hilbert 第七问题. 当时 Hilbert 认为解决这个问题是相当困难的, 需要有新的思想和方法, 解决它很可能在解决 Riemann 猜想和 Fermat 问题之后. 但实际上, 第七问题的解决恰与 Hilbert 的猜测相反,是在解决 Riemann 猜想和 Fermat 问题之前.首先是 1929 年 A. O. Gelfond[81]证明了,如果 α 是代数数,$\alpha \neq 0,1$,β 是虚二次无理数,那么 α^β 是超越数,例如 $e^\pi = (-1)^{-i}$ 是超越数.1930 年,R. O. Kuzmin[98]推广到 β 是实二次无理数的情形,从而证明了 $2^{\sqrt{2}}$ 是超越数.1934 年,A. O. Gelfond[82,83]和 Th. Schneider[193]独立地完全解决了 Hilbert 第七问题.

下面我们给出 Hilbert 第七问题的一些等价命题:

1° 如果 $\alpha, \beta \in \mathbb{A}$,$\alpha \log \alpha \neq 0$,$\beta \notin \mathbb{Q}$,那么 α^β 是超越数.

2° 如果 $\alpha, \beta, \gamma \in \mathbb{A}$,$\alpha \beta \log \beta \neq 0$,$\gamma = \dfrac{\log \alpha}{\log \beta}$,那么 $\gamma \in \mathbb{Q}$.

3° 如果 $\alpha, \beta \in \mathbb{A}$,$\alpha \beta \neq 0$,$\log \alpha$ 和 $\log \gamma$ 在 $\mathbb{Q}$ 上线性无关,那么 $\log \alpha$ 和 $\log \beta$ 在 $\mathbb{A}$ 上也线性无关.

我们首先证明 1° 和 3° 是等价的.先由 3° 推出 1° 成立,我们设 $\alpha^\beta = \gamma$,如果 γ 是代数数,则

$$\beta \log \alpha - \log \gamma = 0,$$

由 3° 知,$\log \alpha$ 和 $\log \gamma$ 在 $\mathbb{Q}$ 上应线性相关,β 一定是有理数,这与假定矛盾,故 γ 是超越数.现在由 1° 推出 3°,设 $\alpha, \beta \in \mathbb{A}$,$\alpha \beta \neq 0$,并且 $\log \alpha$ 和 $\log \beta$ 在 $\mathbb{Q}$ 上线性无关,令

$$b = \frac{\log \beta}{\log \alpha},$$

则 $b \notin \mathbb{Q}$,并且 b 是超越数,否则由 1° 知 α^b 是超越数,这与 β 是代数数相矛盾,于是 $\log \alpha$ 和 $\log \beta$ 在 $\mathbb{A}$ 上也线性无关.

显然,由 1° 可推出 2°,由 2° 可推出 3°.这样我们就完成了三个命题的等价性证明.

本章主要给出 Gelfond 和 Schneider 对命题 3° 的证明.命题 1°,2°,3° 通常称为 Gelfond-Schneider 定理.

定理 2.1.1(Gelfond-Schneider 定理,见文献[83,193]) 设 α_1 和 α_2 是非零的代数数,如果 $\log \alpha_1$ 和 $\log \alpha_2$ 在 $\mathbb{Q}$ 上线性无关,那么 $\log \alpha_1$ 和 $\log \alpha_2$ 在 $\mathbb{A}$ 上也线性无关.

在证明定理 2.1.1 之前,我们需要下面几个引理,引理 2.1.1 称为 Schwarz 引理,它同 Jensen 公式有密切的联系.

引理 2.1.1 设 $R > r > 0$,又设非零函数 $f(z)$ 在 $|z| < R$ 上解析,用 $n_f(0, r)$ 表示 $f(z)$ 在 $|z| \leqslant r$ 内零点的个数(计及重数),那么有

$$\log |f|_r \leqslant \log |f|_R - n_f(0, r) \log \frac{R^2 - r^2}{2Rr}, \tag{2.1.1}$$

这里

$$|f|_a = \sup_{|z|=a} |f(z)|.$$

证 设

$$\nu = n_f(0, r),$$

令 $\xi_1, \cdots, \xi_\nu$ 是 $f(z)$ 在 $|z| \leqslant r$ 中的全部零点（包括重点），令

$$f_1(z) = f(z) \prod_{i=1}^{\nu} \frac{R^2 - z\bar{\xi}_i}{R(z - \xi_i)},$$

则 $f_1(z)$ 在 $|z| \leqslant R$ 上连续，在 $|z| < R$ 内解析，由极大模原理有

$$|f_1|_r \leqslant |f_1|_R.$$

另一方面，因为

$$\sup_{|z|=R} \left| \frac{R^2 - z\bar{\xi}_i}{R(z - \xi_i)} \right| = 1$$

及

$$\inf_{|z|=r} \left| \frac{R^2 - z\bar{\xi}_i}{R(z - \xi_i)} \right| \geqslant \frac{R^2 - r^2}{2Rr},$$

所以

$$|f_1|_R \leqslant |f|_R \quad 和 \quad |f_1|_r \geqslant |f|_r \left(\frac{R^2 - r^2}{2Rr} \right)^\nu,$$

于是有

$$|f|_r \leqslant |f|_R \left(\frac{2Rr}{R^2 - r^2} \right)^\nu. \qquad \square$$

下面经常用到 $R > 2r$ 的情形，于是有下列引理.

引理 2.1.2 当 $R > 2r$ 时，有

$$\log |f|_r \leqslant \log |f|_R - n_f(0, r) \log \frac{R}{3r}. \tag{2.1.2}$$

引理 2.1.3 设 $\beta \neq 0, \beta \notin \mathbb{Q}$，则 e^z 和 $e^{\beta z}$ 在 $\mathbb{C}$ 上代数无关．设 $\alpha \neq 0$，则 $z, e^{\alpha z}$ 在 $\mathbb{C}$ 上代数无关．

证 设

$$P(x, y) = \sum_{i=0}^{m} \sum_{j=0}^{n} p_{ij} x^i y^j$$

为 $\mathbb{C}[x, y]$ 上任意非零多项式，考虑

$$P(e^z, e^{\beta z}) = \sum_{i=0}^{m} \sum_{j=0}^{n} p_{ij} e^{(i+\beta j)z}, \tag{2.1.3}$$

由于 $\beta \notin \mathbb{Q}$，所以 $i + \beta j$ 是互不相同的，将式(2.1.3)改写成

$$P(e^z, e^{\beta z}) = \sum_{l=1}^{t} c_l e^{\beta_l z}, \tag{2.1.4}$$

这里记 $\beta_l = i + j\beta, l = 1, \cdots, (m+1)(n+1), c_l$ 为 p_{ij}.

我们对 t 用归纳法来证明式(2.1.4)不为零. 当 $t = 1$ 时, $c_1 e^{\beta_1 z}$ 显然不为零(当 $c_1 \ne 0$). 现设对 $t = s - 1$, 式(2.1.4)不为零, 要证对 $t = s$, 式(2.1.4)也不为零. 由于 $c_1, \cdots, c_s$ 不全为零, 不妨设 $c_s \ne 0$(当然 $c_1, \cdots, c_{s-1}$ 中至少有一个不为零, 否则, 对此情形式(2.1.4) 一定不为零), 做下面运算:

$$\frac{\mathrm{d}}{\mathrm{d}z}(e^{-\beta_s z} P(e^z, e^{\beta z})) = \sum_{l=1}^{s-1} c_l(\beta_l - \beta_s) e^{(\beta_l - \beta_s)z}. \tag{2.1.5}$$

由归纳假设, 式(2.1.5)不为零, 故

$$P(e^z, e^{\beta z}) \ne 0,$$

于是证明了 e^z 和 $e^{\beta z}$ 在 $\mathbb{C}$ 上代数无关.

同样方法可证明 $z, e^{\alpha z}$ 在 $\mathbb{C}$ 上代数无关. 考虑

$$
\begin{aligned}
P(z, e^{\alpha z}) &= \sum_{i=0}^{m} \sum_{j=0}^{t} p_{ij} z^i e^{\alpha j z} \\
&= \sum_{j=0}^{t} P_j(z) e^{\alpha j z},
\end{aligned} \tag{2.1.6}
$$

这里

$$P_j(z) = \sum_{i=0}^{m} p_{ij} z^i \quad (j = 0, \cdots, t),$$

并且多项式组 $P_j(z)(j = 0, \cdots, t)$ 不全为零. 同样对 t 用归纳法, 如果 $P_0(z) \equiv 0$, 当 $t = 1$, 显然式(2.1.6)不为零. 假定对 $t = n - 1$, 式(2.1.6)不为零, 不妨设 $P_n(z) \not\equiv 0$(当然 $P_1(z), \cdots, P_{n-1}(z)$ 中至少有一个不为零, 否则, 对 $t = n$ 情形, 已证明式(2.1.6)不为零) 和 $\deg P_n(z) = \gamma_n$, 做下面运算:

$$\frac{\mathrm{d}^{\gamma_n + 1}}{\mathrm{d}z^{\gamma_n + 1}}(e^{-n\alpha z} P(z, e^{\alpha z})) = \sum_{j=0}^{n-1} Q_j(z) e^{\alpha(j-n)z}, \tag{2.1.7}$$

其中 $Q_j(z)$ 为多项式, 并且不全为零. 由归纳假设, 式(2.1.7)不为零, 从而 $P(z, e^{\alpha z}) \ne 0$.

$\square$

2.2 Gelfond 解法

用反证法. 假设 $\log\alpha_1$ 和 $\log\alpha_2$ 在 $\mathbb{A}$ 上线性相关，则有

$$\beta\log\alpha_1 = \log\alpha_2 \quad (\beta \in \mathbb{A}).$$ (2.2.1)

记

$$D = \left[\mathbb{Q}(\alpha_1,\alpha_2,\beta) : \mathbb{Q}\right],$$

设 N 是一个充分大的自然数，定义下面一组自然数：

$$L = N^4, \quad T = N^6, \quad H = N.$$

我们的证明分为下面三个步骤.

第一步，构造辅助多项式

$$P(x,y) = \sum_{\lambda_1=0}^{L} \sum_{\lambda_2=0}^{L} p(\lambda_1,\lambda_2) x^{\lambda_1} y^{\lambda_2},$$ (2.2.2)

由此定义一个函数

$$F(z) = P(\alpha_1^z,\alpha_2^z) = \sum_{\lambda_1=0}^{L} \sum_{\lambda_2=0}^{L} p(\lambda_1,\lambda_2) \alpha_1^{\lambda_1 z} \alpha_2^{\lambda_2 z},$$ (2.2.3)

还定义

$$F_t(z) = \sum_{\lambda_1=0}^{L} \sum_{\lambda_2=0}^{L} p(\lambda_1,\lambda_2)(\lambda_1 + \lambda_2\beta)^t \alpha_1^{\lambda_1 z} \alpha_2^{\lambda_2 z},$$ (2.2.4)

显然有

$$\frac{\mathrm{d}^t F(z)}{\mathrm{d}z^t} = (\log\alpha_1)^t F_t(z).$$ (2.2.5)

对构造的辅助多项式(2.2.2)，要求满足下面条件：

$$P(x,y) \in \mathbb{Z}[x,y], \quad P(x,y) \not\equiv 0,$$

$$\max_{0\leqslant\lambda_1,\lambda_2\leqslant L} |p(\lambda_1,\lambda_2)| \leqslant \mathrm{e}^{N^6},$$ (2.2.6)

和对满足 $0 \leqslant t < T, 0 \leqslant h < H$ 的所有正整数 t, h 有

$$F_t(h) = 0,$$ (2.2.7)

为此考虑关于 $(L+1)^2$ 个未知数 $p(\lambda_1,\lambda_2)$ 的齐次线性方程组

$$\sum_{\lambda_1=0}^{L}\sum_{\lambda_2=0}^{L}p(\lambda_1,\lambda_2)(\lambda_1+\lambda_2\beta)^t\alpha_1^{\lambda_1 h}\alpha_2^{\lambda_2 h}=0$$

$$(t=0,\cdots,T-1;h=0,\cdots,H-1). \tag{2.2.8}$$

将式 $(2.2.8)$ 乘以 $(\mathrm{den}(\beta))^T(\mathrm{den}(\alpha_1))^{LH}(\mathrm{den}(\alpha_2))^{LH}$,则可得到一组新的线性方程组,其系数为 $\mathbb{K}=\mathbb{Q}(\alpha_1,\alpha_2,\beta)$ 中的代数整数,这些系数的尺度

$$\leqslant L^T((1+\lceil\beta\rceil)\mathrm{den}(\beta))^T(\lceil\alpha_1\rceil\mathrm{den}(\alpha_1)\lceil\alpha_2\rceil\mathrm{den}(\alpha_2))^{LH}$$

$$\leqslant L^T c_1^T c_2^{LH}\leqslant N^{4N^6}c_1^{N^6}c_2^{N^5}\leqslant N^{5N^6}, \tag{2.2.9}$$

这里 N 充分大,而 c_1,c_2 是只依赖于 α_1,α_2,β 的正常数.在这组方程中,未知数的个数是 $(L+1)^2$,方程的个数为 TH,当 N 充分大时

$$DTH=DN^7<N^8<(L+1)^2,$$

由引理 $1.3.3$,存在一组不全为零的有理整数 $p(\lambda_1,\lambda_2)$ 满足

$$\max_{0\leqslant\lambda_1,\lambda_2\leqslant L}|p(\lambda_1,\lambda_2)|\leqslant 2\left(\delta(L+1)^2 N^{5N^6}\right)^{\frac{DTH}{(L+1)^2-DTH}},$$

其中 $\delta>0$ 是常数,对充分大的 N 有

$$\delta(L+1)^2 N^{5N^6}\leqslant N^9 N^{5N^6}<N^{6N^6},$$

$$\frac{DTH}{(L+1)^2-DTH}\leqslant\frac{DN^7}{N^8-DN^7}<N^{-\frac{1}{2}},$$

于是

$$\max_{0\leqslant\lambda_1,\lambda_2\leqslant L}|p(\lambda_1,\lambda_2)|\leqslant \mathrm{e}^{N^6},$$

这样证明了辅助多项式 $(2.2.2)$ 存在,并满足式 $(2.2.6)$ 和式 $(2.2.7)$.

第二步,我们证明对任意整数 $M\geqslant N$,对满足 $0\leqslant t<M^6$ 和 $0\leqslant h<M$ 的所有整数 t,h 有

$$F_t(h)=0. \tag{2.2.10}$$

对 M 用归纳法,当 $M=N$ 时,由式 $(2.2.7)$ 知式 $(2.2.10)$ 成立.现假设式 $(2.2.10)$ 对 $0\leqslant t<M^6,0\leqslant h<M$ 成立,令 t_1,h_1 为满足 $0\leqslant t_1<(M+1)^6$ 和 $0\leqslant h_1<M+1$ 的任意正整数,由 Cauchy 公式有

$$|F_{t_1}(h_1)|=\left|(\log\alpha_1)^{-t_1}\frac{\mathrm{d}^{t_1}}{\mathrm{d}z^{t_1}}F(h_1)\right|$$

$$\leqslant \left| (\log\alpha_1)^{-t_1} \frac{t_1!}{2\pi i} \int_{|\zeta - h_1| = 1} \frac{F(\zeta)}{(\zeta - h_1)^{t_1+1}} d\zeta \right|$$

$$\leqslant |\log\alpha_1|^{-t_1} t_1! |F|_{h_1+1}.$$

由引理 $2.1.2$，令 $R = M^3$，$r = M + 2$（显然 $R > 2r$），由归纳假设有

$$n_F(0, r) \geqslant M^7,$$

于是有

$$\log|F|_{h_1+1} \leqslant \log|F|_R - M^7 \log \frac{M^3}{3(M+2)}$$

$$\leqslant \log\left((L+1)^2 e^{N^6} c_3^{LM^3}\right) - M^7 \log \frac{M^2}{4}$$

$$\leqslant \log c_4^{M^7} - M^7 \log \frac{M^2}{4},$$

这里 c_3 和 c_4（以及后面出现的 $c_5, c_6, \cdots$）是只依赖于 $\alpha_1, \alpha_2, \beta$ 的正常数，同时我们设定 M 足够大，于是

$$\log|F_{t_1}(h_1)| \leqslant -t_1 \log c_5 + \log(t_1!) + M^7 \log c_4 - M^7 \log \frac{M^2}{4}$$

$$\leqslant -M^7 \log M, \tag{2.2.11}$$

这里同样 N 和 M 都足够大.

另一方面，$F_{t_1}(h_1)$ 乘以 $\mathrm{den}(\beta)^{t_1}(\mathrm{den}(\alpha_1)\mathrm{den}(\alpha_2))^{Lh_1}$ 之后是一个代数整数，同时

$$\mathrm{den}(\beta)^{t_1}(\mathrm{den}(\alpha_1)\mathrm{den}(\alpha_2))^{Lh_1} \leqslant e^{M^7},$$

于是有

$$\overline{|F_{t_1}(h_1)|} \leqslant (L+1)^2 e^{N^6} c_6^{Lh_1} L^{t_1} \leqslant e^{M^7},$$

$$\mathrm{den}(F_{t_1}(h_1)) \leqslant e^{M^7}.$$

根据引理 $1.1.2$，如果

$$F_{t_1}(h_1) \neq 0$$

且是代数数，则有

$$\log|F_{t_1}(h_1)| \geqslant -(D-1)\log\overline{|F_{t_1}(h_1)|} - D\log\mathrm{den}(F_{t_1}(h_1))$$

$$\geqslant -(2D-1)\log e^{M^7},$$

当 N 很大，同时 M 也很大时，此式与式 $(2.2.11)$ 矛盾，因此对所有满足 $0 \leqslant t < (M+1)^6$ 和 $0 \leqslant h_1 < M+1$ 的整数 t_1 和 h_1 都有

$$F_{t_1}(h_1) = 0.$$

第三步，由第二步可以得出对一切正整数 t，都有

$$\left.\frac{\mathrm{d}^t F(z)}{\mathrm{d}z^t}\right|_{z=0} = 0,$$

所以

$$F(z) \equiv 0, \quad 即 \quad \sum_{\lambda_1=0}^{L} \sum_{\lambda_2=0}^{L} p(\lambda_1, \lambda_2) \mathrm{e}^{(\lambda_1 \log \alpha_1 + \lambda_2 \log \alpha_2)z} \equiv 0.$$

由引理 2.1.3 知，当 $\log \alpha_1$ 和 $\log \alpha_2$ 在 $\mathbb{Q}$ 上线性无关时，有 $\mathrm{e}^{(\log \alpha_1)z}$ 和 $\mathrm{e}^{(\log \alpha_2)z}$ 在 $\mathbb{C}$ 上代数无关，这与上面 $F(z) \equiv 0$ 相矛盾，从而推出 β 不是代数数，$\log \alpha_1$ 和 $\log \alpha_2$ 在 $\mathbb{A}$ 上代数无关，定理 2.1.1 证毕. $\qquad\square$

2.3 Schneider 解法

同样用反证法. 设

$$\beta = \frac{\log \alpha_2}{\log \alpha_1} \in \mathbb{A}, \tag{2.3.1}$$

记

$$D = [\mathbb{Q}(\alpha_1, \alpha_2, \beta) : \mathbb{Q}],$$

设下面一组参数：

$$L_1 = N^8, \quad L_2 = N^3, \quad H = N^5,$$

N 为充分大的自然数. 同样分三个步骤证明定理 2.1.1.

第一步，构造辅助多项式，设多项式

$$P(x, y) = \sum_{\lambda_1=0}^{L_1} \sum_{\lambda_2=0}^{L_2} p(\lambda_1, \lambda_2) x^{\lambda_1} y^{\lambda_2}, \tag{2.3.2}$$

定义函数

$$F(z) = \sum_{\lambda_1=0}^{L_1} \sum_{\lambda_2=0}^{L_2} p(\lambda_1, \lambda_2) z^{\lambda_1} \alpha_1^{\lambda_2 z}, \tag{2.3.3}$$

下面证明，存在不全为零的有理整数 $p(\lambda_1,\lambda_2)$ $(0\leqslant\lambda_1\leqslant L_1;0\leqslant\lambda_2\leqslant L_2)$，使得

$$\max_{\substack{0\leqslant\lambda_1\leqslant L_1\\0\leqslant\lambda_2\leqslant L_2}}|p(\lambda_1,\lambda_2)|\leqslant e^{N^8}, \tag{2.3.4}$$

并且对满足 $0\leqslant h_0,h_1<H$ 的所有整数 h_0 和 h_1，下式成立：

$$F(h_1+h_0\beta)=0. \tag{2.3.5}$$

式 (2.3.5) 表明 $(L_1+1)(L_2+1)$ 个未知数 $p(\lambda_1,\lambda_2)$ 满足 H^2 个线性方程组成的方程组

$$\sum_{\lambda_1=0}^{L_1}\sum_{\lambda_2=0}^{L_2}p(\lambda_1,\lambda_2)(h_1+h_0\beta)^{\lambda_1}\alpha_1^{\lambda_2h_1}\alpha_2^{\lambda_2h_0}=0$$

$$(0\leqslant h_0<H;0\leqslant h_1<H), \tag{2.3.6}$$

将式 (2.3.6) 乘以 $\mathrm{den}(\beta)^{L_1}(\mathrm{den}(\alpha_1)\,\mathrm{den}(\alpha_2))^{L_2H}$，得到一个新的方程组，它们的系数为代数整数，并且它们的尺度的最大值 $\leqslant H^{L_1}c_1^{L_1}c_2^{L_2H}$，这里的 c_1,c_2（以及下面的 c_3，$c_4,\cdots$）是只依赖于 α_1,α_2,β 的正常数. 当 N 充分大时，上式 $\leqslant N^{6N^8}$. 由于

$$(L_1+1)(L_2+1)>DH^2,$$

应用引理 1.3.3，存在一组不全为零的有理整数 $p(\lambda_1,\lambda_2)$，并满足

$$\max_{\substack{0\leqslant\lambda_1\leqslant L_1\\0\leqslant\lambda_2\leqslant L_2}}|p(\lambda_1,\lambda_2)|\leqslant 2\big(\delta(L_1+1)(L_2+1)N^{6N^8}\big)^{\frac{DH^2}{(L_1+1)(L_2+1)-DH^2}},$$

这里 $\delta>0$ 为常数，当 N 充分大时有

$$(L_1+1)(L_2+1)N^{6N^8}\leqslant N^{7N^8},$$

$$\frac{DH^2}{(L_1+1)(L_2+1)-DH^2}\leqslant N^{-\frac{1}{2}},$$

因此有

$$\max_{\substack{0\leqslant\lambda_1\leqslant L_1\\0\leqslant\lambda_2\leqslant L_2}}|p(\lambda_1,\lambda_2)|\leqslant 2\big(\delta N^{7N^8}\big)^{N^{-\frac{1}{2}}}\leqslant e^{N^8},$$

即式 (2.3.4) 成立，于是完成了辅助多项式的构造.

第二步，我们将证明，对每一整数 $M\geqslant N$，对所有满足

$$0\leqslant h_0,h_1<M^5$$

的整数 h_0 和 h_1 都有

$$F(h_1+h_0\beta)=0 \tag{2.3.7}$$

和

$$\log |F|_{M^6} < - M^{10}. \tag{2.3.8}$$

对 M 用归纳法, 当 $M = N$ 时, 由第一步知式(2.3.7)成立. 下面证明式(2.3.8)成立. 由引理 2.1.2, 取

$$R = M^7, \quad r = M^6.$$

显然 $R > 2r$, 由式(2.3.3)和式(2.3.4)有

$$|F|_R \leqslant (L_1 + 1)(L_2 + 1) \mathrm{e}^{N^8} R^{L_1} c_3^{L_2 R} \leqslant c_4^{M^{10}},$$

又由于

$$n_F(0, r) \log \frac{R}{3r} \geqslant n_F(0, r) \log \frac{M^7}{3M^6}$$

$$\geqslant M^{10} \log \frac{M}{3},$$

于是得到

$$\log |F|_{M^6} \leqslant M^{10} \log c_4 - M^{10} \log \frac{M}{3} < - M^{10}.$$

现在假设式(2.3.7)和式(2.3.8)对 $0 \leqslant h_0, h_1 \leqslant M^5$ 成立, 下面证明对满足 $0 \leqslant h_0 < (M+1)^5$ 和 $0 \leqslant h_1 < (M+1)^5$ 的任意整数 h_0, h_1 也成立. 由归纳假设及最大模原理可知代数数

$$\gamma = F(h_1 + h_0 \beta)$$

满足

$$|\gamma| < \mathrm{e}^{-M^{10}} \tag{2.3.9}$$

和

$$\mathrm{den}(\gamma) \leqslant \mathrm{den}(\beta)^{L_1} (\mathrm{den}(\alpha_1) \mathrm{den}(\alpha_2))^{L_2 (M+1)^5}$$

$$\leqslant \mathrm{e}^{M^9}. \tag{2.3.10}$$

另一方面, 由 γ 的表达式有

$$\overline{|\gamma|} \leqslant (L_1 + 1)(L_2 + 1) \mathrm{e}^{N^8} H^{L_1} c_1^{L_1} c_2^{L_2 (M+1)^5}$$

$$\leqslant \mathrm{e}^{M^9},$$

由此式及式(2.3.9)和式(2.3.10), 设 $\gamma \neq 0$, 由引理 1.1.2 有

$$\log(\mathrm{e}^{-M^{10}}) > \log |\gamma| > - (D-1)\log(\mathrm{e}^{M^9}) - D \log(\mathrm{e}^{M^9})$$

$$> - (2D - 1)M^9,$$

对充分大的 N（M 也充分大），上面不等式不可能成立，从而得出 $\gamma = 0$，即对上述 h_0, h_1，式 (2.3.7) 成立，再按着前面的证明，可推出式 (2.3.8) 对它们也成立.

第三步，对充分大的 M，式 (2.3.8) 都成立，从而得出 $F(z) \equiv 0$. 又根据引理 2.1.3，z 和 $\alpha_1^{\tilde{z}}$（$\alpha_1 \neq 0, 1$）在 $\mathbb{C}$ 上代数无关，所以 $F(z) \equiv 0$，这不可能，从而证明了 β 是超越数. □

2.4 六指数定理

设 $x_1, \cdots, x_d$ 和 $y_1, \cdots, y_l$ 都是复数，并且每组数在 $\mathbb{Q}$ 上线性无关. 我们猜测：如果

$$ld > l + d,$$

那么 ld 个数 $e^{x_i y_j}$（$1 \leqslant i \leqslant d$；$1 \leqslant j \leqslant l$）中至少有一个是超越数. 因为在满足条件 $ld > l + d$ 时，l 和 d 的最小值为 $l = 2, d = 3$，此时，$ld = 6$，所以将上述猜想称做六指数问题. 1966 年，S. Lang[101] 和 K. Ramachandra[182] 分别独立地解决了这个问题.

定理 2.4.1（六指数定理，见文献 [101, 182]） 设 x_1, x_2, x_3 和 y_1, y_2 分别是在 $\mathbb{Q}$ 上线性无关的复数，则六个数 $e^{x_i y_j}$（$1 \leqslant i \leqslant 3$；$1 \leqslant j \leqslant 2$）中至少有一个是超越数.

证 我们仍用 Gelfond-Schneider 方法. 设 $e^{x_i y_j}$（$1 \leqslant i \leqslant 3$；$1 \leqslant j \leqslant 2$）都是代数数，用 $\mathbb{K}$ 记它们在 $\mathbb{Q}$ 上所生成的代数数域，记

$$d = [\mathbb{K} : \mathbb{Q}],$$

令

$$K \in \mathbb{N}, \quad L = [K^{3/4}].$$

证明分下面三步：

1° 首先证明存在不全为零的有理整数 $p(\lambda_1, \lambda_2, \lambda_3)$（$0 \leqslant \lambda_i \leqslant L, i = 1, 2, 3$）满足

$$\max_{0 \leqslant \lambda_1, \lambda_2, \lambda_3 \leqslant L} |p(\lambda_1, \lambda_2, \lambda_3)| \leqslant c_1^{LK},$$

并使得函数

$$f(z) = \sum_{\lambda_1 = 0}^{L} \sum_{\lambda_2 = 0}^{L} \sum_{\lambda_3 = 0}^{L} p(\lambda_1, \lambda_2, \lambda_3) e^{(\lambda_1 x_1 + \lambda_2 x_2 + \lambda_3 x_3)z}$$

满足

$$f(y) = f(l_1 y_1 + l_2 y_2) = 0 \quad (1 \leqslant l_1, l_2 \leqslant K), \tag{2.4.1}$$

上面 c_1（以及下面的 $c_2, c_3, \cdots$）是只与 x_i, y_j 有关的正常数. 事实上，式 (2.4.1) 即为

$$\sum_{\lambda_1=0}^{L}\sum_{\lambda_2=0}^{L}\sum_{\lambda_3=0}^{L} p(\lambda_1,\lambda_2,\lambda_3) \mathrm{e}^{(\lambda_1 x_1+\lambda_2 x_2+\lambda_3 x_3)(l_1 y_1+l_2 y_2)} = 0 \quad (1\leqslant l_1,l_2\leqslant K),$$

未知数 $p(\lambda_1,\lambda_2,\lambda_3)$ 的个数为

$$q = (L+1)^3,$$

而方程的个数为

$$p = K^2,$$

式 (2.4.1) 乘以 c_2^{LK} 可使方程的系数为 $\mathbb{K}$ 中代数整数,记为 $a(\lambda_1,\lambda_2,\lambda_3)$,并且有

$$\max_{0\leqslant\lambda_1,\lambda_2,\lambda_3\leqslant L} \overline{|a(\lambda_1,\lambda_2,\lambda_3)|} \leqslant c_3^{LK}.$$

当 K 很大时,由引理 1.3.3,可知存在一组不全为零的整数 $p(\lambda_1,\lambda_2,\lambda_3)$ 使式 (2.4.1) 成立,并满足

$$\max_{0\leqslant\lambda_1,\lambda_2,\lambda_3\leqslant L} |p(\lambda_1,\lambda_2,\lambda_3)| \leqslant c_1^{LK}. \tag{2.4.2}$$

$2°$ 下面证明,如果对 $m\geqslant K$,式 (2.4.1) 对 $1\leqslant l_1,l_2\leqslant m$ 成立,则它对于 $1\leqslant l_1,l_2\leqslant m+1$ 也成立.令

$$\gamma = \max_{1\leqslant l_1,l_2\leqslant m+1} |l_1 y_1+l_2 y_2| + 1 \leqslant c_4 m,$$

由假设,$f(z)$ 在 $|z|\leqslant r$ 中零点的个数不少于 m^2,因此由引理 2.1.1,取

$$R = m^{9/8},$$

有

$$|f|_R \leqslant (L+1)^3 c_1^{LK} c_5^{Lm^{9/8}} \leqslant c_6^{Lm^{9/8}},$$
$$\log|f|_r \leqslant Lm^{9/8}\log c_6 - m^2\log c_7 m^{1/8}$$
$$\leqslant -c_8 m^2\log m. \tag{2.4.3}$$

另一方面,$f(l_1 y_1+l_2 y_2)$ 是 d 次代数数,记

$$\alpha = f(l_1 y_1+l_2 y_2),$$

则有

$$\overline{|\alpha|} = \overline{|f(l_1 y_1+l_2 y_2)|} \leqslant (L+1)^3 c_1^{LK} c_9^{L(m+1)}$$

和

$$\mathrm{den}(\alpha) \leqslant c_{10}^{L(m+1)}.$$

由引理 1.1.2 知,如果 $\alpha\neq 0$,则有

$$\log \mid \alpha \mid \geqslant - (d - 1)\log\lceil\alpha\rceil - d\log(\mathrm{den}(\alpha))$$
$$\geqslant - c_{11} m^{7/4}. \tag{2.4.4}$$

显然式(2.4.4)与式(2.4.3)矛盾，所以

$$f(l_1 y_1 + l_2 y_2) = 0 \quad (1 \leqslant l_1, l_2 \leqslant m + 1).$$

3° 由 1° 和 2° 知，对任意自然数 l_1, l_2，都有

$$f(l_1 y_1 + l_2 y_2) = 0,$$

从而推出

$$f(z) \equiv 0.$$

但是由于 $p(\lambda_1, \lambda_2, \lambda_3)$ 不全为零，x_1, x_2, x_3 在 $\mathbb{Q}$ 上线性无关，所以不可能

$$f(z) \equiv 0,$$

因此 $e^{x_i y_j} (1 \leqslant i \leqslant 3; 1 \leqslant j \leqslant 2)$ 不可能都是代数数. $\square$

注 2.4.1 我们定义集合

$$S_1 = \{t \mid t \in \mathbb{R}, 2^t \in \mathbb{N}\} = \left\{\frac{\log a}{\log 2} \,\Big|\, a \in \mathbb{N}, a > 0\right\},$$

$$S_2 = \{t \mid t \in \mathbb{R}, 2^t \in \mathbb{N} \,\text{且}\, 3^t \in \mathbb{N}\},$$

$$S_3 = \{t \mid t \in \mathbb{R}, 2^t, 3^t, 5^t \,\text{均}\, \in \mathbb{N}\},$$

那么显然有

$$\mathbb{N} \subseteq S_3 \subseteq S_2 \subseteq S_1,$$

并且六指数定理蕴含

$$S_3 = \mathbb{N}.$$

但我们至今还不知道是否 $S_2 = \mathbb{N}$（亦即 S_2 中是否有无理数）. 对此可参见文献[249].

2.5 补充与评注

1° 文献[232]对于 Gelfond 方法和 Schneider 方法做了深入的阐述和比较. 文献[72] 较完整地给出 Gelfond 方法的经典结果.

2° 1991 年 M. Laurent[108,109] 给出了一个称为"插值行列式"的超越性证明的新技

术,应用它可以证明定理 2.1.1,还可以证明代数数对数线性型的下界估计和给出著名的代数数有理逼近的 Roth 定理一个新证明.对此还可见文献[244].

　　3° 对 Gelfond 方法稍加变化可以得到 Hilbert 第七问题的一些定量结果,如 α^{β}, $\dfrac{\log\beta}{\log\alpha}$ 等用代数数逼近的逼近定理,以及它们的超越性度量.这个改进的 Gelfond 方法被称为 Gelfond 第二方法,可参见文献[50,72].

　　1935 年,A. O. Gelfond[84]首先证明了:若 $\alpha,\beta\in\mathbb{A}$,$\alpha\neq 0,1$,$\beta\notin\mathbb{Q}$,则对任何 $\varepsilon>0$,存在可计算常数

$$H_0 = H_0(\alpha,\beta,d,\varepsilon),$$

使对任何

$$\xi\in\mathbb{A},\quad \deg(\xi)\leqslant d,\quad H(\xi)=H\geqslant H_0$$

有

$$|\alpha^{\beta}-\xi|>H^{-(\log\log H)^{5+\varepsilon}}.$$

1949 年,他将此结果改进为

$$|P(\alpha^{\beta})|>\exp\left(-\frac{d^3}{1+\log^3 d}(d+\log H)\log^{2+\varepsilon}(d+\log H)\right),$$

其中 $P\in\mathbb{Z}[z]$ 是任意高 $\leqslant H$,次数 $\leqslant d$ 的非常数多项式,并且 $t(P)\geqslant t_0(\log\alpha,\beta,\varepsilon)$(见文献[86]).1972 年,P. L. Cijsow[50]给出上述结果一个较简单的证明.1974 年,G. V. Chudnovsky[46]宣布 α^{β} 有超越性度量

$$\varphi(d,H)=\exp(-c_1 d^3\log H(1+\log d)^{-3}(\log\log Hd)^2),$$

其中常数

$$c_1 = c_1(\log\alpha,\beta)>0.$$

1978 年,M. Waldschmidt[233]将上述结果改进为

$$\varphi(d,H)=\exp(-c_2 d^3(\log d+\log H)(\log d+\log\log H)(1+\log d)^{-2}),$$

其中常数 $c_2=c_2(\log\alpha,\beta)>0$.特别地,可知 α^{β} 的超越型 $\leqslant 4$.

　　4° 四指数猜想:设 x_1,x_2 及 y_1,y_2 是两组复数,分别在 $\mathbb{Q}$ 上线性无关,则 $\exp(x_i y_j)$ $(i,j=1,2)$ 中至少有一个超越数.这个猜想中的条件比六指数问题的条件稍弱,它等价于 Schneider 第一问题(见文献[197]).特别地,若此猜想正确,则可推出:如果 λ 是非零代数数的对数并且 $\lambda\notin\mathbb{R}$,那么 $e^{|\lambda|}$ 是超越数.关于这个猜想的深入讨论,可见文献[249].

　　5° 1933 年,D. H. Lehmer[116]提出下列问题:对任意给定的 $\varepsilon>0$,是否存在代数整数 α,使得 $1<M(\alpha)<1+\varepsilon$? 此问题至今未解决,应用 Schneider 方法可以得到一些阶段性结果.更进一步的问题是:对于任意次数 $\leqslant d$ 的非零代数数 α(但不是单位根),是否

存在绝对常数 $c_0 > 0$ 使得 $dh(\alpha) \geqslant c_0$？关于这些问题的较详细的综述及有关结果的证明，可见文献[59,228,234,249].

6° 另一个著名的问题是：Euler 常数 $\gamma = \lim\limits_{n \to \infty} \Big(\sum\limits_{k=1}^{n} \frac{1}{k} - \log n \Big)$ 的超越性（或无理性），对此迄今毫无进展. 我们可以在文献[33](p.336)中找到一些有趣的信息.

7° K. Mahler 首先研究了 p-adic 超越数. 特别地，在 20 世纪 30 年代，K. Mahler[131]和 G. Veldkamp[227]分别基于Gelfond和 Schneider 的方法给出 Gelfond-Schneider 定理的 p-adic 类似. 对此还可见文献[1].

第 **3** 章

椭圆函数的超越性质

本章的目的是研究一类重要的周期函数即某些椭圆函数的超越性质,主要内容是应用第 2 章中给出的 Schneider 超越方法建立 Weierstrass 椭圆函数 $\wp(z)$ 的值的超越性,并讨论与椭圆模函数有关的一些超越性问题,其中包括对最近 Yu. V. Nesterenko 关于 π, e^{π} 和 $\Gamma(1/4)$ 代数无关性的重要结果的介绍.

3.1 Schneider 基本定理

Th. Schneider 用来解决 Hilbert 第七问题的方法还可用来研究其他一些函数类的超越性质.

如果整函数 $f(z)$ 满足不等式

$$\limsup_{R \to \infty} \frac{\log\log|f|_R}{\log R} = \rho < \infty,$$

其中

$$|f|_R = \max_{|z| \leqslant R} |f(z)|,$$

那么称 $f(z)$ 是有限阶整函数，且它的阶为 ρ. 如果 $f(z)$ 和 $g(z)$ 都是有限阶整函数，则称

$$l(z) = \frac{f(z)}{g(z)}$$

为有限阶半纯函数，且其阶为 $f(z)$ 和 $g(z)$ 的阶中的最大者.

Th. Schneider 给出了下列基本结果.

定理 3.1.1（Th. Schneider[196,197]） 设 $f_1(z)$ 和 $f_2(z)$ 是阶不超过 ρ 的整或半纯函数，$z_1, \cdots, z_m \in \mathbb{C}$ 互异且不是 f_1 和 f_2 的极点. 还设所有的数 $f_1^{(\tau)}(z_j), f_2^{(\tau)}(z_j)$（$j = 1, \cdots, m; \tau = 0, 1, \cdots$）都属于某个 s 次代数数域 K，并且存在常数 $\eta > 0$ 以及与 η 无关的正整数 a_j, b_j 使当 $\lambda = 1, 2; j = 1, \cdots, m; \tau = 0, 1, \cdots$ 时有

$$a_j^{\tau+1} f_\lambda^{(\tau)}(z_j) \in \mathbb{Z}_K, \tag{3.1.1}$$

$$\left| f_\lambda^{(\tau)}(z_j) \right| \leqslant b_j^{\tau+1} (\tau + 1)^{\eta\tau}. \tag{3.1.2}$$

如果

$$m > (2\rho + 1)\left(s(2\eta + 1) - \eta + \frac{1}{2}\right), \tag{3.1.3}$$

那么 f_1 和 f_2（在 $\mathbb{C}$ 上）代数相关.

在实际应用中，下面的定理更为方便，因为它略去了算术条件式(3.1.1)和(3.1.2)，而要求 f_1 和 f_2 满足适当的微分方程.

定理 3.1.2（Th. Schneider[196,197]） 设 $f_1(z)$ 和 $f_2(z)$ 是阶不超过 ρ 的整或半纯函数，并且对每个 $\lambda = 1, 2, f_\lambda(z)$ 分别满足一个下列形式的代数微分方程：

$$y^{(k)} = \sum_{\nu_1 = 0}^{n_1} \cdots \sum_{\nu_k = 0}^{n_k} d_{\nu_1 \cdots \nu_k} (y^{(k-1)})^{\nu_1} \cdots (y)^{\nu_k}, \tag{3.1.4}$$

其中 $d_{\nu_1 \cdots \nu_k} \in \mathbb{A}$，并且 $k = k_\lambda, n_j = n_{j,\lambda}, d_{\nu_1 \cdots \nu_k} = d_{\nu_1 \cdots \nu_k, \lambda}$ 均与 λ 有关（在式(3.1.4)中已略去相应下标 λ）. 还设 $z_1, \cdots, z_m \in \mathbb{C}$ 互异，并且 f_λ 及它在式(3.1.4)右边出现的各阶导函数在 z_j（$j = 1, \cdots, m$）上的值和式(3.1.4)中的诸系数 $d_{\nu_1 \cdots \nu_k, \lambda}$（$\lambda = 1, 2$）均属于某个 s 次代数数域 K. 如果

$$m > (2\rho + 1)\left(3s - \frac{1}{2}\right), \tag{3.1.5}$$

那么 $f_1(z)$ 和 $f_2(z)$ 代数相关.

定理 3.1.2 可以作为定理 3.1.1 的推论而得出,因为容易验证算术条件(3.1.1),式(3.1.2)(其中 $\eta=1$)在定理 3.1.2 的假设下是成立的(细节参见文献[197]).

定理 3.1.1 的证明分为三步(细节可见文献[197]).

1° 构造辅助函数.设 $t \in \mathbb{N}$,令

$$r_1 = r_2 = \left\lceil \sqrt{2smt} \right\rceil,$$

应用 Siegel 引理(引理 1.3.3)可知存在多项式

$$\Phi(z) = \Phi_t(z) = \sum_{l_1=0}^{r_1} \sum_{l_2=0}^{r_2} C_{l_1 l_2} f_1(z)^{l_1} f_2(z)^{l_2}$$

具有下列性质:系数 $C_{l_1 l_2} \in \mathbb{Z}$ 不全为零,满足

$$|C_{l_1 l_2}| < c_1^t t^{\left(\frac{1}{2}+\eta\right)t} \quad (l_1 = 0, \cdots, r_1; l_2 = 0, \cdots, r_2),$$

其中 $c_1 > 0$ 是与 t 无关的常数,并且 $\Phi(z)$ 在 $z_1, \cdots, z_m$ 有 t 阶零点:

$$\Phi^{(\tau)}(z_j) = 0 \quad (j = 1, \cdots, m; \tau = 0, \cdots, t-1).$$

2° 证明上面构造的 $\Phi(z)$ 具有下述性质:如果对某个充分大的 l 有

$$\Phi^{(\tau)}(z_j) = 0 \quad (j = 1, \cdots, m; \tau = 0, \cdots, l-1),$$

那么每个点 $z_1, \cdots, z_m$ 均是 $\Phi(z)$ 的 $l+1$ 阶零点.

为此可设 $l \geqslant t$,且用反证法,设(例如)$\Phi^{(l)}(z_1) \neq 0$.由引理 1.1.2 可得

$$|\Phi^{(l)}(z_1)| \geqslant c_2^l l^{-(s-1)(1+2\eta)l}, \tag{3.1.6}$$

其中常数 $c_2 > 0, c_2 < 1$ 与 t 无关.借助于 $\Phi^{(l)}(z_1)$ 的复积分表示可得当 l 足够大时

$$|\Phi^{(l)}(z_1)| \leqslant c_3^l l^{\left(\frac{3}{2}+\eta-\delta m\right)l},$$

其中常数 $c_3 > 1$ 与 t 无关.由式(3.1.3),(3.1.4)和上式得到矛盾.

3° 由 2° 的结果可推知存在 $l_0 \in \mathbb{N}$,使函数 $\Phi(z) = \Phi_{l_0}(z)$ 在 $z_1, \cdots, z_m$ 有无穷阶零点.设函数 $f_\lambda(z)$ 的分母是整函数 $g_\lambda(z)$(当 f_λ 是整函数时,$g_\lambda \equiv 1$),记函数

$$G(z) = g_1(z)^{r_1} g_2(z)^{r_2},$$

那么函数 $\Phi(z)G(z)$ 是在点 z_1 有无穷阶零点的整函数,所以它在 z_1 的某个邻域中按 $z - z_1$ 的幂级数展开的所有系数都为零,据此可推出 $\Phi(z)G(z) \equiv 0$(所有 $z \in \mathbb{C}$).若

$$G(z) \equiv 1,$$

则 $\Phi(z) \equiv 0$(所有 $z \in \mathbb{C}$);若 $G(z) \not\equiv 1$,则 $\Phi(z)$ 的所有极点都是可去奇点,从而也有 $\Phi(z) \equiv 0$(所有 $z \in \mathbb{C}$).于是

$$\sum_{l_1=0}^{r_1} \sum_{l_2=0}^{r_2} C_{l_1 l_2} f_1(z)^{l_1} f_2(z)^{l_2} \equiv 0 \quad (t = l_0),$$

因 $C_{l_1 l_2}$ 不全为零，故 f_1, f_2 代数相关．定理于是得证． □

自 Th. Schneider 以后，人们又证明了几个与定理 3.1.2 类似的结果，在现有的应用中它们具有相同的功效．下面我们给出其中的一个，在文献中它有时称为 Schneider-Lang 准则．

设 K 是一个代数数域，$K[X_1, \cdots, X_n]$ 是 K 上未定元 $X_1, \cdots, X_n$ 的多项式环．还设 $f_1(z), \cdots, f_n(z)$ 是一组半纯函数，且有

$$D = \frac{\mathrm{d}}{\mathrm{d}z}.$$

若对任何

$$f \in K[f_1, \cdots, f_n], \quad Df \in K[f_1, \cdots, f_n],$$

则称环 $K[f_1, \cdots, f_n]$ 在微分运算下是闭的．

定理 3.1.3（Schneider-Lang 准则，见文献[101,107]） 设 K 是一个 s 次代数数域，$f_1, \cdots, f_n$ 是阶不超过 ρ 的整或半纯函数．还设域 $K(f_1, \cdots, f_n)$ 在 K 上的超越次数 $\geqslant 2$，并且环 $K[f_1, \cdots, f_n]$ 在微分运算下是闭的．如果 $z_1, \cdots, z_m \in \mathbb{C}$ 互异，并且

$$f_i(z_j) \in K \quad (i = 1, \cdots, n; j = 1, \cdots, m),$$

那么

$$m \leqslant 2\rho(5s - 1).$$

为证明这个定理，先给出一些辅助引理．

对于两个 n 变元复系数形式幂级数

$$P = P(X_1, \cdots, X_n) = \sum_{(i)} \alpha_{(i)} X_1^{i_1} \cdots X_n^{i_n},$$

$$Q = Q(X_1, \cdots, X_n) = \sum_{(i)} \beta_{(i)} X_1^{i_1} \cdots X_n^{i_n},$$

如果对每个 $(i) = (i_1, \cdots, i_n)$ 有

$$|\alpha_{(i)}| \leqslant \beta_{(i)},$$

那么称 Q 是 P 的强函数，并记作

$$P \prec Q.$$

容易验证下列性质：

引理 3.1.1 （a）如果 $P_1 \prec Q_1, P_2 \prec Q_2$，那么 $P_1 + P_2 \prec Q_1 + Q_2$，$P_1 P_2 \prec Q_1 Q_2$．

（b）如果 $P \prec Q$，那么 $\dfrac{\partial P}{\partial X_j} \prec \dfrac{\partial Q}{\partial X_j}$（$j = 1, \cdots, n$）．

（c）如果 $P \in \mathbb{C}[X_1, \cdots, X_n]$，那么 $P \prec H(P)(X_1 + \cdots + X_n)^r$，其中 $r = \sum\limits_{j=1}^{n} \deg_{X_j}(P)$．

引理 3.1.2 设 $K, f_1, \cdots, f_n$ 及 $K[f_1, \cdots, f_n]$ 如定理 3.1.3, $\omega \in \mathbb{C}$ 不是 $f_1, \cdots, f_n$ 的极点,且

$$f_j(\omega) \in K \quad (j = 1, \cdots, n),$$

则存在常数 $\gamma > 0$(仅与 f_j, n, ω 有关)具有下列性质:若

$$P \in K[X_1, \cdots, X_n], \quad \deg(P) \leqslant d, \quad F(z) = P(f_1(z), \cdots, f_n(z)),$$

则对所有 $k \in \mathbb{N}$ 有

$$\overline{|D^k F(\omega)|} \leqslant \overline{|P|} d^k k! \gamma^{k+d}, \tag{3.1.7}$$

$$\mathrm{den}(D^k F(\omega)) \leqslant \mathrm{den}(P) \gamma^{k+d}. \tag{3.1.8}$$

证 因为 $Df_j \in K[f_1, \cdots, f_n]$,所以存在多项式

$$P_j \in K[X_1, \cdots, X_n]$$

使

$$Df_j = P_j(f_1, \cdots, f_n) \quad (j = 1, \cdots, n).$$

令

$$\delta = \max_{1 \leqslant j \leqslant n} \deg(P_j).$$

我们定义算子 $\overline{D}$ 如下:对每个

$$P \in K[X_1, \cdots, X_n],$$

有

$$\overline{D}P(X_1, \cdots, X_n) = \sum_{j=1}^{n} \frac{\partial}{\partial X_j} P(X_1, \cdots, X_n) \cdot P_j(X_1, \cdots, X_n).$$

特别地,可知

$$\overline{D}X_j = P_j(X_1, \cdots, X_n) \quad (j = 1, \cdots, n).$$

因为我们有

$$P \prec \overline{|P|}(1 + X_1 + \cdots + X_n)^d,$$

$$P_j \prec \overline{|P_j|}(1 + X_1 + \cdots + X_n)^\delta \quad (j = 1, \cdots, n),$$

所以由引理 3.1.1 得

$$\overline{D}P \prec \overline{|P|}\gamma_1 d(1 + X_1 + \cdots + X_n)^{d+\delta},$$

由归纳法即可证明

$$\overline{D}^k P \prec \overline{|P|}\gamma_2^k d^k k!(1 + X_1 + \cdots + X_n)^{d+k\delta}, \tag{3.1.9}$$

其中 $\gamma_1, \gamma_2 > 0$ 仅与 f_j 有关.用 $f_j(\omega)$ 代替 $X_j(j = 1, \cdots, n)$,因为

$$D^k F(\omega) = \bar{D}^k P(f_1(\omega), \cdots, f_n(\omega)),$$

所以由式(3.1.9)得式(3.1.7).

注意

$$\mathrm{den}\left(\frac{\partial P}{\partial X_j}\right) \leqslant \mathrm{den}(P),$$

故易由归纳法得到式(3.1.8). □

定理 3.1.3 的证明 设 f 和 g 是 $f_1, \cdots, f_n$ 中的在 K 上代数无关的两个函数,并用 r 表示 $2m$ 的一个足够大的倍数.

1° 构造辅助函数,令

$$F(z) = \sum_{i=1}^{r} \sum_{j=1}^{r} a_{ij} f(z)^i g(z)^j,$$

其中 $a_{ij} \in \mathbb{Z}_K$. 记

$$t = r^2/(2m).$$

我们可以选取不全为零的 a_{ij} 使得

$$D^k F(z_l) = 0 \quad (k = 0, \cdots, t-1; l = 1, \cdots, m), \tag{3.1.10}$$

并且当 t 充分大时

$$\log\lceil a_{ij} \rceil \leqslant 2t\log t \quad (i, j = 1, \cdots, r). \tag{3.1.11}$$

实际上,式(3.1.10)是包含 mt 个方程的齐次线性方程组,未知数 a_{ij} 的个数为 $r^2 = 2mt$. 显然存在 $\delta \in \mathbb{N}$ 使其系数与 δ^{2r} 之积均 $\in \mathbb{Z}_K$,由引理 3.1.2 知

$$\left\lceil \delta^{2r} \frac{\mathrm{d}^k}{\mathrm{d}z^k}(f(z)^i g(z)^j)\Big|_{z=z_l} \right\rceil \leqslant \delta^{2r}(i+j)^k k! c_4^{i+j+k} \leqslant (rt)^t c_5^{t+r},$$

其中 c_4, c_5 (及下文中 $c_6, \cdots$)为与 t 无关的正常数.注意

$$mt/(2mt - mt) = 1,$$

所以由引理 1.3.2 推出上述的 a_{ij} 是存在的.

2° 因为 f, g 在 K 上代数无关,所以 $F(z)$ 不恒等于零,从而存在最小整数 τ,使得

$$F^{(k)}(z_l) = 0 \quad (k = 0, \cdots, \tau-1; l = 1, \cdots, m),$$

但 $F^{(\tau)}(z)$ 在 $z_1, \cdots, z_m$ 上的值不全为零.设(例如)$\omega = z_1$ 是 $z_1, \cdots, z_m$ 中的一个,使

$$\xi = F^{(\tau)}(\omega) \neq 0,$$

因此 $\tau \geqslant t$,并且由引理 3.1.2 及式(3.1.11)可知当 t 充分大时

$$\overline{|\xi|} \leqslant e^{2t\log t}(2r)^{\tau}\tau! c_6^{\tau+2r} \leqslant e^{5\tau\log\tau}, \tag{3.1.12}$$

$$\mathrm{den}(\xi) \leqslant \mathrm{den}(a_{ij}(1 \leqslant i, j \leqslant r))c_7^{\tau+2r} \leqslant c_8^{\tau}. \tag{3.1.13}$$

$3°$ 现在估计 $|\xi|$ 的上界. 设 $h(z)$ 是 $f(z)$ 和 $g(z)$ 的分母之积(当 f 或 g 为整函数时, 其分母 $\equiv 1$), 则 $h(z)$ 及 $h(z)^{2r}F(z)$ 都是阶 $\leqslant \rho$ 的整函数, 并且 $h(\omega) \neq 0$. 我们定义整函数

$$E(z) = \frac{h(z)^{2r}F(z)}{\prod\limits_{l=1}^{m}(z - z_l)^{\tau}},$$

则有

$$\xi = \tau! E(\omega)\prod\limits_{l=2}^{m}(\omega - z_l)^{\tau}h(\omega)^{-2r}.$$

取 $R = \tau^{1/2\rho}$, 当 t 充分大时可使

$$\max_{1 \leqslant l \leqslant m}|z_l| \leqslant \frac{R}{2}, \tag{3.1.14}$$

所以

$$|\xi| \leqslant \tau! |E|_R \Big(\prod\limits_{l=2}^{m}(|\omega| + |z_l|)\Big)^{\tau}|h(\omega)|^{-2r}, \tag{3.1.15}$$

其中

$$|E|_R = \max_{|z| \leqslant R}|E(z)|.$$

但由有限阶整函数定义及式(3.1.11)可得

$$|h(z)^{2r}F(z)|_R \leqslant r^2\exp(2t\log t + 2rR^{\rho}),$$

因此, 注意式(3.1.14), 得到

$$|E|_R \leqslant |h(z)^{2r}F(z)|_R \sup_{|z|=R}\Big|\prod\limits_{l=1}^{m}(z - z_l)\Big|^{-\tau}$$

$$\leqslant r^2\exp(2t\log t + 2rR^{\rho})\Big(R - \frac{R}{2}\Big)^{-m\tau}$$

$$\leqslant c_9^{\tau}e^{2\tau\log\tau}R^{-m\tau}.$$

另外还有

$$\Big(\prod\limits_{l=2}^{m}(|\omega| + |z_l|)\Big)^{\tau} \leqslant c_{10}^{\tau}, \quad |h(\omega)|^{-2r} \leqslant c_{11}^{r},$$

于是由式(3.1.15)得到当 t 充分大时

$$|\xi| \leqslant \exp\left(4\tau\log\tau - \frac{1}{2\rho}m\tau\log\tau\right). \tag{3.1.16}$$

4° 应用引理 1.1.2,由式(3.1.12),(3.1.13)及(3.1.16)得

$$4 - \frac{m}{2\rho} \geqslant -5(s-1) - \frac{s\log c_8}{\log\tau}.$$

令 $r\to\infty$(从而 $\tau\to\infty$)得到

$$\frac{m}{2\rho} \leqslant 5s - 1,$$

于是定理得证. □

现在给出定理 3.1.3 的应用实例.

例 3.1.1 令

$$f_1(z) = z, \quad f_2(z) = e^{\alpha z},$$

其中 $\alpha\in\mathbb{A}$,$\alpha\neq0$.它们都是有限阶整函数,且由引理 2.1.3 知它们在 $\mathbb{C}$ 上代数无关,还满足微分方程

$$\frac{\mathrm{d}}{\mathrm{d}z}f_1(z) = 1, \quad \frac{\mathrm{d}}{\mathrm{d}z}f_2(z) = \alpha f_2(z).$$

如果 $e^\alpha\in\mathbb{A}$,那么 $K=\mathbb{Q}(e^\alpha)$ 是一个有限次代数数域,并且 $f_1(\omega_l),f_2(\omega_l)\in K$,其中 $\omega_l = l-1(l=1,2,\cdots)$,从而与定理 3.1.3 的结论矛盾.因此我们得到:

定理 3.1.4(Hermite-Lindemann 定理[95]) 设 α 为非零代数数,则 e^α 为超越数.

注 3.1.1 由此可知 e 是超越数.又因为上述定理等价于"代数数的非零对数是超越数",所以得知 $\pi=\log(-1)$ 是超越数.

例 3.1.2 令 $f_1(z)=e^z,f_2(z)=e^{\beta z}$,其中 β 是无理代数数.它们满足微分方程

$$\frac{\mathrm{d}}{\mathrm{d}z}f_1(z) = f_1(z), \quad \frac{\mathrm{d}}{\mathrm{d}z}f_2(z) = \beta f_2(z).$$

注意引理 2.1.3,可知 f_1,f_2 满足定理 3.1.3 中的有关条件.取

$$z_l = (l-1)\log\alpha,$$

其中 $\alpha\in\mathbb{A}$,$\alpha\neq0,1;l=1,2,\cdots$.若 $\alpha^\beta\in\mathbb{A}$,$K=\mathbb{Q}(\alpha,\beta,\alpha^\beta)$,则与例 3.1.1 类似,导致矛盾.于是再次证明了 Gelfond-Schneider 定理(定理 2.1.1).

在下节中我们将给出定理 3.1.3(或定理 3.1.2)的更多的应用.

3.2 Weierstrass $\wp$ 函数的超越性质

设 $\omega_1, \omega_2 \in \mathbb{C}$, $\mathrm{Im}\dfrac{\omega_2}{\omega_1} \neq 0\left(\text{通常约定 } \mathrm{Im}\dfrac{\omega_2}{\omega_1} > 0\right)$, 记

$$\Omega = \{2m\omega_1 + 2n\omega_2 \mid m, n \in \mathbb{Z}\},$$

那么 Weierstrass 椭圆函数 $\wp(z)$ 表示为

$$\wp(z) = \wp(z; \omega_1, \omega_2) = \frac{1}{z^2} + \sum_{\omega \in \Omega}{}' \left(\frac{1}{(z - \omega)^2} - \frac{1}{\omega^2}\right),$$

其中 $\sum'$ 表示 $(m, n) \neq (0, 0)$. Ω 称为 $\wp(z)$ 的周期格, $(2\omega_1, 2\omega_2)$ 称为它的基本周期 (在不引起混淆时简称周期). $(2\omega_1', 2\omega_2') \neq (2\omega_1, 2\omega_2)$ 构成基本周期的充要条件是它可表示成

$$\begin{cases} \omega_1' = a\omega_1 + b\omega_2, \\ \omega_2' = c\omega_1 + d\omega_2, \end{cases} \tag{3.2.1}$$

其中 $a, b, c, d \in \mathbb{Z}$, $|ad - bc| = 1$. 我们还令

$$g_2 = g_2(\omega_1, \omega_2) = 60 \sum_{\omega \in \Omega}{}' \omega^{-4},$$

$$g_3 = g_3(\omega_1, \omega_2) = 140 \sum_{\omega \in \Omega}{}' \omega^{-6},$$

并且称为 $\wp(z)$ 的不变量, 它们当 $(2\omega_1, 2\omega_2)$ 换以另一组基本周期 $(2\omega_1', 2\omega_2')$ (即关系式 (3.2.1) 成立) 时是不变的. 我们还知道 $\wp(z)$ 满足微分方程

$$[\wp'(z)]^2 = 4[\wp(z)]^3 - g_2\wp(z) - g_3. \tag{3.2.2}$$

在此式两边微分可得

$$\wp''(z) = 6\wp(z)^2 - \frac{g_2}{2}. \tag{3.2.3}$$

我们还考虑与 $\wp(z)$ 相应的 Weierstrass 函数

$$\zeta(z) = \zeta(z; \omega_1, \omega_2),$$

它与 $\wp(z)$ 有下列关系：

$$\wp(z) = - \zeta'(z). \tag{3.2.4}$$

由式(3.2.3)和式(3.2.4)可知

$$\zeta'''(z) = - 6(\zeta'(z))^2 + g_2/2.$$

我们记

$$\omega_3 = \omega_1 + \omega_2,$$

那么有关系式

$$\zeta(z + 2\omega_i) - \zeta(z) = 2\eta_i \quad (i = 1,2,3), \tag{3.2.5}$$

其中 η_1, η_2 称为拟周期，并且 $\zeta(\omega_i) = \eta_i (i = 1,2,3)$，$\eta_3 = \eta_1 + \eta_2$. 另外，还有下列 Legendre 关系式成立：

$$\omega_2 \eta_1 - \omega_1 \eta_2 = \pi i/2 \quad (i = \sqrt{-1}).$$

另一个与 $\wp(z)$ 紧密相关的函数是

$$j(\tau) = \frac{1728 g_2^3(1,\tau)}{g_2^3(1,\tau) - 27 g_3^2(1,\tau)} = \frac{1728 g_2^3(\omega_1,\omega_2)}{g_2^3(\omega_1,\omega_2) - 27 g_3^2(\omega_1,\omega_2)},$$

其中 $\tau = \omega_2/\omega_1$，$\mathrm{Im}\,\tau > 0$，它称作椭圆模函数(模不变式).

我们还令

$$\varphi(z) = az + b\zeta(z) \quad (a,b \in \mathbb{C}, |a| + |b| \neq 0).$$

于是有

$$\varphi'(z) = a - b\wp(z), \tag{3.2.6}$$

$$\wp(z) = \frac{a - \varphi'(z)}{b} \quad (b \neq 0). \tag{3.2.7}$$

由式(3.2.3)和式(3.2.6)得到

$$\varphi'''(z) = - 6b\wp(z)^2 + \frac{b}{2} g_2,$$

于是由式(3.2.7)得知 $\varphi(z)$ 满足微分方程

$$\varphi'''(z) = - \frac{6}{b}\big[\varphi'(z)\big]^2 + \frac{12a}{b}\varphi'(z) - \frac{6a^2}{b} + \frac{g_2 b}{2} \quad (b \neq 0).$$

引理 3.2.1 设 $g_2, g_3, a, b \in \mathbb{A}$，$|a| + |b| \neq 0$. 如果存在 $\alpha \in \mathbb{C}$ 使 $\wp(\alpha)$ 和 $\varphi(\alpha) \in$

$\mathbb{A}$,那么对任何 $j\in\mathbb{N}$,$j\alpha\notin\Omega$,并且 $\wp(j\alpha)$,$\wp'(j\alpha)$,$\wp''(j\alpha)$,$\varphi(j\alpha)$,$\varphi'(j\alpha)$ 均 $\in K=$
$\mathbb{Q}(a,b,g_2,g_3,\wp(\alpha),\wp'(\alpha),\varphi(\alpha))\subseteq\mathbb{A}$.

证 在引理条件下由式(3.2.2)可知 $\wp'(\alpha)\in\mathbb{A}$,因而

$$K\subseteq\mathbb{A}.$$

由式(3.2.3)可知

$$\wp''(\alpha)\in K.$$

再由 $\wp$ 函数的加法定理得

$$\wp(u+v)=-\wp(u)-\wp(v)+\frac{1}{4}\left(\frac{\wp'(u)-\wp'(v)}{\wp(u)-\wp(v)}\right)^2 \quad (u\neq v),$$

$$\wp(2u)=-2\wp(u)+\frac{1}{4}\left(\frac{\wp''(u)}{\wp'(u)}\right)^2,$$

可知 $\wp(2\alpha)\in K$,并且仍由式(3.2.2),(3.2.3)推出 $\wp'(2\alpha)$,$\wp''(2\alpha)$ 均 $\in K$.一般地,可知
$\wp(j\alpha)$,$\wp'(j\alpha)$,$\wp''(j\alpha)\in K(j=1,2,\cdots)$;特别地,由 $\alpha\notin\Omega$ 推出 $\wp(j\alpha)$ 有意义,所以
$j\alpha\notin\Omega$.最后,由 $\zeta(z)$ 的加法定理可推出

$$\varphi(u+v)=\varphi(u)+\varphi(v)+\frac{b}{2}\frac{\wp'(u)-\wp'(v)}{\wp(u)-\wp(v)} \quad (u\neq v),$$

$$\varphi(2u)=2\varphi(u)+\frac{b}{2}\frac{\wp''(u)}{\wp'(u)},$$

于是由此及式(3.2.4)推出 $\varphi(j\alpha)$,$\varphi'(j\alpha)\in K(j\in\mathbb{N})$. $\square$

引理 3.2.2 函数 $\wp(z)$ 和 $\varphi(z)$ 代数无关.

证 设有非零多项式 $P\in\mathbb{C}[x,y]$(可设其不可约)使

$$P(\wp(z),\varphi(z))\equiv 0,$$

还设 $\alpha\notin\Omega$,于是

$$P(\wp(\alpha),\varphi(\alpha))=0.$$

因为

$$\wp(\alpha)=\wp(\alpha+2m\omega_1) \quad (m\in\mathbb{Z}),$$

所以诸复数 $\varphi(\alpha + 2m\omega_1)(m \in \mathbb{Z})$ 都是非零多项式 $P(\wp(\alpha), X) \in \mathbb{C}[X]$ 的根. 因非零多项式的零点个数有限,故存在互异的 $m_1, m_2 \in \mathbb{Z}$ 使

$$\varphi(\alpha + 2m_1\omega_1) = \varphi(\alpha + 2m_2\omega_1).$$

由此及式(3.2.5)我们得

$$a\alpha + 2am_1\omega_1 + b\zeta(\alpha) + 2bm_1\eta_1 = a\alpha + 2am_2\omega_1 + b\zeta(\alpha) + 2bm_2\eta_1$$

或

$$2(m_1 - m_2)a\omega_1 = 2(m_2 - m_1)b\eta_1.$$

因

$$m_1 - m_2 \neq 0,$$

故得

$$a\omega_1 + b\eta_1 = 0. \tag{3.2.8}$$

类似地,由

$$\wp(\alpha) = \wp(\alpha + 2m\omega_2) \quad (m \in \mathbb{Z})$$

可得到

$$a\omega_2 + b\eta_2 = 0. \tag{3.2.9}$$

因

$$|a| + |b| \neq 0,$$

由式(3.2.8),(3.2.9)可得

$$\omega_1\eta_2 - \omega_2\eta_1 = 0.$$

但由 Legendre 关系式

$$\omega_1\eta_2 - \omega_2\eta_1 = -\mathrm{i}\pi/2 \quad (\mathrm{i} = \sqrt{-1}),$$

故得矛盾. $\qquad\qquad\square$

引理 3.2.3 设 $q \neq 0$,则函数 $\wp(z)$ 和 e^{qz} 代数无关.

证 设有非零不可约多项式 $P \in \mathbb{C}[x, y]$ 使

$$P(\wp(z), \mathrm{e}^{qz}) \equiv 0.$$

设 $\alpha \notin \Omega$,于是诸数 $\exp(q(\alpha + 2m\omega_1))(m \in \mathbb{Z})$ 均是非零多项式 $P(\wp(\alpha), X) \in \mathbb{C}[X]$ 的零点,因而存在互异的整数 m_1 和 m_2 使

$$\exp(q(\alpha + 2m_1\omega_1)) = \exp(q(\alpha + 2m_2\omega_1)),$$

所以

$$q(\alpha + 2m_1\omega_1) = q(\alpha + 2m_2\omega_1) + 2k_1\pi\mathrm{i} \quad (\mathrm{i} = \sqrt{-1}),$$

或者

$$2q(m_1 - m_2)\omega_1 = 2k_1\pi\mathrm{i}. \tag{3.2.10}$$

类似地,有互异整数 m_3, m_4 及 $k_2 \in \mathbb{Z}$ 使

$$2q(m_3 - m_4)\omega_2 = 2k_2\pi\mathrm{i}. \tag{3.2.11}$$

因 k_1, k_2 均不为零(不然 $m_1 = m_2$ 或 $m_3 = m_4$),故得

$$\tau = \frac{\omega_2}{\omega_1} = \frac{m_1 - m_2}{m_3 - m_4}\frac{k_2}{k_1} \in \mathbb{R}.$$

但由椭圆函数定义,$\mathrm{Im}\,\tau \neq 0$,故得矛盾. □

注 3.2.1 还可证明(见文献[72]):若 Weierstrass 函数 $\wp(z)$ 和 $\wp^*(z)$ 分别有基本周期 $(2\omega_1, 2\omega_2)$ 和 $(2\omega_1^*, 2\omega_2^*)$,则它们代数相关的充要条件是存在 $a_1, a_2, b_1, b_2, r_1, r_2 \in \mathbb{Z}$,$r_1r_2 \neq 0$,使得

$$\begin{cases} r_1\omega_1^* = a_1\omega_1 + b_1\omega_2, \\ r_2\omega_2^* = a_2\omega_1 + b_2\omega_2. \end{cases}$$

还可证明:设 $q \neq 0$,则 Weierstrass 函数 $\wp(z)$ 和 $\wp(qz)$ 代数相关的充要条件是 $q \in \mathbb{Q}$,或者 $\wp(z)$ 有复数乘法,并且 $q \in \mathbb{Q}(\tau)$(此处 $\tau = \omega_2/\omega_1$,$(2\omega_1, 2\omega_2)$ 是 $\wp(z)$ 的基本周期).

注 3.2.2 设 $f(z) = f(z; \omega_1, \omega_2)$ 是一个椭圆函数,

$$\Omega = \{2m\omega_1 + 2n\omega_2 \mid m, n \in \mathbb{Z}\}$$

是其周期格.设 $\lambda \in \mathbb{C}$,若 $\lambda\Omega \subseteq \Omega$(即对所有 $\omega \in \Omega$ 都有 $\lambda\omega \in \Omega$),则称 λ 是 Ω 的乘子.所有有理整数都是 Ω 的乘子.如果 Ω 的乘子集合中有无理数,那么称 Ω(或 $f(z)$)有复数乘法.

可以证明(见文献[72]):Ω 有复数乘法的充要条件是 $\tau = \omega_2/\omega_1$ 是二次无理数(当然它是虚数).因此,若 Ω(或 $f(z)$)有复数乘法,则其所有乘子均 $\in \mathbb{Q}(\tau)$.我们称 $\mathbb{Q}(\tau)$ 为 Ω(或 $f(z)$)的复数乘法域.

下文中我们还需要下列引理.

引理 3.2.4 函数 $\wp(z)$ 和 $\zeta(z)$ 都有有限增长阶 $\rho = 2$.

证 已知有下列关系式:

$$\zeta(z) = \frac{\sigma'(z)}{\sigma(z)},$$

其中 $\sigma(z)$ 是整函数，有无穷乘积表达式

$$\sigma(z) = z \prod_{(\omega)}{}' \left(1 - \frac{z}{\omega}\right) e^{\frac{z}{\omega} + \frac{1}{2}\left(\frac{z}{\omega}\right)^2},$$

其中 (ω) 遍历 $\{2m\omega_1 + 2n\omega_2 \mid m, n \in \mathbb{Z}, (m, n) \neq (0, 0)\}$，依典型乘积的阶的定理（例如，文献 [222]，8.25 节和 8.51 节）可知 $\sigma(z)$ 及 $\sigma'(z)$ 的有限增长阶均为 2，所以 $\zeta(z)$ 的有限增长阶亦为 2；而且由式 (3.2.4) 知 $\wp(z)$ 的有限增长阶亦为 2. □

现在给出下列三个基本结果：

定理 3.2.1（Th. Schneider[193,197]） 设 Weierstrass 函数 $\wp(z)$ 和 $\zeta(z)$ 具有相同的不变量 g_2 和 g_3，并且 $a, b, \alpha \in \mathbb{C}$，$\alpha \notin \Omega$，$|a| + |b| \neq 0$，则六数

$$a, \quad b, \quad g_2, \quad g_3, \quad \wp(\alpha), \quad a\alpha + b\zeta(\alpha)$$

中至少有一个超越数.

证 设结论不成立. 在定理 3.1.2 中取

$$f_1(z) = \varphi(z), \quad f_2(z) = \wp(z),$$

并取

$$z_j = j\alpha \quad (j = 1, \cdots, m).$$

若 $b \neq 0$，则由引理 3.2.1 及引理 3.2.4 知定理 3.1.2 中诸条件在此成立，取 m 足够大可使式 (3.1.5) 成立. 从而 $f_1(z)$ 和 $f_2(z)$ 代数相关，这与引理 3.2.2 矛盾. 若 $b = 0$，则

$$\varphi(z) = az,$$

于是可类似地推出矛盾.（当然也可以用定理 3.1.3 来证明）. □

定理 3.2.2（Th. Schneider[193,197]） 设 $\alpha, \beta \in \mathbb{C}$，$\wp(z) = \wp(z; \omega_1, \omega_2)$，$\wp^*(z) = \wp^*(z; \omega_1^*, \omega_2^*)$ 是不变量分别为 $\{g_2, g_3\}$ 和 $\{g_2^*, g_3^*\}$ 的 Weierstrass 函数. 如果函数 $\wp(z)$ 和 $\wp^*(\beta z)$ 代数无关，并且 α 不是它们的极点，那么数

$$g_2, \quad g_3, \quad g_2^*, \quad g_3^*, \quad \beta, \quad \wp(\alpha), \quad \wp^*(\beta\alpha)$$

中至少有一个超越数.

证 在定理 3.1.2（或定理 3.1.3）中取 $f_1(z) = \wp(z), f_2(z) = \wp^*(\beta z)$（它们是增长阶 $\rho = 2$ 的半纯函数），还取 $z_j = j\alpha (j = 1, 2, \cdots)$，即可得到所要的结论. □

定理 3.2.3（Th. Schneider[193,197]） 设 Weierstrass 函数 $\wp(z)$ 的不变量是 g_2, g_3，

$\alpha, q \in \mathbb{C}, \alpha \notin \Omega, q \neq 0.$ 则数

$$g_2, \quad g_3, \quad q, \quad \wp(\alpha), \quad \mathrm{e}^{q\alpha}$$

中至少有一个超越数.

证 在定理 3.1.2(或定理 3.1.3)中取

$$f_1(z) = \wp(z), \quad f_2(z) = \mathrm{e}^{qz}, \quad z_j = j\alpha \quad (j = 1, 2, \cdots),$$

并应用引理 3.2.1, 引理 3.2.3 和引理 3.2.4, 即可由反证法得到所要的结论. □

下面给出上述定理的一些推论.

推论 3.2.1 设 $g_2, g_3, a, b \in \mathbb{A}, |a| + |b| \neq 0$, 则对任何 $k, l \in \mathbb{Z}, |k| + |l| > 0$, 数

$$\xi = k(a\omega_1 + b\eta_1) + l(a\omega_2 + b\eta_2)$$

是超越数.

证 先设 k, l 中至少有一个是奇数, 记 $k = 2m + u, l = 2n + v, m, n, u, v \in \mathbb{Z}, u, v \in \{0, 1\}, |u| + |v| \neq 0.$ 还令

$$\beta = k\omega_1 + l\omega_2,$$

则 $\beta \notin \Omega, 2\beta \in \Omega$. 因为

$$\wp'(\omega_1) = \wp'(\omega_2) = \wp'(\omega_1 + \omega_2) = 0,$$

所以由周期性可知

$$\wp'(\beta) = 0.$$

因 $g_2, g_3 \in \mathbb{A}$, 故由式 (3.2.2) 知

$$\wp(\beta) \in \mathbb{A}.$$

另一方面, 由函数 $\zeta(z)$ 的拟周期性知

$$\begin{aligned}
a\beta + b\zeta(\beta) &= a(k\omega_1 + l\omega_2) + b\zeta(2m\omega_1 + 2n\omega_2 + u\omega_1 + v\omega_2) \\
&= a(k\omega_1 + l\omega_2) + b(2m\eta_1 + 2n\eta_2 + \zeta(u\omega_1 + v\omega_2)) \\
&= a(k\omega_1 + l\omega_2) + b(2m\eta_1 + 2n\eta_2 + u\eta_1 + v\eta_2) \\
&= a(k\omega_1 + l\omega_2) + b(k\eta_1 + l\eta_2) \\
&= k(a\omega_1 + b\eta_1) + l(a\omega_2 + b\eta_2) \\
&= \xi,
\end{aligned}$$

因此由定理 3.2.1 得知 ξ 是超越数.

如果 k, l 都是偶数, 那么存在 $\sigma \in \mathbb{N}$ 使 $2^{-\sigma}k$ 和 $2^{-\sigma}l$ 均为整数, 且其中有一个奇数.

我们用 $\beta_1 = 2^{-\sigma}\beta$ 代替 β，则有

$$\alpha\beta_1 + b\zeta(\beta_1) = 2^{-\sigma}\xi,$$

从而也可推出 ξ 的超越性. □

推论 3.2.2 设 $g_2, g_3 \in \mathbb{A}$，则 $\omega_1, \omega_2, \eta_1, \eta_2$ 都是超越数.

证 在推论 3.2.1 中分别令 $(a, b, l, k) = (1, 0, 0, 1), (1, 0, 1, 0), (0, 1, 0, 1)$ 及 $(0, 1, 1, 0)$，即得结论. □

推论 3.2.3 设 $g_2, g_3 \in \mathbb{A}$，则两组数 $\{\omega_1, \eta_1\}$ 和 $\{\omega_2, \eta_2\}$ 均在 $\mathbb{A}$ 上线性无关.

证 在推论 3.2.1 中分别取 $(k, l) = (1, 0)$ 及 $(0, 1)$，即得结论. □

推论 3.2.4 设 $g_2, g_3 \in \mathbb{A}$，$\alpha \notin \Omega$，则 α 和 $\wp(\alpha)$ 中至少有一个超越数. 特别地，此时若 $\alpha \in \mathbb{A}$，则 $\wp(\alpha)$ 为超越数.

证 在定理 3.2.1 中取 $a = 1, b = 0$. □

推论 3.2.5 设 $g_2, g_3 \in \mathbb{A}$，$\alpha \in \Omega$，则 $\wp(\alpha)$ 和 $\zeta(\alpha)$ 中至少有一个超越数.

证 在定理 3.2.1 中取 $a = 0, b = 1$. □

推论 3.2.6 设 $g_2, g_3 \in \mathbb{A}$，$\alpha \notin \Omega$，则 $\wp(\alpha)$ 和 $\zeta(\alpha)/\alpha$ 中至少有一个超越数.

证 在定理 3.2.1 中取 $a = \zeta(\alpha)/\alpha, b = -1$. □

推论 3.2.7 设 $g_2, g_3 \in \mathbb{A}$，则 $\omega_1/\eta_1, \omega_2/\eta_2$ 及 $\omega_3/\eta_3 = (\omega_1 + \omega_2)/(\eta_1 + \eta_2)$ 都是超越数.

证 在推论 3.2.6 中令 $\alpha = \omega_1, \omega_2$ 或 $\omega_1 + \omega_2$，并注意此时 $\zeta(\alpha) = \omega_1, \omega_2$ 或 $\omega_1 + \omega_2$；而 $\wp(\alpha) = $ 代数数 e_1, e_2 或 e_3. □

现在来讨论定理 3.2.1 的另外一些推论. 设定理 3.2.1 中的假设成立. 首先注意由齐性关系式

$$\wp(r\alpha; r\omega_1, r\omega_2) = r^{-2}\wp(\alpha; \omega_1, \omega_2), \tag{3.2.12}$$

$$\zeta(r\alpha; r\omega_1, r\omega_2) = r^{-1}\zeta(\alpha; \omega_1, \omega_2),$$

$$g_2(r\omega_1, r\omega_2) = r^{-4}g_2(\omega_1, \omega_2),$$

$$g_3(r\omega_1, r\omega_2) = r^{-6}g_3(\omega_1, \omega_2),$$

其中 $r \neq 0$，可知当 $g_2 \neq 0$ 时，在 5 个数

$$a, \quad b, \quad j(\tau) = \frac{1728g_2^3}{g_2^3 - 27g_3^2}, \quad \frac{\wp(\alpha)^2}{g_2}, \quad a\alpha g_2^{1/4} + \frac{b\zeta(\alpha)}{g_2^{1/4}}$$

（其中 $\tau = \omega_2/\omega_1, j(\tau)$ 是椭圆模函数）中把 $\{\alpha, \omega_1, \omega_2\}$ 换成 $\{r\alpha, r\omega_1, r\omega_2\}$ 时，其值均不变. 类似地，当 $g_3 \neq 0$ 时，在此代换下，下列 5 个数亦不变：

$$a, \quad b, \quad j(\tau), \quad \frac{\wp(\alpha)^3}{g_3}, \quad a\alpha g_3^{1/6} + \frac{b\zeta(\alpha)}{g_3^{1/6}}.$$

选取适当的 $r = r_0$ 可使

$$g_2 = g_2(r_0\omega_1, r_0\omega_2) = 1,$$

亦即 $g_2 \in \mathbb{A}$,并且由式(3.2.12)知 $\wp(z; r_0\omega_1, r_0\omega_2)$ 在 $z = r_0\alpha$ 时有意义,故 $r_0\alpha \notin \Omega$.于是由定理 3.2.1 得到下面推论.

推论 3.2.8 设 Weierstrass 函数 $\wp(z)$ 和 $\zeta(z)$ 有相同的不变量 g_2, g_3,并且 $a, b, \alpha \in \mathbb{C}, \alpha \notin \Omega, |a| + |b| \neq 0$,则数

$$a, \quad b, \quad j(\tau), \quad \frac{\wp(\alpha)^2}{g_2}, \quad a\alpha g_2^{1/4} + \frac{b\zeta(\alpha)}{g_2^{1/4}} \quad (\text{当 } g_2 \neq 0)$$

或者

$$a, \quad b, \quad j(\tau), \quad \frac{\wp(\alpha)^3}{g_3}, \quad a\alpha g_3^{1/6} + \frac{b\zeta(\alpha)}{g_3^{1/6}} \quad (\text{当 } g_3 \neq 0)$$

中分别至少有一个超越数.

下面是定理 3.2.2 的几个推论.显然有下列推论.

推论 3.2.9 设 $\wp(z)$ 和 $\wp^*(\beta z)$ 代数无关,其不变量都是代数数.如果 $\wp(\alpha) \in \mathbb{A}$,那么 β 和 $\wp^*(\beta\alpha)$ 不可能全是代数数.特别地,若 $(2\omega_1, 2\omega_2)$ 是 $\wp(z)$ 的基本周期,且

$$\omega_3 = \omega_1 + \omega_2,$$

则 β 和 $\wp^*(\beta\omega_i)$ 中有一个超越数($i = 1, 2, 3$).

推论 3.2.10 设 $\wp(z)$ 和 $\wp^*(\beta z)$ 代数无关,$\alpha \in \mathbb{C}$ 不是它们的极点,则数

$$\beta, \quad j(\tau), \quad j(\tau^*), \quad \frac{g_2^*}{g_2}, \quad \frac{\wp(\alpha)^2}{g_2}, \quad \frac{\wp(\alpha)}{\wp^*(\beta\alpha)} \tag{3.2.13}$$

中至少有一个超越数.

证 上述六个数在用 rz 代换 z,$r\omega_i$ 代换 ω_i 及 $r\omega_i^*$ 代换 ω_i^*($i = 1, 2$)时是不变的.选取 $r = r_0$ 可使

$$g_2(r_0\omega_1, r_0\omega_2) = 1,$$

而且有

$$j(\tau) = \frac{1728 g_2^3}{g_2^3 - 27g_3^2} = \frac{1728}{1 - 27g_3^2(r_0\omega_1, r_0\omega_2)},$$

$$j(\tau^*) = \frac{1728 g_2^{*\,3}(r_0 \omega_1^*, r_0 \omega_2^*)}{g_2^{*\,3}(r_0 \omega_1^*, r_0 \omega_2^*) - 27 g_3^{*\,2}(r_0 \omega_1^*, r_0 \omega_2^*)},$$

$$\frac{g_2^*}{g_2} = g_2^*(r_0 \omega_1^*, r_0 \omega_2^*),$$

$$\frac{\wp(\alpha)^2}{g_2} = \wp(r_0 \alpha; r_0 \omega_1, r_0 \omega_2)^2,$$

$$\frac{\wp(\alpha)}{\wp^*(\beta\alpha)} = \frac{\wp(r_0 \alpha; r_0 \omega_1, r_0 \omega_2)}{\wp^*(\beta r_0 \alpha; r_0 \omega_1^*, r_0 \omega_2^*)}.$$

因此若式(3.2.13)中的数全为代数数,则下列诸数也全为代数数:

$$\beta, \quad g_2(r_0 \omega_1, r_0 \omega_2) = 1, \quad g_3(r_0 \omega_1, r_0 \omega_2), \quad g_2^*(r_0 \omega_1^*, r_0 \omega_2^*),$$

$$g_3^*(r_0 \omega_1^*, r_0 \omega_2^*), \quad \wp(r_0 \alpha; r_0 \omega_1, r_0 \omega_2), \quad \wp^*(\beta r_0 \alpha; r_0 \omega_1^*, r_0 \omega_2^*).$$

这与定理 3.2.2 矛盾. □

推论 3.2.11 设 $\tau = \dfrac{\omega_2}{\omega_1}$ 是代数数,但不是虚二次无理数,则 $j(\tau)$ 是超越数.

证 令 $\wp(z) = \wp(z; \omega_1, \omega_2)$, $\wp^*(z) = \wp(z; \omega_2, \omega_1)$(亦即 $\wp^*(z)$ 的基本周期 $2\omega_1^* = 2\omega_2, 2\omega_2^* = 2\omega_1$),那么 $\wp^*(\tau z)$ 的基本周期为

$$\left(\frac{2\omega_1^*}{\tau}, \frac{2\omega_2^*}{\tau} \right) = \left(\frac{2\omega_2}{\tau}, \frac{2\omega_1}{\tau} \right).$$

我们先证 $\wp(z)$ 与 $\wp^*(\tau z)$ 代数无关. 设不然,那么存在 $a_{21}, a_{22} \in \mathbb{Q}$ 使

$$\frac{\omega_2^*}{\tau} = a_{21}\omega_1 + a_{22}\omega_2 \quad \left(\text{以及} \frac{\omega_1^*}{\tau} = a_{11}\omega_1 + a_{12}\omega_2 \right), \tag{3.2.14}$$

于是

$$a_{22}\tau^2 + a_{21}\tau - 1 = 0.$$

但由 τ 的定义知 $\tau \notin \mathbb{R}$,且已设 τ 不是虚二次无理数,故式(3.2.14)不可能成立,即 $\wp(z)$ 与 $\wp^*(\tau z)$ 确实代数无关. 现在在推论 3.2.10 中取 $\beta = \tau$,则当 $\alpha \notin \Omega$ 时,数

$$\tau, \quad j(\tau), \quad j(\tau^*), \quad \frac{g_2^*}{g_2}, \quad \frac{\wp(\alpha)^2}{g_2}, \quad \frac{\wp(\alpha)}{\wp^*(\tau\alpha)} \tag{3.2.15}$$

不能全是代数数. 注意

$$g_i^* = g_i^*(\omega_1^*, \omega_2^*) = g_i^*(\omega_2, \omega_1) = g_i(\omega_1, \omega_2) = g_i \quad (i = 2, 3),$$

因而

$$\frac{g_2^*}{g_2} = 1, \quad j(\tau^*) = j(\tau). \tag{3.2.16}$$

我们可选取 r_0 使

$$g_2(r_0\omega_1, r_0\omega_2) = 1,$$

并令

$$\alpha = \omega_1,$$

则

$$\alpha \notin \Omega,$$

并且

$$\frac{\wp(\alpha)^2}{g_2} = \frac{\wp(\alpha;\omega_1,\omega_2)^2}{g_2(\omega_1,\omega_2)} = \frac{\wp(r_0\alpha;r_0\omega_1,r_0\omega_2)^2}{g_2(r_0\omega_1,r_0\omega_2)}$$
$$= \wp(r_0\alpha;r_0\omega_1,r_0\omega_2)^2 = \wp(r_0\omega_1;r_0\omega_1,r_0\omega_2)^2$$
$$= e_1(r_0\omega_1,r_0\omega_2)^2, \tag{3.2.17}$$

$$\frac{\wp(\alpha)}{\wp^*(\tau\alpha)} = \frac{\wp(r_0\alpha;r_0\omega_1,r_0\omega_2)}{\wp^*(\tau r_0\alpha;r_0\omega_1^*,r_0\omega_2^*)} = \frac{\wp(r_0\omega_1;r_0\omega_1,r_0\omega_2)}{\wp^*(r_0\omega_2;r_0\omega_2,r_0\omega_1)}$$
$$= \frac{e_1(r_0\omega_1,r_0\omega_2)}{e_2(r_0\omega_1,r_0\omega_2)}, \tag{3.2.18}$$

其中 $e_i = e_i(r_0\omega_1,r_0\omega_2)(i=1,2)$ 是三次方程

$$4x^3 - g_2(r_0\omega_1,r_0\omega_2)x - g_3(r_0\omega_1,r_0\omega_2) = 0 \tag{3.2.19}$$

的根. 注意

$$j(\tau) = \frac{1728g_2^3(\omega_1,\omega_2)}{g_2^3(\omega_1,\omega_2) - 27g_3^2(\omega_1,\omega_2)} = \frac{1728g_2^3(r_0\omega_1,r_0\omega_2)}{g_2^3(r_0\omega_1,r_0\omega_2) - 27g_3^2(r_0\omega_1,r_0\omega_2)}$$
$$= \frac{1728}{1 - 27g_3^2(r_0\omega_1,r_0\omega_2)},$$

因此,若 $j(\tau)$ 是代数数,则 $g_3(r_0\omega_1,r_0\omega_2)$ 也是代数数,从而由式(3.2.19)知 e_1,e_2 均为代数数,于是由(3.2.16),(3.2.17)及(3.2.18)诸式推出式(3.2.15)中各数中只可能 τ 不是代数数,这与假设矛盾. □

注 3.2.3 如果 τ 是虚二次无理数,那么 $j(\tau)$ 是代数数(例如,文献[106],Ch.5,Th.4).

下面给出定理 3.2.3 的一些推论.

推论 3.2.12 设 $\wp(z) = \wp(z; \omega_1, \omega_2)$ 具有代数不变量，并且 $\beta, \wp(\alpha) \in \mathbb{A}, \beta\log\beta \neq 0$，则 $\alpha/\log\beta$ 是超越数. 特别地，$\omega_1/\pi, \omega_2/\pi$ 都是超越数.

证 在定理 3.2.3 中取 $q = (\log\beta)/\alpha$，并特别令

$$\alpha = \omega_i \quad (i = 1, 2), \quad \beta = -1,$$

即得所要的结论. □

推论 3.2.13 设 $\wp(z) = \wp(z; \omega_1, \omega_2)$ 具有代数不变量，并且 $\alpha \in \mathbb{C}, \beta$ 和 $\wp(\alpha) \in \mathbb{A}, \beta\log\beta \neq 0$，则 e^α 及 $\wp(\log\beta)$ 都是超越数. 特别地，$\wp(\pi i)(i = \sqrt{-1}), e^{\omega_1}, e^{\omega_2}$ 都是超越数.

证 在定理 3.2.3 中取 $q = 1$ 可知 e^α 是超越数. 再在定理 3.2.3 中取 $q = 1, \alpha$ 代以 $\log\beta$，可知 $\wp(\log\beta)$ 也是超越数. 而当 $\alpha = \omega_i, \beta = -1$ 时可得 $\wp(\pi i), e^{\omega_i}$ 的超越性. □

最后，我们考察第一类 Weierstrass 椭圆积分

$$z = \int_w^\infty \frac{dt}{\sqrt{4t^3 - g_2 t - g_3}}, \tag{3.2.20}$$

它的反函数是 $w = \wp(z)$，以及第二类 Weierstrass 椭圆积分

$$\zeta(z) = \int_0^{\wp(z)} \frac{t\,dt}{\sqrt{4t^3 - g_2 t - g_3}}. \tag{3.2.21}$$

推论 3.2.14 若第一类和第二类 Weierstrass 椭圆积分具有代数系数 g_2, g_3 及不同的代数数积分限，则其值是超越数.

证 对于积分式 (3.2.20)，若 $g_2, g_3, \omega_i = \wp(z_i)(i = 1, 2) \in \mathbb{A}$，则由 $\wp(z)$ 的微分方程知 $\wp'(z_i) \in \mathbb{A}(i = 1, 2)$，并且由其加法定理推出

$$\wp(z_2 - z_1) = \wp(z) \in \mathbb{A},$$

其中

$$z = z_2 - z_1 = \int_{w_2}^\infty - \int_{w_1}^\infty = \int_{w_2}^{w_1},$$

因此在定理 3.2.1 中取 $a = 1, b = 0$，可知 z 为超越数.

对于积分式 (3.2.21)，可在定理 3.2.1 中令 $a = 0, b = 1$. □

注 3.2.4 由推论 3.2.14 可知两轴长为代数数的椭圆曲线的周长是超越数（还可参见文献 [194]）.

注 3.2.5 Th. Schneider[195] 还考虑了 Abel 积分和 Abel 函数的超越性质.

3.3 椭圆模函数的超越性质

习知椭圆模函数

$$j(\tau) = 1728 \frac{g_2^3}{g_2^3 - 27g_3^2} = 12^3 \frac{g_2^3}{g_2^3 - 27g_3^2},$$

其中

$$g_2 = g_2(1,\tau) = 60 \sum_{m,n}{}' (m + n\tau)^{-4},$$

$$g_3 = g_3(1,\tau) = 140 \sum_{m,n}{}' (m + n\tau)^{-6}$$

是变量 $\tau \in \mathbb{C}$, $\mathrm{Im}\,\tau > 0$ 的周期为 1 的函数,它有 Fourier 展开

$$j(\tau) = \mathrm{e}^{-2\pi\mathrm{i}\tau} + \sum_{n=0}^{\infty} c(n)\mathrm{e}^{-2n\pi\mathrm{i}\tau}, \tag{3.3.1}$$

其中 $c(n) \in \mathbb{Z}$(例如 $c(0) = 744, c(1) = 196884, c(2) = 21493760$).还记

$$J(z) = z^{-1} + 744 + \sum_{n=1}^{\infty} c(n)z^n \quad (z = \mathrm{e}^{2\pi\mathrm{i}\tau}, 0 < |z| < 1),$$

作为 τ 的函数它在上半复平面上收敛,因而作为 z 的函数,在 $0 < |z| < 1$ 时解析.1969 年 K. Mahler[136,139] 猜测:对于任何代数数 $q \in \mathbb{C}$, $0 < |q| < 1$, $J(q)$ 是超越数(即所谓 "Mahler 椭圆模函数猜想").1971 年 Yu. I. Manin[145] 猜测:对于任何代数数 $q \in \mathbb{C}_p$, $0 < |q|_p < 1$, $J(q)$ 是超越数.通常将上述两个猜想合称为"Mahler-Manin 猜想".这个猜想于 1995 年被 K. Barré-Sirieix,G. Diaz,F. Gramain 及 G. Philibert[25] 肯定地解决.现在给出复数情形的证明.

定理 3.3.1(K. Barré-Sirieix,G. Diaz,F. Gramain 及 G. Philibert[25]) 对于任何代数数 $q \in \mathbb{C}$, $0 < |q| < 1$,数 $J(q)$ 是超越的.

首先给出一些辅助性结果.

引理 3.3.1(K. Mahler[140]) 令

$$\tilde{J}(z) = zJ(z),$$

$$\tilde{J}(z)^k = \sum_{n=0}^{\infty} c_k(n)z^n \quad (k \in \mathbb{N}),$$

则存在常数 $c_0 > 0$（仅与 $J(z)$ 有关）使

$$0 \leqslant c_k(n) \leqslant \mathrm{e}^{c_0\sqrt{kn}} \quad (k \in \mathbb{N}; n \in \mathbb{N}_0). \tag{3.3.2}$$

证 由式(3.3.1)可知

$$c_1(n+1) = c(n) \quad (n = 0,1,\cdots).$$

用 y 表示任何正数，那么有

$$j(y\mathrm{i}) = J(\mathrm{e}^{-2\pi y}) = \mathrm{e}^{2\pi y} + \sum_{n=0}^{\infty} c(n)\mathrm{e}^{-2\pi yn} \quad (\mathrm{i} = \sqrt{-1}).$$

因为当 $n \geqslant 0$ 时 $c(n) > 0$，所以

$$j(y\mathrm{i}) \leqslant \mathrm{e}^{2\pi y} + c_1 \quad (y \geqslant 1). \tag{3.3.3}$$

其中 $c_1 = \sum_{n=0}^{\infty} c(n)\mathrm{e}^{-2\pi n}$. 类似地

$$j(y\mathrm{i}) = j(-1/y\mathrm{i}) \leqslant \mathrm{e}^{2\pi/y} + c_1 \quad (0 < y \leqslant 1). \tag{3.3.4}$$

现在考虑不同的情形.

情形 1：设 $k \geqslant n$. 因为

$$c_k(n)\mathrm{e}^{-2\pi yn} \leqslant \tilde{J}(\mathrm{e}^{-2\pi y})^k = \mathrm{e}^{-2\pi yk}j(y\mathrm{i})^k, \tag{3.3.5}$$

所以由式(3.3.3)得知当 $y \geqslant 1$ 时

$$c_k(n)\mathrm{e}^{-2\pi yn} \leqslant \mathrm{e}^{-2\pi yk}(\mathrm{e}^{2\pi y} + c_1)^k = (1 + c_1\mathrm{e}^{-2\pi y})^k,$$

于是

$$c_k(n) \leqslant \mathrm{e}^{2\pi yn}(1 + c_1\mathrm{e}^{-2\pi y})^k \quad (y \geqslant 1).$$

令

$$y = \sqrt{k/n} \geqslant 1,$$

得到

$$c_k(n) \leqslant \mathrm{e}^{2\pi\sqrt{kn}}(1 + c_1\mathrm{e}^{-2\pi\sqrt{k/n}})^k.$$

记

$$h = \mathrm{e}^{2\pi\sqrt{k/n}}.$$

因有 $k/n \leqslant h$ 及 $(1 + c_1/h)^h \leqslant \mathrm{e}^{c_1}$，故得

$$(1 + c_1/h)^k \leqslant (1 + c_1/h)^{hn} \leqslant \mathrm{e}^{c_1 n},$$

从而

$$c_k(n) \leqslant e^{2\pi\sqrt{kn}+c_1 n}.$$

由于 $k \geqslant n$，所以式(3.3.2)在此成立.

情形 2：设 $n \geqslant k$. 由式(3.3.4)和式(3.3.5)得知当 $0 < y \leqslant 1$ 时

$$c_k(n)e^{-2\pi yn} \leqslant e^{-2\pi yk}(e^{2\pi/y} + c_1)^k \leqslant (e^{-2\pi/y} + c_1)^k,$$

于是

$$c_k(n) \leqslant e^{2\pi(yn+k/y)}(1 + c_1 e^{-2\pi/y})^k \leqslant e^{2\pi(yn+k/y)}(1 + c_1)^k \quad (0 < y \leqslant 1).$$

令

$$y = \sqrt{k/n} \leqslant 1,$$

得到

$$c_k(n) \leqslant e^{4\pi\sqrt{kn}}(1 + c_1)^k.$$

由于 $n \geqslant k$，故此时式(3.3.2)也成立. $\qquad \square$

对任何正整数 s，我们定义多项式

$$\Phi_s(X) = \prod_{(a,b,d)} \left(X - j\left(\frac{a\tau + b}{d}\right) \right), \tag{3.3.6}$$

其中乘积展布在所有满足下列条件的三元数组 $(a,b,d) \in \mathbb{Z}^3$ 上：

$$(a,b,d) = 1, \quad 1 \leqslant a \leqslant s, \quad ad = s, \quad 0 \leqslant b \leqslant d - 1. \tag{3.3.7}$$

还用 $\psi(s)$ 表示 Φ_s 的次数，那么

$$\psi(s) = s \prod_{p \mid s} \left(1 + \frac{1}{p}\right),$$

其中乘积展布在 s 的所有素因子 p 上. 我们还知道 $\Phi_s(X)$ 的系数 $\in \mathbb{Z}[j]$，因而可将 $\Phi_s(X)$ 看成 X 和 j 的多项式，即

$$\Phi_s(X) = \Phi_s(X, j) \in \mathbb{Z}[X, j],$$

它称作 s 阶模多项式(例如，文献[106]). 式(3.3.6)可得

$$\Phi_s(j(s\tau), j(\tau)) = 0,$$

即

$$\Phi_s(J(z^s), J(z)) = 0.$$

引理 3.3.2（D. Bertrand[30]） 设 $q \in \mathbb{C}$, $0 < |q| < 1$, 还设 $J(q)$ 是一个次数为 m 的代数数，那么对任何正整数 s，$J(q^s)$ 也是代数数，并且具有下列性质：

（ⅰ）$\deg(J(q^s)) \leqslant m\psi(s)$;

（ⅱ）$\operatorname{den}(J(q^s)) \leqslant \operatorname{den}(J(q))^{m\psi(s)}$;

（ⅲ）$\overline{|J(q^s)|} \leqslant e^{c_2 s}$（$c_2 > 0$ 是仅与 $J(q), J(z)$ 有关的常数）.

证 记 $\beta = J(q)$, 且 $\beta^{(1)} = \beta, \beta^{(2)}, \cdots, \beta^{(m)}$ 是其全部共轭元，定义多项式

$$\Psi_s(X) = \operatorname{den}(\beta)^{m\psi(s)} \prod_{k=1}^{m} \Phi_s(X, \beta^{(k)}).$$

因 $J(q^s)$ 是 $\Phi_s(X, \beta)$ 的根，故也是 $\Psi_s(X)$ 的根. 现证

$$\Psi_s \in \mathbb{Z}[X].$$

事实上，$\Psi_s(X)$ 的系数是 $\beta^{(k)}$（$1 \leqslant k \leqslant m$）的整系数对称函数，因而是有理数. 又因为

$$\operatorname{den}(\beta^{(k)}) = \operatorname{den}(\beta) \quad (1 \leqslant k \leqslant m),$$

而

$$\deg(\Psi_s) = m\psi(s),$$

所以 $\Psi_s(X)$ 的系数是代数整数. 于是

$$\Psi_s(X) \in \mathbb{Q}[X] \cap \mathbb{Z}_\mathbb{A}[X] = \mathbb{Z}[X].$$

依 Gauss 引理，如 $P_1, P_2 \in \mathbb{Z}[X]$ 的系数最大公约数均为 1，则 $P_1 P_2$ 的系数最大公约数也为 1，可知存在多项式

$$Q(X) \in \mathbb{Z}[X]$$

使

$$\Psi_s(X) = I(X) Q(X), \tag{3.3.8}$$

其中 $I(X)$ 是 $J(q^s)$ 的极小多项式. 因此得到（ⅰ）. 注意 $\Psi_s(X)$ 的首项系数为 $\operatorname{den}(\beta)^{m\psi(s)}$, 由式 (3.3.8) 立得（ⅱ）.

现在证（ⅲ）. 因为 $j = j(\tau)$ 是由上半平面 H 到 $\mathbb{C}$ 上的满射，所以对每个 $k = 1, \cdots, m$, 存在

$$\tau_k = A_k + i B_k \in H$$

使

$$\beta^{(k)} = j(\tau_k),$$

于是由式 (3.3.6) 得

$$\Phi_s(X, \beta^{(k)}) = \prod_{(a,b,d)} \left(X - j\left(\frac{a\tau_k + b}{d} \right) \right) \quad (k = 1, \cdots, m),$$

其中 $(a, b, d) \in \mathbb{N}^3$ 满足式(3.3.7).由式(3.3.8),从上式知

$$\overline{|J(q^s)|} \leqslant \max_{(a,b,d),k} \left| j\left(\frac{a\tau_k + b}{d} \right) \right|. \tag{3.3.9}$$

其中 (a, b, d) 如上述,$k = 1, \cdots, m$.现设 $\tau = x + yi \in H$,由式(3.3.1),当 $z = \mathrm{e}^{2\pi i \tau} = \mathrm{e}^{-2\pi y}\mathrm{e}^{2\pi i x}$ 时

$$|j(\tau)| \leqslant \frac{1}{|z|} + 744 + \sum_{n=1}^{\infty} c(n) |z|^n = j(y\mathrm{i}),$$

于是由式(3.3.3)和式(3.3.4)得

$$|j(\tau)| \leqslant \mathrm{e}^{c_3(y+1/y)} \quad (\tau = x + \mathrm{i}y \in H; 常数\ c_3 > 0\ 与\ J\ 有关).$$

将此不等式应用于式(3.3.9)可得

$$\overline{|J(q^s)|} \leqslant \max_{(a,b,d),k} \mathrm{e}^{c_3(aB_k/d + d/(aB_k))},$$

因 $1 \leqslant a, d \leqslant s$,故(iii)得证. $\square$

引理 3.3.3(K.Mahler[137]) z 和 $J(z)$ 在 $\mathbb{C}$ 上代数无关.

证 用反证法.设存在非零多项式

$$P(x, y) = \sum_{k=0}^{m} P_k(x)y^k = \sum_{l=0}^{n} Q_l(y)x^l \in \mathbb{C}[x, y]$$

满足

$$P(z, J(z)) = \sum_{k=0}^{m} P_k(z)J(z)^k = \sum_{l=0}^{n} Q_l(J(z))z^l = 0, \tag{3.3.10}$$

此处 $J(z)$ 看作形式 Laurent 级数.对正整数 s,令

$$J_s(z) = J(z^s),$$

并记域

$$K_s = \mathbb{C}(z, J, J_s),$$

那么 K_s 是形式幂级数环 $K[[z]]$ 的商域 $K((z))$ 的子域.依式(3.3.10),我们有

$$[\mathbb{C}(z, J) : \mathbb{C}(J)] \leqslant n.$$

在式(3.3.10)中令 z^s 代替 z 可知

$$[K_s : \mathbb{C}(z, J)] \leqslant m.$$

因此得

$$[K_s : \mathbb{C}(J)] \leqslant [K_s : \mathbb{C}(z,J)][\mathbb{C}(z,J) : \mathbb{C}(J)] \leqslant mn.$$

另一方面,因

$$[\mathbb{C}(J,J_s) : \mathbb{C}(J)] = \psi(s) \geqslant s,$$

故有

$$[K_s : \mathbb{C}(J)] \geqslant [\mathbb{C}(J,J_s) : \mathbb{C}(J)] \geqslant s.$$

因此 $s \leqslant mn$,当 s 足够大时得矛盾. □

注 3.3.1 上面的代数证明依据 M. Amou[9,10],它的解析证明可见文献[25,137].

现在来证明定理 3.3.1.用反证法.设 $J(q)$ 是代数数.我们用 L 表示一个足够大的偶数,用 c_j 表示仅与 $q,J(q)$ 和 $J(z)$ 有关但与 L 无关的正常数.

1° 构造辅助函数.令

$$F(z) = \sum_{k=1}^{L} \sum_{l=1}^{L} a_{kl} z^k \tilde{J}(z)^l,$$

$a_{kl}(1 \leqslant k, l \leqslant L)$ 为待定整数,不全为零,满足

$$|a_{kl}| \leqslant \exp(c_4 L^{3/2}) \quad (1 \leqslant k, l \leqslant L), \tag{3.3.11}$$

$$F^{(t)}(0) = 0 \quad (t = 0,1,\cdots,L^2/2 - 1). \tag{3.3.12}$$

为此将 $F(z)$ 改写为

$$F(z) = \sum_{n=0}^{\infty} b_n z^n,$$

其中

$$b_n = \sum_{k=1}^{L} \sum_{l=1}^{L} c_l(n-k) a_{kl} \quad (n \geqslant 0). \tag{3.3.13}$$

我们要解线性方程组

$$b_n = 0 \quad (n = 0,1,\cdots,L^2/2 - 1).$$

因未知数 a_{kl} 的个数是 L^2,方程个数为 $L^2/2$,并且由引理 3.3.1 知方程组的系数满足不等式

$$0 \leqslant c_l(n-k) \leqslant \exp(c_0 \sqrt{l(n-k)}) \leqslant \exp(c_0 L^{3/2}), \tag{3.3.14}$$

故由 Siegel 引理(引理 1.3.1)知满足式(3.3.11)和式(3.3.12)的整数 a_{kl} 确实存在.由引理 3.3.3,可知

$$F(z) = F(z; L)$$

不恒等于零.令

$$M = \min\{n \mid b_n \neq 0\}.$$

$2°$ $|F(z)|$ 的上界估计. 我们来证明

$$|F(z)| \leqslant 2|z|^M \exp(c_5\sqrt{LM}) \quad \left(\text{当} |z| \leqslant \frac{1}{2} \mathrm{e}^{-c_5}\right). \tag{3.3.15}$$

由式(3.3.11)和式(3.3.14)得

$$|b_n| = \left| \sum_{k=1}^{L} \sum_{l=1}^{L} c_l(n-k)a_{kl} \right| \leqslant L^2 \exp(c_0\sqrt{Ln} + c_4 L^{3/2}),$$

注意 $M \geqslant L^2/2$, 故存在 c_5 使

$$|b_n| \leqslant \exp(c_5\sqrt{Ln}) \quad (n \geqslant M).$$

因为当 $m \in \mathbb{N}$ 时

$$\sqrt{L(M+m)} \leqslant \sqrt{\sqrt{LM}(\sqrt{LM}+m)} \leqslant \sqrt{LM} + m,$$

所以当 $m \geqslant 1$ 时

$$\begin{aligned}
|b_{M+m} z^{M+m}| &\leqslant \exp(c_5\sqrt{L(M+m)}) |z|^{M+m} \\
&\leqslant |z|^M \exp(c_5\sqrt{LM})(\mathrm{e}^{c_5}|z|)^m,
\end{aligned}$$

因而对任何 z, $|z| < \frac{1}{2}\mathrm{e}^{-c_5}$ 有

$$|F(z)| \leqslant |z|^M \mathrm{e}^{c_5\sqrt{LM}} \sum_{m=0}^{\infty} \left(\frac{1}{2}\right)^m = 2|z|^M \exp(c_5\sqrt{LM}).$$

于是式(3.3.15)得证.

注意, 如果 $J(q)$ 是代数数, 那么 $J(q^s)$ 也是代数数. 如果

$$|q| > \frac{1}{2}\mathrm{e}^{-c_5},$$

那么存在适当的 s 使

$$|q^s| \leqslant \frac{1}{2}\mathrm{e}^{-c_5},$$

因而我们可用 q^s 代替 q 进行论证. 于是我们在下面认为不等式(3.3.15)对 $z = q$ 成立.

$3°$ 构造非零代数数 γ. 令

$$s_0 = \min\{s \mid s \in \mathbb{N}, F(q^s) \neq 0\}.$$

我们首先证明

$$s_0^2 \leqslant c_6\sqrt{LM}. \tag{3.3.16}$$

不妨设 $s_0 \geqslant 3$. 定义函数

$$G(z) = \tilde{F}(z) \prod_{s=2}^{s_0-1} \frac{|q|^2 - \bar{q}^s z}{|q|(z - q^s)}, \quad \tilde{F}(z) = z^{-M} F(z).$$

此函数在 $|z| \leqslant |q|$ 中解析. 注意当 $z \in \mathbb{C}$, $|z| = |q|$ 时

$$\frac{|q|^2 - \bar{q}^s z}{|q|(z - q^s)} = \frac{z\bar{z} - \bar{q}^s z}{|q|(z - q^s)} = \frac{z(\bar{z} - \bar{q}^s)}{|q|(z - q^s)} \quad (s = 2, \cdots, s_0 - 1),$$

因此这些数的绝对值为 1, 故由最大模原理得

$$|G(0)| \leqslant \max_{|z|=|q|} |G(z)| \leqslant \max_{|z|=|q|} |\tilde{F}(z)|. \tag{3.3.17}$$

因为

$$|G(0)| = |\tilde{F}(0)| \prod_{s=2}^{s_0-1} |q|^{1-s} = |\tilde{F}(0)| |q|^{-(s_0-1)(s_0-2)/2},$$

且由式(3.3.15)知

$$\max_{|z|=|q|} |\tilde{F}(z)| \leqslant 2\exp(c_5 \sqrt{LM}),$$

因此由式(3.3.17)得

$$|\tilde{F}(0)| |q|^{-(s_0-1)(s_0-2)/2} \leqslant 2\exp(c_5 \sqrt{LM}),$$

注意 $\tilde{F}(0) = b_M$ 为非零整数, 故由上式得式(3.3.16).

现在令

$$\gamma = F(q^{s_0}) = \sum_{k=1}^{L} \sum_{l=1}^{L} a_{kl} q^{s_0 k} (q^{s_0} J(q^{s_0}))^l,$$

则 γ 是非零代数数. 因 γ 属于代数数域 $\mathbb{Q}(q, J(q^{s_0}))$, 故

$$\deg(\gamma) \leqslant [\mathbb{Q}(q, J(q^{s_0})) : \mathbb{Q}],$$

于是由引理 3.3.2(i)得

$$\deg(\gamma) \leqslant c_7 \psi(s_0). \tag{3.3.18}$$

4° $|\gamma|$ 的下界估计. 由引理 3.3.2(ii)得

$$\begin{aligned}\mathrm{den}(\gamma) &\leqslant \mathrm{den}(q)^{2s_0 L} \mathrm{den}(J(q^{s_0}))^L \\ &\leqslant (\mathrm{den}(q)^{2s_0} \mathrm{den}(J(q))^{m\psi(s_0)})^L,\end{aligned}$$

于是

$$\log \mathrm{den}(\gamma) \leqslant c_8 L \psi(s_0). \tag{3.3.19}$$

又由式(3.3.11)及引理 3.3.2(iii)得

$$\overline{|\gamma|} \leqslant L^2 \exp(c_4 L^{3/2}) \max(1, \overline{|q|})^{2s_0 L} \max(1, \overline{|J(q^{s_0})|})^L$$
$$\leqslant L^2 \exp(c_4 L^{3/2}) \max(1, \overline{|q|})^{2s_0 L} \mathrm{e}^{c_2 s_0 L},$$

于是

$$\log \overline{|\gamma|} \leqslant c_9(L^{3/2} + s_0 L). \tag{3.3.20}$$

由引理 1.1.2 及式(3.3.18)~(3.3.20)得

$$\log|\gamma| \geqslant - 2\deg(\gamma)(c_8 L\psi(s_0) + c_9(L^{3/2} + s_0 L))$$
$$\geqslant - c_{10}\psi(s_0)L(\psi(s_0) + L^{1/2}). \tag{3.3.21}$$

5° 现在来导出矛盾.由式(3.3.15)(其中 $M \geqslant L^2/2$)得知当 L 足够大时

$$\log|\gamma| \leqslant - c_{11} s_0 M,$$

从而由式(3.3.21)得当 L 足够大时

$$c_{11} s_0 M \leqslant c_{10}\psi(s_0)L(\psi(s_0) + L^{1/2}). \tag{3.3.22}$$

因为

$$\prod_{p \mid s_0}\left(1 + \frac{1}{p}\right) \leqslant \sum_{k=1}^{s_0} \frac{1}{k} \leqslant 1 + \log s_0,$$

所以

$$\psi(s_0) \leqslant (1 + \log s_0)s_0. \tag{3.3.23}$$

最后,由式(3.3.22),(3.3.23),(3.3.16)并注意 $L \leqslant \sqrt{2M}$(即 $M \geqslant L^2/2$)得

$$M \leqslant c_{10} c_{11}^{-1}(1 + \log s_0)L(s_0(1 + \log s_0) + L^{1/2})$$
$$\leqslant c_{12} M^{7/8}(\log M)^2.$$

当 L 足够大(从而 M 足够大)时,上式不可能成立.于是定理得证. $\qquad \square$

关于椭圆模函数的超越性质的研究,由于 Yu. V. Nesterenko 的工作,在最近几年内取得了重大的进展.我们考虑 Ramanujan 函数

$$P(z) = 1 - 24\sum_{n=1}^{\infty}\sigma_1(n)z^n = 1 - 24\sum_{n=1}^{\infty}\frac{nz^n}{1 - z^n},$$

$$Q(z) = 1 + 240\sum_{n=1}^{\infty}\sigma_3(n)z^n = 1 + 240\sum_{n=1}^{\infty}\frac{n^3 z^n}{1 - z^n},$$

$$R(z) = 1 - 540\sum_{n=1}^{\infty}\sigma_5(n)z^n = 1 - 540\sum_{n=1}^{\infty}\frac{n^5 z^n}{1 - z^n},$$

它们分别是权为 2,4 和 6 的 Eisenstein 级数 E_2, E_4 和 E_6,其中 $\sigma_k(n) = \sum_{d \mid n} d^k$(见 S. Ramanujan[183]).令

$$\Delta = (Q^3 - R^2)/1728 = 12^{-3}(Q^3 - R^2)$$

$$= z + \sum_{n=2}^{\infty} d_n z^n \quad (d_n \in \mathbb{Z}),$$

那么椭圆模函数可表示为

$$J(z) = Q^3/\Delta \quad (z = e^{2\pi i \tau}, \operatorname{Im} \tau > 0).$$

1969 年，K. Mahler[137]证明了函数 $P(z), Q(z), R(z)$ 在 $\mathbb{C}(z)$ 上代数无关. 记

$$\delta = z \frac{d}{dz},$$

那么有关系式

$$\delta P = \frac{1}{12}(P^2 - Q), \quad \delta Q = \frac{1}{3}(PQ - R), \quad \delta R = \frac{1}{2}(PR - Q^2) \quad (3.3.24)$$

成立（见文献[103]或[183]），于是

$$P = 6\frac{\delta^2 J}{\delta J} - 4\frac{\delta J}{J} - 3\frac{J}{J-1728}, \quad Q = \frac{(\delta J)^2}{J(J-1728)}, \quad R = -\frac{(\delta J)^3}{J^2(J-1728)},$$

从而 $P, Q, R \in \mathbb{Q}(J, \delta J, \delta^2 J)$，因此

$$\mathbb{Q}(P, Q, R) = \mathbb{Q}(J, \delta J, \delta^2 J),$$

且是一个微分域（亦即对微分运算 δ 是封闭的）. 在 1996 年，Yu. V. Nesterenko[158,159]证明了下列定理.

Nesterenko 定理　若 $q \in \mathbb{C}, 0 < |q| < 1$，则

$$\operatorname{tr} \deg \mathbb{Q}(q, P(q), Q(q), R(q)) \geqslant 3.$$

作为推论，由此得到下列结果：

1° 设 $q \in \mathbb{A}, 0 < |q| < 1$，则 $P(q), Q(q), R(q)$ 及 $J(q), J'(q), J''(q)$ 分别代数无关.

2° 数 $\pi, e^{\pi}, \Gamma(1/4)$ 代数无关.

证　习知（例如，文献[103]），当 $\tau \in \mathbb{C}, \operatorname{Im} \tau > 0$，有

$$P(e^{2\pi i \tau}) = E_2(\tau), \quad Q(e^{2\pi i \tau}) = E_4(\tau), \quad R(e^{2\pi i \tau}) = E_6(\tau),$$

还有函数方程

$$E_2\left(-\frac{1}{\tau}\right) = \tau^2 E_2(\tau) + \frac{12\tau}{2\pi i},$$

$$E_4\left(-\frac{1}{\tau}\right) = \tau^4 E_4(\tau),$$

$$E_6\left(-\frac{1}{\tau}\right) = \tau^6 E_6(\tau).$$

在其中取 $\tau = \mathrm{i}$ 可得

$$E_2(\mathrm{i}) = \frac{3}{\pi}, \quad E_6(\mathrm{i}) = 0$$

或者

$$P(\mathrm{e}^{-2\pi}) = \frac{3}{\pi}, \quad R(\mathrm{e}^{-2\pi}) = 0.$$

现在计算 $Q(\mathrm{e}^{-2\pi})$. 因为与椭圆曲线 $y^2 = 4x^3 - 4x$ 相对应的 Weierstrass 函数 $\wp(z)$（即其不变量 $g_2 = 4, g_3 = 0$）的周期

$$\omega_1 = 2\int_1^\infty \frac{\mathrm{d}x}{\sqrt{4x^3 - 4x}} = \frac{\Gamma(1/4)^2}{(8\pi)^{1/2}}, \quad \omega_2 = \mathrm{i}\omega_1,$$

而且对于不变量为 g_2, g_3，周期为 ω_1, ω_2 $\left(\mathrm{Im}\,\tau = \mathrm{Im}\,\dfrac{\omega_2}{\omega_1} > 0\right)$ 的函数 $\wp(z)$，有（例如，文献 [106], Ch. 4, Proposition 4）

$$Q(\mathrm{e}^{2\pi\mathrm{i}\tau}) = \frac{3}{4}\left(\frac{\omega_1}{\pi}\right)^4 g_2(\omega_1, \omega_2),$$

于是

$$Q(\mathrm{e}^{-2\pi}) = 3\frac{\Gamma(1/4)^8}{(2\pi)^6}.$$

由 Nesterenko 定理知 $\mathrm{e}^{-2\pi}, \dfrac{3}{\pi}, 3\Gamma(1/4)^8\big/(2\pi)^6$ 代数无关，从而 $\mathrm{e}^\pi, \pi, \Gamma(1/4)$ 代数无关. $\qquad\square$

3° 数 $\pi, \mathrm{e}^{\pi\sqrt{3}}, \Gamma(1/3)$ 代数无关.

证 考虑 Weierstrass 椭圆函数 $\wp(z; \omega_1, \omega_2)$，其不变量为

$$g_2 = 0, \quad g_3 = 4.$$

那么它的周期

$$\omega_1 = 2\int_1^\infty \frac{\mathrm{d}x}{(4x^3 - 4)^{1/2}} = \frac{\Gamma(1/3)^3}{\pi \cdot 2^{8/3}}, \quad \omega_2 = \mathrm{e}^{2\pi\mathrm{i}/3}\omega_1.$$

于是可类似于 2° 证明所要的结论. $\qquad\square$

4° 设 Weierstrass 椭圆函数 $\wp(z)$ 具有代数不变量 g_2, g_3，还设 ω_1, ω_2 是其周期，η_1

是对应于 ω_1 的拟周期(即 $\zeta(\omega_1) = \eta_1$, 其中 $\zeta'(z) = -\wp(z)$), 则数

$$e^{2\pi i \omega_2/\omega_1}, \quad \frac{\omega_1}{\pi}, \quad \frac{\eta_1}{\pi}$$

代数无关.

证 不妨设

$$\mathrm{Im}\,\frac{\omega_2}{\omega_1} > 0.$$

令

$$q = e^{2\pi i \omega_2/\omega_1}, \quad \omega = \omega_1, \quad \eta = \eta_1,$$

那么有关系式(见文献[106], Ch.4, Ch.18)

$$P(q) = 3\frac{\omega}{\pi}\frac{\eta}{\pi}, \quad Q(q) = \frac{3}{4}\left(\frac{\omega}{\pi}\right)^4 g_2, \quad R(q) = \frac{27}{8}\left(\frac{\omega}{\pi}\right)^6 g_3,$$

因此 $P(q), Q(q), R(q)$ 在域 $\mathbb{Q}\left(\dfrac{\omega}{\pi}, \dfrac{\eta}{\pi}\right)$ 上是代数的, 从而依 Nesterenko 定理知 $\mathbb{Q}(q, \omega/\pi, \eta/\pi)$ 的超越次数等于 3, 于是得所要结论. □

$5°$ 设 $\wp(z; \omega_1, \omega_2)$ 是具有代数不变量 g_2, g_3 的 Weierstrass 椭圆函数, 并且有复数乘法

$$\tau = \frac{\omega_2}{\omega_1}, \quad \mathrm{Im}\,\tau > 0.$$

如果 ω 是 $\wp(z)$ 的任一周期, η 是相应的拟周期, 那么对于任何

$$t \in \mathbb{Q}(\tau), \quad \mathrm{Im}\,t \neq 0,$$

两组数

$$\{\pi, \omega, e^{2\pi it}\}, \quad \{\omega, \eta, e^{2\pi it}\}$$

均(在 $\mathbb{Q}$ 上)代数无关.

证 不妨设

$$\omega = \omega_1, \quad \eta = \eta_1$$

及

$$t = \tau = \omega_2/\omega.$$

因 ω_2 和 η_2 是 $\mathbb{Q}(\omega, \eta)$ 上的代数元(见文献[146], Ch.3), 故由 Legendre 关系知 η 在 $\mathbb{Q}(\omega, \pi)$ 上是代数的, π 在 $\mathbb{Q}(\omega, \eta)$ 上也是代数的, 于是

$$\operatorname{tr} \deg \mathbb{Q}\left(\mathrm{e}^{2\pi\mathrm{i}\tau}, \pi, \omega\right) = \operatorname{tr} \deg \mathbb{Q}\left(\mathrm{e}^{2\pi\mathrm{i}\tau}, \pi, \omega, \eta\right) \geqslant \operatorname{tr} \deg \mathbb{Q}\left(\mathrm{e}^{2\pi\mathrm{i}\tau}, \frac{\eta}{\pi}, \frac{\omega}{\pi}\right),$$

由 $4°$ 可知 $\pi, \omega, \mathrm{e}^{2\pi\mathrm{i}\tau}$ 代数无关. 类似地, 知 $\omega, \eta, \mathrm{e}^{2\pi\mathrm{i}\tau}$ 代数无关.

$6°$ 对任何 $D \in \mathbb{N}$, 数 $\pi, \mathrm{e}^{\pi\sqrt{D}}$ (在 $\mathbb{Q}$ 上) 代数无关.

证 因为对任何 $D \in \mathbb{N}$, 存在有复数乘法且有代数不变量的 Weierstrass 椭圆函数 $\wp(z)$, 其乘子 $\in \mathbb{Q}(\sqrt{-D})$, 于是由 $5°$ 得到所要的结果.

设

$$\eta(z) = z^{1/24} \prod_{n=1}^{\infty} (1 - z^n)$$

是 Dedekind η 函数, 那么

$$\Delta(z) = \eta(z)^{24},$$

例如, 文献 [106], Ch. 18, Th. 5, 注意该书中 Δ 与此处的同一记号 Δ 相差数值因子 $(2\pi)^{12}$, 于是由 $1°$ (并注意式 (3.3.24)) 得:

$7°$ 设 $q \in \mathbb{A}$, $0 < |q| < 1$, 则

$$\operatorname{tr} \deg \mathbb{Q}(q, \eta(q), \delta\eta(q), \delta^2\eta(q)) \geqslant 3.$$

特别地, 对于任何 $q \in \mathbb{A}$, $0 < |q| < 1$, 数 $\prod_{n=1}^{\infty} (1 - q^n)$ 是超越的.

令 $\theta_2, \theta_3, \theta_4 = \theta$ 是 Jacobi θ 函数, 即

$$\theta_2(z) = 2z^{1/4} \sum_{n=1}^{\infty} z^{n(n-1)}, \quad \theta_3(z) = 1 + 2\sum_{n=1}^{\infty} z^{n^2}, \quad \theta(z) = 1 + 2\sum_{n=1}^{\infty} (-1)^n z^{n^2},$$

例如, 文献 [114], 则有:

$8°$ (D. Bertrand[30]) 设 $y = y(z)$ 是 $\theta_2, \theta_3, \theta$ 中任一函数, 且设 $q \in \mathbb{A}$, $0 < |q| < 1$, 那么

$$\operatorname{tr} \deg \mathbb{Q}(q, y(q), \delta y(q), \delta^2 y(q)) \geqslant 3.$$

特别地, 对于任何 $q \in \mathbb{A}$, $0 < |q| < 1$, 数 $\sum_{n=1}^{\infty} q^{n^2}$ 是超越的.

在文献 [61, 62, 162] 等中还可找到 Nesterenko 定理的另外一些推论.

1966 年 Yu. V. Nesterenko[159] 还给出相应的定量结果, 1997 年在文献 [160] 中进一步做了改进, 证明了: 存在一个常数 $c_{13} > 0$, 使对任何不为零的多项式

$$P \in \mathbb{Z}[z_1, z_2, z_3]$$

有

$$|P(\pi, \mathrm{e}^{\pi}, \Gamma(1/4))| > \exp(-c_{13}S^4 \log^9 S),$$

其中 S 是任何满足下列不等式的实数：

$$S \geqslant \max(\log H(P) + \deg P \cdot \log(\deg P + \log H(P)), e),$$

并且推出 $(\pi, e^{\pi}, \Gamma(1/4))$ 及 $(\pi, e^{\pi\sqrt{3}}, \Gamma(1/3))$ 有代数无关性度量

$$\varphi(d, H) = \exp(-c_{14}(\log H + d\log(d + \log H))^4(\log(\log H + d\log(d + \log H)))^9).$$

特别地，这两个数组的超越型都 $\leqslant 4 + \varepsilon (\varepsilon > 0)$.

3.4　补充与评注

1° 关于椭圆函数的基本知识可参见文献[2,106].

2° 关于 Abel 积分和 Abel 函数的超越性的有关概述可参见文献[73]（Ch. 3, §4.4）. 与椭圆函数有关的线性型的研究可见文献[104,146,259]等.

3° 关于 Weierstrass 椭圆函数 $\wp(z)$ 的值的代数无关性,1983 年 G. Wüstholz[253] 和 P. Philippon[172] 独立地证明了下列结果,它们可以看作 Lindemann-Weierstrass 定理（定理 6.1.2）的"椭圆类似"：

设 $n \geqslant 1$, Weierstrass 椭圆函数 $\wp(z)$ 具有代数不变量和复数乘法,且设 $\alpha_1, \cdots, \alpha_n \in \mathbb{A}$ 在复数乘法域 K 上线性无关,则 $\wp(\alpha_1), \cdots, \wp(\alpha_n)$（在 $\mathbb{Q}$ 上）代数无关.

1992 年,Yu. V. Nesterenko[156,157] 给出相应的定量结果：存在仅与 α_i 和 $\wp(z)$ 有关的正常数 c_1, c_2,使对任何次数 $\leqslant d$,高 $\leqslant H$,并且满足

$$\log \log H \geqslant c_1 d^n \log(d + 1)$$

的非零多项式 $P \in \mathbb{Z}[z_1, \cdots, z_n]$ 有

$$\left| P(\wp(\alpha_1), \cdots, \wp(\alpha_n)) \right| \geqslant H^{-c_2 d^n}.$$

在 $\wp(z)$ 没有复数乘法的情形,G. Wüstholz 及 P. Philippon 在上述工作中证明了：若 $\alpha_1, \cdots, \alpha_n \in \mathbb{A}$ 在 $\mathbb{Q}$ 上线性无关,则 $\wp(\alpha_1), \cdots, \wp(\alpha_n)$ 中有 $\geqslant \frac{n}{2}$ 个数在 $\mathbb{Q}$ 上代数无关.

G. V. Chudnovsky[47] 猜测：设 $\wp(z)$ 有代数不变量但没有复数乘法. 若 $\alpha_1, \cdots, \alpha_n \in \mathbb{A}$ 在 $\mathbb{Q}$ 上线性无关,则 $\wp(\alpha_1), \cdots, \wp(\alpha_n)$（在 $\mathbb{Q}$ 上）代数无关. 这个猜想至今只当 $n = 1$ 时被

证明(见推论 3.2.4).

关于椭圆函数值的代数无关性结果的较全面的概述可参见文献[73](Ch.6, §4).

4° 由定理 3.3.1 的证明可知 $J(z)$ 满足函数方程

$$\Phi_s(J(z^s), J(z)) = 0,$$

但因为不满足某些其他条件,所以经典的函数方程方法不能直接用来解决 Mahler 的椭圆模函数猜想. K. Barré-Sirieix 等人证明定理 3.3.1 的方法可以看作经典 Mahler 方法的一种变体(可与定理 7.1.2 的证明相比较). 另外,K. Barré[23,24] 给出与定理 3.3.1 相应的定量结果(超越性度量和联立逼近度量).

关于定理 3.3.1 的证明,还可参见文献[9,10,162,246].

5° 关于 Nesterenko 定理的证明,除原始论文[158,159]外,还可见他不久后写的论文[160-162]. 关于此结果的历史、方法和展望,可参见文献[29,30,162,245,246],以及 Math. Review 97m:11102 的有价值的评论. 与 Nesterenko 定理有关的一些新研究还可见文献[11,61-63]等.

第 **4** 章
指数函数值的代数无关性

在第 2 章中我们用 Gelfond-Schneider 方法解决了 Hilbert 第七问题, 实际上是考虑指数函数在某些点上值的超越性. 本章中我们用 Gelfond-Schneider 方法研究指数函数值的代数无关性. 我们首先给出著名的 Gelfond 超越性判别法则以及指数多项式的零点估计, 然后以此为主要工具证明某些与指数函数有关的数的代数无关性, 其中包括 α^β, α^{β^2} (其中 $\alpha \neq 0, 1$ 是代数数, β 是三次代数数) 的代数无关性, 这是 Hilbert 第七问题的自然扩充. 此外, 我们还研究 Schneider 第八问题. 最后, 我们简要介绍超越数论中的一个重要的猜想即 Schanuel 猜想及与之有关的一些问题.

关于指数函数值的代数无关性的另一个重要结果即 Lindemann-Weierstrass 定理, 将在第 6 章中证明.

4.1 Gelfond 超越性判别法则

定理 4.1.1（Gelfond 超越性判别法则[34]）　设 $a>1$ 及 $b>1$ 是两个实数，$\{\gamma_n\}_{n\geqslant n_0}$ 和 $\{\delta_n\}_{n\geqslant n_0}$ 是两个递增实数列，$\gamma_n,\delta_n\to+\infty(n\to\infty)$，并且

$$\gamma_{n+1}\leqslant a\gamma_n,\quad \delta_{n+1}\leqslant b\delta_n\quad(n\geqslant n_0). \tag{4.1.1}$$

还设 $\alpha\in\mathbb{C}$，且存在 $\mathbb{Z}[z]$ 中的多项式序列 $\{P_n\}_{n\geqslant n_0}$ 适合

$$\deg P_n\leqslant\delta_n,\quad \log H(P_n)\leqslant\gamma_n, \tag{4.1.2}$$

以及

$$\log|P_n(\alpha)|\leqslant-\delta_n((a+b+1)\gamma_n+(2b+1)\delta_n)\quad(n\geqslant n_0), \tag{4.1.3}$$

则 $\alpha\in\mathbb{A}$，并且 $P_n(\alpha)=0$（当 $n\geqslant n_1\geqslant n_0$）。

为证此定理，先引入一些记号并证明一些引理．对于 $\mathbb{C}[z_1,\cdots,z_s]$ 中的多项式

$$P(z_1,\cdots,z_s)=\sum_{i_1=0}^{r_1}\cdots\sum_{i_s=0}^{r_s}c(i_1,\cdots,i_s)z_1^{i_1}\cdots z_s^{i_s},$$

记其欧氏模

$$\|P\|=\left(\sum_{i_1=0}^{r_1}\cdots\sum_{i_s=0}^{r_s}|c(i_1,\cdots,i_s)|^2\right)^{1/2}.$$

引理 4.1.1　设 P 和 Q 是 $\mathbb{Z}[z]$ 中的两个非零多项式，次数分别为 p 和 q，则 P 和 Q 在 $\mathbb{Z}[z]$ 中互素当且仅当对所有 $\alpha\in\mathbb{C}$，有

$$(p+q)\|P\|^q\|Q\|^p\max(|P(\alpha)|,|Q(\alpha)|)>1. \tag{4.1.4}$$

证　设 P 和 Q 不互素，则它们有公根 α，从而式(4.1.1)不能对一切 $\alpha\in\mathbb{C}$ 成立.

反之，设 P 和 Q 互素，要证式(4.1.1)成立．为此写出

$$P(z)=\sum_{i=0}^{p}a_iz^i,\quad Q(z)=\sum_{j=0}^{q}b_jz^j.$$

它们的结式可以表示为（见文献[107]）

$$R(P,Q) = \begin{vmatrix} a_p & & & & b_q & & & \\ a_{p-1} & a_p & & & b_{q-1} & b_q & & \\ \vdots & a_{p-1} & \ddots & & \vdots & b_{q-1} & \ddots & \\ a_0 & \vdots & & a_p & b_0 & \vdots & & b_q \\ & a_0 & & a_{p-1} & & b_0 & & b_{q-1} \\ & & \ddots & \vdots & & & \ddots & \vdots \\ & & & a_0 & & & & b_0 \end{vmatrix},$$

$$\underbrace{\qquad\qquad}_{q\ 列}\qquad\underbrace{\qquad\qquad}_{p\ 列}$$

其余位置上的元素为 0.

若 $|\alpha| \leqslant 1$，则将第 i 行乘以 $\alpha^{p+q-i}(i=1,2,\cdots,p+q)$ 并加到最末行，于是最末行变成

$$(\alpha^{q-1}P(\alpha),\alpha^{q-2}P(\alpha),\cdots,P(\alpha),\alpha^{p-1}Q(\alpha),\alpha^{p-2}Q(\alpha),\cdots,Q(\alpha)).$$

将最后一行各元素的余因子记为 $A_1,\cdots,A_q,B_1,\cdots,B_p$，则得

$$R(P,Q) = \sum_{i=1}^{q} P(\alpha)\alpha^{q-i}A_i + \sum_{j=1}^{p} Q(\alpha)\alpha^{p-j}B_j,$$

于是

$$|R(P,Q)| \leqslant |P(\alpha)| \sum_{i=1}^{q} |A_i| + |Q(\alpha)| \sum_{j=1}^{p} |B_j|.$$

由 Hadamard 不等式（见文献[26]）

$$|A_i| \leqslant \|P\|^{q-1}\|Q\|^p, \quad |B_j| \leqslant \|P\|^q\|Q\|^{p-1}.$$

因 $|R(P,Q)| \geqslant 1$，故得

$$1 \leqslant q|P(\alpha)|\,\|P\|^{q-1}\|Q\|^p + p|Q(\alpha)|\,\|P\|^q\|Q\|^{p-1}$$
$$< (p+q)\|P\|^q\|Q\|^p\max(|P(\alpha)|,|Q(\alpha)|),$$

由此得式(4.1.1).

若 $|\alpha| > 1$，则以 α^{-i+1} 乘以第 $i(i=1,2,\cdots,p+q)$ 行并加到最末行，于是最末行变成

$$(\alpha^{-p}P(\alpha),\alpha^{-p-1}P(\alpha),\cdots,\alpha^{-p-q+1}P(\alpha),$$
$$\alpha^{-q}Q(\alpha),\alpha^{-q-1}Q(\alpha),\cdots,\alpha^{-p-q+1}Q(\alpha)),$$

由此可以类似地得到式(4.1.1). □

引理 4.1.2 设 $P_1,\cdots,P_s \in \mathbb{Z}[z]$，$d = \sum\limits_{i=1}^{s} \deg P_i$，则

$$\prod_{i=1}^{s} \|P_i\| \leqslant 2^{d-1/2} \left\|\prod_{i=1}^{s} P_i\right\|. \tag{4.1.5}$$

证　设 $T \in \mathbb{Z}[z]$ 且有分解式

$$T(z) = a_0 z^r \prod_{k=1}^{t} (z - \alpha_k), \tag{4.1.6}$$

其中

$$t = t(T), \quad r + t = \deg T,$$

且 $\alpha_1, \cdots, \alpha_t$ 非零互异，于是

$$t \leqslant \deg T,$$

并且

$$|T(e^{2\pi i\phi})|^2 = |a_0|^2 \prod_{k=1}^{t} |e^{2\pi i\phi} - \alpha_k|^2.$$

记

$$\arg \alpha_k = 2\pi \theta_k,$$

由余弦定理得

$$|e^{2\pi i\phi} - \alpha_k|^2 = (1 + |\alpha_k|)^2 \left(1 - \frac{2|\alpha_k|}{(1 + |\alpha_k|)^2}(1 + \cos 2\pi(\phi - \theta_k))\right)$$

$$\geqslant (1 + |\alpha_k|)^2 \left(1 - \frac{1}{2}(1 + \cos 2\pi(\phi - \theta_k))\right)$$

$$= (1 + |\alpha_k|)^2 2^{-2} |e^{2\pi i\phi} - e^{2\pi i\theta_k}|^2.$$

于是

$$|T(e^{2\pi i\phi})|^2 \geqslant |a_0|^2 2^{-2t} \prod_{k=1}^{t} (1 + |\alpha_k|)^2 \prod_{k=1}^{t} |e^{2\pi i\phi} - e^{2\pi i\theta_k}|^2. \tag{4.1.7}$$

令

$$M = \max_{|z|=1} |T(z)| = |T(e^{2\pi i\phi_0})|,$$

则

$$\|P\| = \left(\int_0^1 |T(e^{2\pi i\psi})|^2 d\psi\right)^{1/2} \leqslant M,$$

又由式(4.1.6)得

$$M \leqslant |a_0| \prod_{k=1}^{t} (1 + |\alpha_k|),$$

故由式(4.1.7)得

$$|T(e^{2\pi i\phi})|^2 \geqslant M^2 2^{-2t} \prod_{k=1}^{t} |e^{2\pi i\phi} - e^{2\pi i\theta_k}|^2$$

$$\geqslant 2^{-2t} \parallel T \parallel^2 \prod_{k=1}^{t} \mid e^{2\pi i \phi} - e^{2\pi i \theta_k} \mid^2. \tag{4.1.8}$$

记

$$P_0 = P_1 \cdots P_s,$$

并且用 ρ_k 表示 $P_1, \cdots, P_s$ 的各个非零根的幅角, 对 P_i 与式(4.1.6)类似地定义 t_i. 注意

$$d_1 = \sum_{i=1}^{s} t_i \leqslant \sum_{i=1}^{s} \deg P_i \leqslant d,$$

应用式(4.1.8)可得

$$\mid P_0(e^{2\pi i \phi}) \mid \geqslant 2^{-2d} \prod_{k=1}^{s} \parallel P_k \parallel^2 \prod_{k=1}^{d_1} \mid e^{2\pi i \phi} - e^{2\pi i \rho_k} \mid^2. \tag{4.1.9}$$

注意多项式

$$U(z) = \prod_{k=0}^{d_1} (z - e^{2\pi i \rho_k}) = \sum_{k=0}^{d_1} b_k z^k$$

中, $\mid b_0 \mid = \mid b_{d_1} \mid = 1$, 所以

$$\int_0^1 \mid U(e^{2\pi i \psi}) \mid^2 d\psi = \parallel U \parallel^2 \geqslant 2,$$

于是在式(4.1.9)两边对 ϕ 积分即得

$$\parallel P_0 \parallel^2 \geqslant 2^{-2d+1} \prod_{k=1}^{s} \parallel P_k \parallel^2.$$

由此可得式(4.1.5). □

推论 4.1.1 在引理 4.1.2 的假设下有

$$\prod_{i=1}^{s} H(P_i) \leqslant e^d H\Big(\prod_{i=1}^{s} P_i \Big).$$

证 易知对多项式 $P \in \mathbb{C}[z]$, 且

$$H(P) \leqslant \parallel P \parallel \leqslant \sqrt{1 + d(P)} H(P),$$

所以由式(4.1.5)得

$$\prod_{i=1}^{s} H(P_i) \leqslant \prod_{i=1}^{s} \parallel P_i \parallel \leqslant 2^{d-1/2} \parallel P_0 \parallel$$

$$\leqslant 2^{d-1/2} \sqrt{1+d} H(P_0) \quad \Big(P_0 = \prod_{i=1}^{s} P_i \Big),$$

因 $2^{d-1/2} \sqrt{1+d} \leqslant e^d$ (当 $d \geqslant 0$), 故得所要的结果. □

引理 4.1.3 设 $\alpha \in \mathbb{C}, P \in \mathbb{Z}[z]$, 且

$$\deg P = d, \quad H(P) = \mathrm{e}^h.$$

若 F, G 是 P 的两个非零互素因子,则

$$\max(|F(\alpha)|, |G(\alpha)|) > \mathrm{e}^{-d(h+d)}. \tag{4.1.10}$$

证 不妨设 F 和 G 均非常数,由引理 4.1.1 得

$$1 < (f+g)\|F\|^g\|G\|^f\max(|F(\alpha)|, |G(\alpha)|), \tag{4.1.11}$$

其中 f 和 g 分别是 F 和 G 的次数.由引理 4.1.2 得

$$\|F\|\|G\| \leqslant \|F\|\|G\|\|PF^{-1}G^{-1}\| \leqslant 2^{d-1/2}\|P\|.$$

因此有

$$\|F\|^g\|G\|^f \leqslant (\|F\|\|G\|)^{d-1} \leqslant 2^{(d-1)(d-1/2)}\|P\|^{d-1}.$$

但因为

$$\|P\| \leqslant H(P)(d+1)^{1/2} = \mathrm{e}^h(d+1)^{1/2},$$

以及

$$d \geqslant f + g \geqslant 2,$$

并注意

$$(d+1)^{1/2} < (\mathrm{e}/2)^d,$$

故得

$$\begin{aligned}
(f+g)\|F\|^g\|G\|^f &\leqslant d2^{(d-1)(d-1/2)}\mathrm{e}^{(d-1)h}(d+1)^{(d-1)/2}\\
&< d2^{(d-1)(d-1/2)}(\mathrm{e}/2)^{(d-1)d}\mathrm{e}^{(d-1)h}\\
&= d\mathrm{e}^{(d-1)(d+h)}2^{-(d-1)/2} < \mathrm{e}^{d(d+h)},
\end{aligned}$$

由此及式(4.1.11)即得式(4.1.10). $\qquad\qquad\square$

引理 4.1.4 设 $\alpha \in \mathbb{C}$, $P \in \mathbb{Z}[z]$ 是一个次数 $d \geqslant 1$,高

$$H(P) = \mathrm{e}^h$$

的多项式.又设 $\lambda_1 \geqslant 3, \lambda_2 \geqslant 3$ 是两个实数,且

$$\log|P(\alpha)| \leqslant -d(\lambda_1 h + \lambda_2 d), \tag{4.1.12}$$

则存在 P 的一个因子 R,它是 $\mathbb{Z}[z]$ 中的一个不可约多项式的幂,并且

$$\log|R(\alpha)| \leqslant -d((\lambda_1 - 1)h + (\lambda_2 - 1)d). \tag{4.1.13}$$

证 若 $d = 1$,则取 $R = P$ 即可,故不妨设 $d \geqslant 2$.将 P 在 $\mathbb{Z}[z]$ 中分解为不可约多项式的幂的积:

$$P = aP_1 \cdots P_m,$$

其中 $a \in \mathbb{Z}$，诸 P_i 均是 $\mathbb{Z}[z]$ 中不可约多项式的幂，且设

$$|P_1(\alpha)| \leqslant \cdots \leqslant |P_m(\alpha)|. \qquad (4.1.14)$$

现在对每个整数 $i(0 \leqslant i \leqslant m)$ 来比较

$$|a| \prod_{l=1}^{i} |P_l(\alpha)| \text{ 和 } \prod_{h=i+1}^{m} |P_h(\alpha)| \quad （空积约定为 1）.$$

当 $i = m$ 时，因

$$|P(\alpha)| < 1,$$

故有

$$|a| \prod_{l=1}^{m} |P_l(\alpha)| < 1.$$

当 $i = 0$ 时，因

$$|a| \geqslant 1 > |P(\alpha)|,$$

故有

$$|a| > \prod_{h=1}^{m} |P_h(\alpha)|.$$

因此存在一个整数 $i(1 \leqslant i \leqslant m)$，使得

$$|a| \prod_{l=1}^{i-1} |P_l(\alpha)| \geqslant \prod_{h=i}^{m} |P_h(\alpha)|,$$

并且

$$|a| \prod_{l=1}^{i} |P_l(\alpha)| < \prod_{h=i+1}^{m} |P_h(\alpha)|.$$

将引理 4.1.3 应用于多项式 $a \prod_{l=1}^{i-1} P_l$ 和 $\prod_{h=i}^{m} P_h$，得到

$$|a| \prod_{l=1}^{i-1} |P_l(\alpha)| > e^{-d(d+h)}. \qquad (4.1.15)$$

同理，将引理 4.1.3 应用于多项式 $a \prod_{l=1}^{i} P_l$ 和 $\prod_{h=i+1}^{m} P_h$，得到

$$\prod_{h=i+1}^{m} |P_h(\alpha)| > e^{-d(d+h)}. \qquad (4.1.16)$$

由式(4.1.15)和式(4.1.16)可知

$$|P(\alpha)| = |a| \prod_{l=1}^{i-1} |P_l(\alpha)| \cdot |P_i(\alpha)| \cdot \prod_{h=i+1}^{m} |P_h(\alpha)|$$

$$> |P_i(\alpha)| e^{-2d(d+h)}.$$

由此及式(4.1.12)可得

$$|P_i(\alpha)| < e^{-(\lambda_1-2)dh-(\lambda_2-2)d^2}. \tag{4.1.17}$$

如果 $i \neq 1$,那么由式(4.1.14)知

$$|P_1(\alpha)| \leqslant |P_i(\alpha)|,$$

于是将引理 4.1.3 应用于多项式 P_1 和 P_2 得到

$$-d(d+h) < \log|P_i(\alpha)|.$$

但 $\lambda_1 \geqslant 3, \lambda_2 \geqslant 3$,上式与式(4.1.17)矛盾,因此 $i=1$,从而

$$|a||P_1(\alpha)| < \prod_{h=2}^{m} |P_h(\alpha)|. \tag{4.1.18}$$

仍然将引理 4.1.3 应用于多项式 aP_1 和 $\prod_{h=2}^{m} P_h$,得到

$$\log \prod_{h=2}^{m} |P_h(\alpha)| > -d(d+h),$$

于是

$$|P(\alpha)| = |a||P_1(\alpha)| \prod_{h=2}^{m} |P_h(\alpha)| \geqslant |P_1(\alpha)| e^{-d(d+h)},$$

取 $R = P_1$,由上式并注意式(4.1.12),即得式(4.1.13). $\qquad\square$

定理 4.1.1 的证明 $1°$ 在引理 4.1.4 中取

$$\lambda_1 = \frac{\delta_n}{\deg P_n} \cdot \frac{\gamma_n}{\log H(P_n)} (a+b+1),$$

$$\lambda_2 = \left(\frac{\delta_n}{\deg P_n}\right)^2 (2b+1),$$

那么由定理 4.1.1 的假设知 $\lambda_1 \geqslant 3, \lambda_2 \geqslant 3$,且式(4.1.3)保证 $P_n(\alpha)(n \geqslant n_0)$ 满足不等式(4.1.12).注意

$$\lambda_1 - 1 \geqslant \frac{\delta_n \gamma_n}{\deg P_n \cdot \log H(P_n)} (a+b+1) - \frac{\delta_n \gamma_n}{\deg P_n \cdot \log H(P_n)}$$

$$\geqslant \frac{\delta_n \gamma_n}{\deg P_n \cdot \log H(P_n)} (a+b),$$

$$\lambda_2 - 1 \geqslant \left(\frac{\delta_n}{\deg P_n}\right)^2 (2b+1) - \left(\frac{\delta_n}{\deg P_n}\right)^2 \geqslant \left(\frac{\delta_n}{\deg P_n}\right)^2 \cdot 2b,$$

因此由引理 4.1.4 知对每个整数 $n \geqslant n_0$ 存在不可约多项式 $Q_n \in \mathbb{Z}[z]$ 及整数 $r_n \geqslant 1$ 使

$$R_n = Q_n^{r_n} \mid P_n,$$

并且

$$\log|R_n(\alpha)| \leqslant -\delta_n((a+b)\gamma_n + 2b\delta_n). \tag{4.1.19}$$

2° 由引理 4.1.2 可知

$$\|R_n\| \leqslant 2^{\deg P_n - 1/2}\|P_n\| \leqslant 2^{\delta_n - 1/2}\|P_n\|,$$

并且因为

$$\|P_n\| \leqslant (1 + \deg P_n)^{1/2} H(P_n) \leqslant (1 + \delta_n)^{1/2} \mathrm{e}^{\gamma_n}$$

以及

$$2^{\delta_n}(1 + \delta_n)^{1/2} < \mathrm{e}^{\delta_n} \quad (\text{当 } \delta_n \geqslant 2),$$

所以当 $n \geqslant n_1 \geqslant n_0$ 时

$$\|R_n\| \leqslant 2^{-1/2}\mathrm{e}^{\delta_n}\mathrm{e}^{\gamma_n} = 2^{-1/2}\mathrm{e}^{\delta_n + \gamma_n}. \tag{4.1.20}$$

3° 因为 γ_n 和 δ_n 单调递增，所以由式(4.1.19)得

$$\max(\log|R_n(\alpha)|, \log|R_{n+1}(\alpha)|) \leqslant -\delta_n((a+b)\gamma_n + 2b\delta_n). \tag{4.1.21}$$

又因为

$$\deg R_n \leqslant \deg P_n \leqslant \delta_n,$$

所以由式(4.1.20)和式(4.1.1)得

$$(\deg R_n + \deg R_{n+1})\|R_n\|^{\deg R_{n+1}}\|R_{n+1}\|^{\deg R_n}$$
$$\leqslant (\delta_n + \delta_{n+1})\|R_n\|^{\delta_{n+1}}\|R_{n+1}\|^{\delta_n}$$
$$\leqslant (\delta_n + \delta_{n+1})2^{-\frac{1}{2}(\delta_n + \delta_{n+1})}\mathrm{e}^{(\gamma_n + \delta_n)\delta_{n+1} + (\delta_{n+1} + \gamma_{n+1})\delta_n}$$
$$\leqslant \mathrm{e}^{b(\gamma_n + \delta_n)\delta_n + (a\gamma_n + b\delta_n)\delta_n}. \tag{4.1.22}$$

由式(4.1.21)及式(4.1.22)可知引理 4.1.1 中的条件式(4.1.4)对多项式 R_n 和 R_{n+1} 不可能关于所有 $\alpha \in \mathbb{C}$ 成立，因此 $R_n = Q_n^{r_n}$ 和 $R_{n+1} = Q_{n+1}^{r_{n+1}}$ 不互素.但 Q_n 和 Q_{n+1} 不可约，因此

$$Q_n = Q_{n+1} \quad (n \geqslant n_1).$$

我们记

$$Q_n = Q \in \mathbb{Z}[z] \quad (n \geqslant n_1)$$

及

$$q = \deg Q.$$

4° 由式(4.1.19)知

$$\lim_{n \to \infty} Q^{r_n}(\alpha) = 0,$$

于是

$$Q(\alpha) = 0,$$

或者

$$\lim_{n \to \infty} r_n = + \infty$$

且

$$|Q(\alpha)| < 1.$$

但

$$\delta_n = \deg P_n \geqslant \deg R_n = r_n q \quad (r_n > 0),$$

所以在后一情形可由式(4.1.19)得

$$\log |Q^{r_n}(\alpha)| = r_n \log |Q(\alpha)| \leqslant - 2b\delta_n^2 \leqslant - 2dq^2 r_n^2,$$

于是

$$\log |Q(\alpha)| < - 2dq^2 r_n,$$

也得到

$$Q(\alpha) = 0.$$

因为我们总有 $Q(\alpha) = 0$，所以 $\alpha \in \mathbb{A}$，且因 $Q \mid P_n (n \geqslant n_1)$，故

$$P_n(\alpha) = 0 \quad (n \geqslant n_1). \qquad \square$$

4.2 指数多项式的零点估计

定理 4.2.1（R. Tijdeman[219]） 设 $\rho > 0, p$ 和 q 是正整数,并且

$$F(z) = \sum_{k=0}^{p-1} \sum_{l=1}^{q} C_{k,l} z^k \mathrm{e}^{\alpha_l z} \not\equiv 0,$$

其中 $\alpha_l, C_{k,l} \in \mathbb{C}, |\alpha_l| \leqslant D, k = 0, \cdots, p-1; l = 1, \cdots, q,$那么 $F(z)$ 在圆 $|z| \leqslant \rho$ 中的零点个数

$$m \leqslant \gamma(pq + \rho D),$$

其中 $\gamma > 0$ 是绝对常数.

我们首先给出下列辅助引理.

引理 4.2.1 设 $f(z)$ 是整函数，$\{z_h\}_{h=1}^{\infty}$ 是一个无穷复数列，则对于任何 $z \in \mathbb{C}$ 及任何 $n \in \mathbb{N}$，当

$$r_n > \max(|z|, |z_1|, \cdots, |z_n|)$$

时有等式

$$f(z) = f(z_1) + \sum_{k=1}^{n-1} A_k(z - z_1) \cdots (z - z_k) + R_n(z), \tag{4.2.1}$$

其中

$$A_k = \frac{1}{2\pi i} \oint_{|\zeta|=r_n} \frac{f(\zeta)d\zeta}{(\zeta - z_1) \cdots (\zeta - z_{k+1})},$$

$$R_n(z) = \frac{1}{2\pi i} \oint_{|\zeta|=r_n} \prod_{t=1}^{n} \frac{z - z_t}{\zeta - z_t} \frac{f(\zeta)d\zeta}{\zeta - z}. \tag{4.2.2}$$

证 若

$$\zeta \neq z, z_1, \cdots, z_n,$$

则用归纳法易证

$$\frac{1}{\zeta - z} = \frac{1}{\zeta - z_1} + \frac{z - z_1}{(\zeta - z_1)(\zeta - z_2)} + \cdots + \frac{(z - z_1) \cdots (z - z_{n-1})}{(\zeta - z_1) \cdots (\zeta - z_n)}$$
$$+ \frac{(z - z_1) \cdots (z - z_n)}{(\zeta - z_1) \cdots (\zeta - z_n)(\zeta - z)},$$

用 $f(\zeta)/(2\pi i)$ 乘等式两边，并在圆周 $|\zeta| = r_n$ 上对两边逐项积分，即可得结果. □

定理 4.2.1 的证明 1° 设 $\lambda_1, \cdots, \lambda_m$ 是 $F(z)$ 在 $|z| \leqslant \rho$ 中的全部零点（计及重数），记

$$\varphi(z) = (z - \lambda_1) \cdots (z - \lambda_m), \quad R = 2\rho,$$

则

$$\max_{|z| \leqslant 4R} |\varphi(z)| \geqslant (3R)^m, \quad \max_{|z| \leqslant R} |\varphi(z)| \leqslant (2R)^m.$$

又记

$$M(R) = \max_{|z| \leqslant R} |F(z)| = |F|_R,$$

则

$$\max_{|z| \leqslant R} \left| \frac{F(z)}{\varphi(z)} \right| \leqslant \max_{|z| \leqslant 4R} \left| \frac{F(z)}{\varphi(z)} \right|, \quad \frac{M(R)}{(2R)^m} \leqslant \frac{M(4R)}{(3R)^m},$$

于是

$$m \leqslant \frac{\log(M(4R)/M(R))}{\log(3/2)}. \tag{4.2.3}$$

$2°$ 不妨设 $pq > 1$（不然 $m = 0$）. 记

$$d = pq.$$

用 $z_1, \cdots, z_d$ 顺次表示集合 $\{\underbrace{\alpha_1, \cdots, \alpha_1}_{p \text{次}}, \cdots, \underbrace{\alpha_q, \cdots, \alpha_q}_{p \text{次}}\}$ 中的元素，并记

$$\omega_j(z) = (z - z_1) \cdots (z - z_j) \quad (j > 0).$$

将引理 4.2.1 应用于函数

$$f(z) = e^{yz} \quad (y \in \mathbb{C}),$$

并取 $n = d$ 得

$$e^{yz} = \sum_{j=0}^{d-1} A_j \omega_j(z) + R_d(z) = P_y(z) + R_d(z),$$

其中

$$A_0 = 1, \quad \omega_0 = f(z_1)$$

以及

$$A_j = A_j(y) = \frac{1}{2\pi i} \oint_{|\zeta| = r} \frac{e^{y\zeta} d\zeta}{(\zeta - z_1) \cdots (\zeta - z_{j+1})} \quad (r > D; j > 0).$$

由式 (4.2.2) 易见

$$R^{(h)}(\alpha_l) = 0 \quad (k = 0, \cdots, p-1; l = 1, \cdots, q),$$

因此

$$P_y^{(k)}(\alpha_l) = y^k e^{y\alpha_l} \quad (k = 0, \cdots, p-1; l = 1, \cdots, q).$$

令

$$P_y(z) = \sum_{t=0}^{d-1} a_t z^t \quad (a_t = a_t(y)),$$

并记

$$s = \min(p, t),$$

则得

$$F(y) = \sum_{k=0}^{p-1} \sum_{l=1}^{q} C_{k,l} P_y^{(k)}(\alpha_l)$$

$$= \sum_{k=0}^{p-1} \sum_{l=1}^{q} C_{k,l} \sum_{t=k}^{d-1} a_t t \cdots (t-k+1) \alpha_l^{t-k}$$

$$= \sum_{t=0}^{d-1} a_t \sum_{k=0}^{s} \sum_{l=1}^{q} C_{k,l} (z^k e^{\alpha_l z})_{z=0}^{(t)}$$

$$= \sum_{t=0}^{d-1} a_t F^{(t)}(0). \tag{4.2.4}$$

由 Cauchy 公式

$$F^{(t)}(0) = \frac{t!}{2\pi i} \oint_{|\zeta|=R} \frac{F(\zeta) d\zeta}{\zeta^{t+1}}$$

可推出

$$|F^{(t)}(0)| \leqslant t! M(R) R^{-t},$$

于是由式(4.2.4)得

$$|F(y)| \leqslant M(R) \sum_{t=0}^{d-1} t! |a_t| R^{-t}. \tag{4.2.5}$$

3° 数 A_j 是函数 $e^{y\zeta} \prod_{h=1}^{j+1} (\zeta - z_h)^{-1}$ 在区域 $|\zeta| > D$ 中的 Laurent 展开中 ζ^{-1} 的系数, 其模不超过函数 $e^{|y|\zeta}(\zeta - D)^{-j-1}$ 的展开式的相应的系数, 所以

$$|A_j| \leqslant \left| \frac{1}{2\pi i} \oint_{|\zeta|=r} \frac{e^{|y|\zeta} d\zeta}{(\zeta - D)^{j+1}} \right| = \frac{1}{j!} |(e^{|y|\zeta})_{\zeta=D}^{(j)}| = \frac{|y|^j}{j!} e^{|y|D}. \tag{4.2.6}$$

4° 由等式

$$t! a_t = P_y^{(t)}(0) = \sum_{j=t}^{d-1} A_j \omega_j^{(t)}(0)$$

及式(4.2.6)可得

$$t! |a_t| \leqslant \sum_{j=t}^{d-1} \frac{|y|^j}{j!} e^{|y|D} C_j^t t! D^{j-t} = \sum_{j=t}^{d-1} |y|^j \frac{D^{j-t}}{(j-t)!} e^{|y|D}$$

$$\leqslant |y|^t e^{2|y|D}. \tag{4.2.7}$$

令 $|y| = 4R$, 则由式(4.2.5)和式(4.2.7)得

$$M(4R) \leqslant M(R) \sum_{t=0}^{d-1} \left(\frac{4R}{R} \right)^t e^{8RD} < M(R) 4^d e^{8RD},$$

由此及式(4.2.3)即得所要的结果. □

4.3 指数函数值的代数无关性

定理 4.3.1(R. Tijdeman[220]) 设复数 $\alpha_0,\alpha_1,\alpha_2$ 及 η_0,η_1,η_2 分别在 $\mathbb{Q}$ 上线性无关,则数

$$\alpha_k, \quad \mathrm{e}^{\alpha_k\eta_j} \quad (k,j=0,1,2)$$

中至少有两个代数无关.

定理 4.3.2(R. Tijdeman[220]) 设复数 $\alpha_0,\alpha_1,\alpha_2$ 及 η_0,η_1 分别在 $\mathbb{Q}$ 上线性无关,则数

$$\alpha_k, \quad \eta_j, \quad \mathrm{e}^{\alpha_k\eta_j} \quad (k=0,1,2;j=0,1)$$

中至少有两个代数无关.

推论 4.3.1 设 $\alpha,\beta\in\mathbb{A}$, $\alpha\neq0,1,\deg\beta\geqslant3$,则数

$$\alpha^\beta, \quad \alpha^{\beta^2}, \quad \alpha^{\beta^3}, \quad \alpha^{\beta^4}$$

中至少有两个代数无关.特别地,若 $\deg\beta=3$,则数 α^β 和 α^{β^2} 代数无关.

证 在定理 4.3.1 中取 $\alpha_k=\beta^k,\eta_j=\beta^j\log\alpha(k,j=0,1,2)$. □

推论 4.3.2 设 $\alpha\in\mathbb{A}$, $\alpha\neq0,1,t\notin\mathbb{A}$,则数

$$\alpha^t, \quad \alpha^{t^2}, \quad \alpha^{t^3}, \quad \alpha^{t^4}$$

中至少有一个超越数.

证 在定理 4.3.1 中取 $\alpha_k=t^k,\eta_j=t^j\log\alpha(k,j=0,1,2)$. □

推论 4.3.3 设 $\alpha_0,\alpha_1,\alpha_2$ 及 $\beta_0,\beta_1\in\mathbb{A}$,且 $\log\alpha_0,\log\alpha_1,\log\alpha_2$ 及 $1,\beta_0,\beta_1$ 分别在 $\mathbb{Q}$ 上线性无关,则数

$$\alpha_j^{\beta_k} \quad (k=0,1,j=0,1,2)$$

中至少有两个代数无关.

证 在定理 4.3.1 中取 $\alpha_0=\beta_0,\alpha_1=\beta_1,\alpha_2=1$,而 η_j 代以此处的 $\log\alpha_j(j=0,1,2)$. □

推论 4.3.4 数 $\mathrm{e},\pi,\mathrm{e}^\pi$ 和 e^{i} 中至少有两个代数无关.

证 在定理 4.3.2 中取 $\eta_0=1,\eta_1=\mathrm{i};\alpha_0=1,\alpha_1=\pi,\alpha_2=\pi\mathrm{i}$,并注意 π 的超越性(见定理 3.1.4),即得结论. □

注 4.3.1 最近 Yu. V. Nesterenko[159]证明了 π 和 e^π 的代数无关性(见 3.3 节).

推论 4.3.5 设 $\alpha,\beta \in \mathbb{A}$, $\alpha \neq 0,1$, $\deg \beta \geqslant 3$, 则数

$$\log \alpha, \quad \alpha^\beta, \quad \alpha^{\beta^2}, \quad \alpha^{\beta^3}$$

中至少有两个代数无关.

证 在定理 4.3.2 中取 $\alpha_k = \beta^k$, $\eta_j = \beta^j \log \alpha$ $(h = 0,1,2; j = 0,1)$. □

推论 4.3.6 设 $\alpha \neq 0$. 而 $t \notin \mathbb{A}$, 则数

$$\alpha, \quad e^\alpha, \quad e^{\alpha t}, \quad e^{\alpha t^2}, \quad e^{\alpha t^3}$$

中至少有一个数与 t 代数无关.

证 在定理 4.3.2 中取 $\alpha_k = t^k$, $\eta_j = \alpha t^j$ $(k = 0,1,2; j = 0,1)$. □

定理 4.3.1 的证明 1° 设 F 是 $\mathbb{Q}$ 添加数

$$\alpha_k, \quad e^{\alpha_k \eta_j} \quad (k,j = 0,1,2) \tag{4.3.1}$$

所得的域. 由定理条件可知 $\alpha_0, \eta_0 \neq 0$, $\alpha_1/\alpha_0 \notin \mathbb{Q}$. 设 α_0, α_1 及 $e^{\alpha_0 \eta_0}$ 是代数数, 则由 Gelfond-Schneider 定理(定理 2.1.1), 知 $e^{\alpha_1 \eta_0} = (e^{\alpha_0 \eta_0})^{\alpha_1/\alpha_0}$ 是超越数, 因而 F 不是 $\mathbb{Q}$ 的代数扩域. 设 $\operatorname{tr}\deg F < 2$, 则它等于 1, 我们要导出矛盾.

由 1.2 节可知

$$F = \mathbb{Q}(\omega,\zeta),$$

其中 ω 是超越数, ζ 是 $\mathbb{Z}[\omega]$ 上某个不可约首一多项式的根, 故此多项式的系数均可写成 $\sum_{k=1}^{s} b_k \omega^k (b_k \in \mathbb{Z})$ 的形式. 记 $d = \deg_{R(\omega)} \zeta$. 于是式(4.3.1)中的诸数均可写成 F 中的整数的商的形式. 令 T 为这些商的分母的乘积, 于是 $T\alpha_k$, $Te^{\alpha_k \eta_j}$ $(k,j = 0,1,2)$ 均是 F 中的整数.

由 ζ 的定义可知 $\zeta^d, \zeta^{d+1}, \cdots, \zeta^{2d-2}$ 都是 F 中的整元, 且存在有理整数

$$U = U(\omega,\zeta)$$

及

$$V = V(\omega,\zeta)$$

使它们可表示为

$$\zeta^r = \sum_{h=0}^{U-1} \sum_{j=0}^{d-1} V_{hjr} \omega^h \zeta^j \quad (r = 0,1,\cdots,2d-2),$$

其中 $V_{hjr} \in \mathbb{Z}$, $|V_{hjr}| \leqslant V (h = 0,\cdots,U-1; j = 0,\cdots,d-1; r = 0,\cdots,2d-2)$.

我们现在先给出下列引理.

引理 4.3.1 设 F 如上述, $t,s \in \mathbb{N}$, $a \in \mathbb{R}$. 如果 $A_1,\cdots,A_s$ 是 F 中的整元且表示为

$$A_r = \sum_{k=0}^{t_r-1} \sum_{j=0}^{d-1} a_{kjr} \omega^k \zeta^j \quad (a_{kjr} \in \mathbb{Z}; |a_{kjr}| \leqslant a; 1 \leqslant t_r \leqslant t),$$

那么 $A = \prod\limits_{r=1}^{s} A_r$ 可以表示成

$$A = \sum_{k=0}^{s(t+U)-1} \sum_{j=0}^{d-1} a_{kj}^* \omega^k \zeta^j \quad (a_{kj}^* \in \mathbb{Z}; |a_{kj}^*| \leqslant (\lambda a t)^s),$$

其中 U 如上述,λ 是仅与 ω,ζ 有关的正常数.

证 易知 A 是 F 中的整元.当 $s=2$ 时,有

$$\begin{aligned}
A_1 A_2 &= \sum_{k=0}^{t_1-1} \sum_{h=0}^{t_2-1} \sum_{l=0}^{d-1} \sum_{j=0}^{d-1} a_{kl1} a_{hj2} \omega^{k+h} \zeta^{l+j} \\
&= \sum_{\mu=0}^{t_1+t_2-2} \sum_{\nu=0}^{2d-2} c_{\mu\nu} \omega^\mu \zeta^\nu \quad (c_{\mu\nu} \in \mathbb{Z}) \\
&= \sum_{\mu=0}^{t_1+t_2-2} \sum_{\nu=0}^{2d-2} c_{\mu\nu} \omega^\mu \sum_{h=0}^{U-1} \sum_{j=0}^{d-1} V_{hj\nu} \omega^h \zeta^j \\
&= \sum_{k=0}^{t_1+t_2+U-3} \sum_{j=0}^{d-1} d_{kj} \omega^k \zeta^j \quad (d_{kj} \in \mathbb{Z}),
\end{aligned}$$

其中

$$|d_{kj}| \leqslant 2dUV \max_{k,j} |c_{kj}| \leqslant 2dUV \min(t_1, t_2) da^2 \leqslant 2UVtd^2 a^2,$$

于是用归纳法易得所要结果. $\square$

在下文中我们用 N 表示一个充分大的正整数,从而产生有限多个关于 N 的下界,特别地,用 N_0 表示其中最大者.还用 $c_0, c_1, \cdots$ 表示正常数,它们仅与 α_k, η_j 及 ω,ζ 有关.

2° 考虑函数

$$f(z) = \sum_{k_0=0}^{K-1} \sum_{k_1=0}^{K-1} \sum_{k_2=0}^{K-1} A(k_0, k_1, k_2) \exp((k_0\alpha_0 + k_1\alpha_1 + k_2\alpha_2)z),$$

$$A(k_0, k_1, k_2) = \sum_{k=0}^{p_1-1} C(k_0, k_1, k_2, k) \omega^k, \tag{4.3.2}$$

其中 $C(k_0, k_1, k_2, k) \in \mathbb{Z}$,并取

$$K = [N^2 \log^{-1/2} N] + 1, \quad p_1 = [N^3 \log^{-1/2} N] + 1.$$

对于 $s, n_0, n_1, n_2 \in \mathbb{N}$,数 $f^{(s)}(n_0\eta_0 + n_1\eta_1 + n_2\eta_2)$ 是式(4.3.1)中诸"变量"的多项式.取

$$S^* = [2\gamma N^3 \log^{-3/2} N] + 1, \quad \mu = [(2\gamma + 9)N^3 \log^{-1/2} N] \quad (其中 \gamma 见定理 4.2.1),$$

$$\tag{4.3.3}$$

并取 N 充分大，使得

$$\mu \geqslant S^* + 9KN,$$

于是

$$f(s, n_0, n_1, n_2)$$

$$= T^\mu f^{(s)}(n_0 \eta_0 + n_1 \eta_1 + n_2 \eta_2)$$

$$= T^\mu \sum_{k_0=0}^{K-1} \sum_{k_1=0}^{K-1} \sum_{k_2=0}^{K-1} \sum_{k=0}^{p_1-1} C(k_0, k_1, k_2, k) \omega^k$$

$$\cdot (k_0 \alpha_0 + k_1 \alpha_1 + k_2 \alpha_2)^s \exp((k_0 \alpha_0 + k_1 \alpha_1 + k_2 \alpha_2)(n_0 \eta_0 + n_1 \eta_1 + n_2 \eta_2))$$

$$(s = 0, 1, \cdots, S^* - 1; n_0, n_1, n_2 = 0, 1, \cdots, N-1) \tag{4.3.4}$$

是 F 中的整数.

对于 $k_0, k_1, k_2 < K, k < p_1, s < S^*$ 及 $n_0, n_1, n_2 < N$，式子

$$T^\mu \omega^k (k_0 \alpha_0 + k_1 \alpha_1 + k_2 \alpha_2)^s \exp((k_0 \alpha_0 + k_1 \alpha_1 + k_2 \alpha_2)(n_0 \eta_0 + n_1 \eta_1 + n_2 \eta_2))$$

是不超过 $p_1 + S^* + 9KN (\leqslant \mu + p_1)$ 个 F 中的整数之积（这些整数与 N 无关），因此由引理 4.3.1 可知它可以写成

$$\sum_{q=0}^{\mu_1-1} \sum_{q_1=0}^{d-1} \omega^q \zeta^{q_1} B(s, n_0, n_1, n_2, k_0, k_1, k_2, k, q, q_1),$$

其中 $\mu_1 \leqslant c_0(\mu + p_1), B(s, n_0, \cdots) \in \mathbb{Z}$，且

$$|B(s, n_0, \cdots)| \leqslant \exp(c_1(\mu + p_1)).$$

于是由式(4.3.4)得

$$f(s, n_0, n_1, n_2) = \sum_{q=0}^{\mu_1-1} \sum_{q_1=0}^{d-1} \omega^q \zeta^{q_1} \sum_{k_0=0}^{K-1} \sum_{k_1=0}^{K-1} \sum_{k_2=0}^{K-1} \sum_{k=0}^{p_1-1} C(k_0, k_1, k_2, k)$$

$$\cdot B(s, n_0, n_1, n_2, k_0, k_1, k_2, k, q, q_1)$$

$$(s = 0, 1, \cdots, S^* - 1; n_0, n_1, n_2 = 0, 1, \cdots, N-1), \tag{4.3.5}$$

其中

$$\mu_1 \leqslant c_2 N^3 \log^{-1/2} N, \quad \log|B(s, n_0, \cdots)| \leqslant c_3 N^3 \log^{-1/2} N. \tag{4.3.6}$$

令

$$S = \left[(2dc_2)^{-1} N^3 \log^{-3/2} N\right].$$

我们来选取 $C(k_0, k_1, k_2, k)$ 使得

$$f(s, n_0, n_1, n_2) = 0 \quad (s = 0, 1, \cdots, S-1 \text{ 及 } n_0, n_1, n_2 = 0, 1, \cdots, N-1).$$

$$\tag{4.3.7}$$

为此可应用 Siegel 引理(引理 1.3.1). 以 $C(k_0, k_1, k_2, k)$ 为未知数的线性方程组

$$\sum_{k_0=0}^{K-1} \sum_{k_1=0}^{K-1} \sum_{k_2=0}^{K-1} \sum_{k=0}^{p_1-1} C(k_0, k_1, k_2, k) B(s, n_0, \cdots) = 0$$

$$(s < S; n_0, n_1, n_2 < N; q < \mu_1; q_1 < d)$$

中,变量个数 $n = K^3 p_1$,方程个数 $m = SN^3 \mu_1 d$,由于

$$n > N^9 \log^{-2} N, \quad m \leqslant \frac{1}{2} N^9 \log^{-2} N,$$

所以确实存在不全为零的 $C(k_0, k_1, k_2, k)$ 使式(4.3.7)成立,并且由式(4.3.5)和式(4.3.6)得

$$|C(k_0, k_1, k_2, k)| < K^3 p_1 \exp(c_3 N^3 \log^{-1/2} N) + 2$$
$$< \exp(c_4 N^3 \log^{-1/2} N). \tag{4.3.8}$$

3° 由式(4.3.7),我们可将 $f(z)$ 表示为

$$f(z) = \frac{1}{2\pi i} \oint_{|\zeta|=N^{5/2}} \prod_{n_0=0}^{N-1} \prod_{n_1=0}^{N-1} \prod_{n_2=0}^{N-1} \left(\frac{z - n_0 \eta_0 - n_1 \eta_1 - n_2 \eta_2}{\zeta - n_0 \eta_0 - n_1 \eta_1 - n_2 \eta_2} \right)^s \frac{f(\zeta)}{\zeta - z} d\zeta \quad (|z| \leqslant N^2).$$

注意由式(4.3.2)和式(4.3.8)得

$$\max_{|\zeta| \leqslant N^{5/2}} |f(\zeta)| \leqslant \exp(c_5 N^{9/2}),$$

因此由 f 的积分表达式得

$$\max_{|z| \leqslant N^2} |f(z)| \leqslant N^{5/2} \left(\frac{2N^2}{(1/2)N^{5/2}} \right)^{N^3 s} \frac{\exp(c_5 N^{9/2})}{(1/2)N^{5/2}}$$
$$\leqslant \exp(-c_6 N^3 S \log N)$$
$$\leqslant \exp(-c_7 N^6 \log^{-1/2} N).$$

注意式(4.3.4)中的数

$$f(s, n_0, n_1, n_2) = T^\mu \frac{s!}{2\pi i} \oint_{|z|=N^2} \frac{f(z) dz}{(z - n_0 \eta_0 - n_1 \eta_1 - n_2 \eta_2)^{s+1}},$$

因此得到

$$|f(s, n_0, n_1, n_2)| < \exp(-c_8 N^6 \log^{-1/2} N)$$
$$(s = 0, 1, \cdots, S^* - 1; n_0, n_1, n_2 = 0, 1, \cdots, N-1). \tag{4.3.9}$$

4° 因 $\alpha_0, \alpha_1, \alpha_2$ 在 $\mathbb{Q}$ 上线性无关,ω 是超越数,而 $C(k_0, k_1, k_2, k)$ 不全为零,故由式(4.3.2)知函数 $f \not\equiv 0$. 由定理 4.2.1(取 $p=1, q=K^3, \rho=N^2, D=c_9 K$),知 f 在 $|z| \leqslant N^2$ 中的零点个数不超过

$$\gamma(K^3 + c_9 KN^2) < 2\gamma N^6 \log^{-3/2} N,$$

而由式(4.3.3)可知满足 $s < S^*$ 及 $n_0, n_1, n_2 < N$ 的数组 $\{s, n_0, n_1, n_2\}$ 的个数

$$N^3 S^* \geqslant 2\gamma N^6 \log^{-3/2} N,$$

因此,注意式(4.3.9),可知在这些数组中存在一组 $\{\bar{s}, \bar{n}_0, \bar{n}_1, \bar{n}_2\}$ 满足

$$0 < |f(\bar{s}, \bar{n}_0, \bar{n}_1, \bar{n}_2)| < \exp(-c_8 N^6 \log^{-1/2} N). \tag{4.3.10}$$

5° 因 $f(\bar{s}, \bar{n}_0, \bar{n}_1, \bar{n}_2)$ 是 F 中的整数,我们可将它写成

$$f(\bar{s}, \bar{n}_0, \bar{n}_1, \bar{n}_2) = \bar{P}_N(\omega, \zeta) = \sum_{q=0}^{\mu_1-1} \sum_{q_1=0}^{d-1} a(q, q_1) \omega^q \zeta^{q_1}, \tag{4.3.11}$$

其中

$$\mu_1 \leqslant c_2 N^3 \log^{-1/2} N, \quad |a(q, q_1)| \leqslant \exp(c_{10} N^3 \log^{-1/2} N).$$

将 $\bar{P}_N$ 看作 ω, ω_1 的多项式,令 $\zeta^{(1)} = \zeta, \zeta^{(2)}, \cdots, \zeta^{(d)}$ 是 ζ 在域 $\mathbb{Q}(\omega)$ 中的共轭元,则

$$P_N(\omega) = \prod_{k=1}^{d} \bar{P}_N(\omega, \zeta^{(k)}) \neq 0, \quad P_N \in \mathbb{Z}[z],$$

并且由式(4.3.10)和式(4.3.11)易得当 $N \geqslant N_0$ 时

$$0 < |P_N(\omega)| = |\bar{P}_N(\omega, \zeta)| \prod_{k=2}^{d} |\bar{P}_N(\omega, \zeta^{(k)})|$$
$$< \exp(-c_8 N^6 \log^{-1/2} N + c_{11} N^3 \log^{-1/2} N)$$
$$< \exp(-c_{12} N^6 \log^{-1/2} N),$$

以及

$$\max(\deg P_N, \log H(P_N)) < c_{13} N^3 \log^{-1/2} N.$$

现在在定理 4.1.1 中令 $\gamma_N = \delta_N = c_{13} N^3 \log^{-1/2} N (N \geqslant N_0), a = b = 2$,即知 $\omega \in \mathbb{A}$,这与假设矛盾.定理 4.3.1 证毕. $\qquad\square$

定理 4.3.2 的证明 1° 设 F 是 $\mathbb{Q}$ 添加数

$$\alpha_k, \quad \eta_j, \quad e^{\alpha_k \eta_j} \quad (k = 0, 1, 2; j = 0, 1)$$

所得的域,设 $\alpha_0, \eta_0 \in \mathbb{A}$. 因 $\alpha_0 \eta_0 \neq 0$,故由 Hermite-Lindemann 定理(定理 3.1.4)可知 $\exp(\alpha_0 \eta_0)$ 是超越数,于是 F 不是 $\mathbb{Q}$ 的代数扩域.我们设

$$\mathrm{tr} \deg F = 1,$$

于是有 ω, ζ 使

$$F = \mathbb{Q}(\omega, \zeta),$$

其中 ω 是超越数, ζ 在 $\mathbb{Q}(\omega)$ 上是代数的, 并且有复数 T 使 $T\alpha_k$, $T\eta_j$ 及 $Te^{\alpha_k\eta_j}$ ($k = 0, 1, 2; j = 0, 1$) 是 F 中的整数.

2° 构造辅助函数

$$f(z) = \sum_{k_0=0}^{K-1} \sum_{k_1=0}^{K-1} \sum_{k_2=0}^{K-1} \sum_{k_3=0}^{K-1} A(k_0, k_1, k_2, k_3) z^{k_3} \exp((k_0\alpha_0 + k_1\alpha_1 + k_2\alpha_2)z),$$

$$A(k_0, k_1, k_2, k_3) = \sum_{k=0}^{p_1-1} C(k_0, k_1, k_2, k_3)\omega^k,$$

其中 $C(k_0, k_1, k_2, k_3) \in \mathbb{Z}$, 并且

$$K = \left[N\log^{-1/3}N\right] + 1, \quad p_1 = \left[N^2\log^{-1/3}N\right] + 1.$$

取

$$S^* = \left[2\gamma N^2\log^{-4/3}N\right] + 1, \quad \mu = \left[(2\gamma + 6)N^2\log^{-1/3}N\right].$$

则当 N 充分大时

$$\mu \geqslant K + S^* + 6KN,$$

而且

$$\begin{aligned}
f(s, n_0, n_1) &= T^\mu f^{(s)}(n_0\eta_0 + n_1\eta_1) \\
&= T^\mu \sum_{k_0=0}^{K-1} \sum_{k_1=0}^{K-1} \sum_{k_2=0}^{p_1-1} \sum_{k_3=0}^{K-1} \sum_{k=0}^{p_1-1} C(k_0, k_1, k_2, k_3, k)\omega^k \\
&\quad \cdot (z^{k_3}\exp(k_0\alpha_0 + k_1\alpha_1 + k_2\alpha_2)z)_{z=n_0\eta_0+n_1\eta_1}^{(s)}
\end{aligned}$$

$$(s = 0, 1, \cdots, S^* - 1; n_0, n_1 = 0, 1, \cdots, N - 1)$$

是 F 中的整数. 由引理 4.3.1, 它们可以写成

$$\sum_{q=0}^{\mu_1-1} \sum_{q_1=0}^{d-1} \omega^q\zeta^{q_1} B(s, n_0, n_1, k_0, k_1, k_2, k_3, k, q, q_1),$$

其中 $\mu_1 \leqslant c_{14}\mu$, $B(s, n_0, \cdots) \in \mathbb{Z}$, $|B(s, n_0, \cdots)| \leqslant \exp(c_{15}\mu)$. 于是

$$\begin{aligned}
f(s, n_0, n_1) &= \sum_{q=0}^{\mu_1-1} \sum_{q_1=0}^{d-1} \omega^q\zeta^{q_1} \sum_{k_0=0}^{K-1} \sum_{k_1=0}^{K-1} \sum_{k_2=0}^{K-1} \sum_{k_3=0}^{K-1} \sum_{k=0}^{p_1-1} C(k_0, k_1, k_2, k_3, k) \cdot \\
&\quad \cdot B(s, n_0, n_1, k_0, k_1, k_2, k_3, k, q, q_1)
\end{aligned}$$

$$(s = 0, 1, \cdots, S^* - 1; n_0, n_1 = 0, 1, \cdots, N - 1),$$

其中

$$\mu_1 \leqslant c_{16}N^2\log^{-1/3}N, \quad \log|B(s, n_0, \cdots)| < c_{17}N^2\log^{-1/3}N.$$

令

$$S = \left[(2dc_{16})^{-1} N^2 \log^{-4/3} N \right].$$

由引理 1.3.1,可选取不全为零的 $C(k_0, k_1, k_2, k_3, k) \in \mathbb{Z}$ 使

$$f(s, n_0, n_1) = 0 \quad (s = 0, 1, \cdots, S-1; n_0, n_1 = 0, 1, \cdots, N-1),$$

并且

$$|C(k_0, k_1, k_2, k_3, k)| < \exp(c_{18} N^2 \log^{-1/3} N).$$

$3°$ 由 $2°$ 中的结果及表达式

$$f(z) = \frac{1}{2\pi \mathrm{i}} \oint_{|\zeta| = N^{5/3}} \prod_{n_0 = 0}^{N-1} \prod_{n_1 = 0}^{N-1} \left(\frac{z - n_0 \eta_0 - n_1 \eta_1}{\zeta - n_0 \eta_0 - n_1 \eta_1} \right)^s \frac{f(\zeta)}{\zeta - z} \mathrm{d}\zeta \quad (|z| \leqslant N^{4/3})$$

可推出

$$|f(s, n_0, n_1)| \leqslant \exp(- c_{19} N^4 \log^{-1/3} N) \quad (s < S^*; n_0, n_1 < N).$$

$4°$ 由定理 4.2.1(取 $p = K, q = K^3, \rho = N^{4/3}, D = c_{20} K$)可知存在数组 $\{ \bar{s}, \bar{n}_0, \bar{n}_1 \}$ $(\bar{s} < S^*; \bar{n}_0, \bar{n}_1 < N)$,使

$$0 < |f(\bar{s}, \bar{n}_0, \bar{n}_1)| < \exp(- c_{19} N^4 \log^{-1/3} N).$$

$5°$ 类似于定理 4.3.1 的证明,可得多项式 $P_N \in \mathbb{Z}[z]$ 适合

$$\begin{cases} 0 < |P_N(\omega)| < \exp(- c_{20} N^4 \log^{-1/3} N), \\ \max(\deg P_N, \log H(P_N)) < c_{21} N^2 \log^{-1/3} N. \end{cases}$$

于是由定理 4.1.1 推出 $\omega \in \mathbb{A}$,与假设矛盾,因而定理得证. $\qquad\square$

4.4 Schneider 第八问题的解

Th. Schneider[197]在他的书中曾猜想 e^e, e^{e^2} 中至少有一个超越数,此即所谓的 Schneider 第八问题. 20 世纪 70 年代初, M. Waldschmidt[230,231] 和 W. D. Brownawell[36]分别独立地肯定地解决了这个问题,M. Waldschmidt 给出了两个不同的解法. 现在给出他的一个证明.

定理 4.4.1(M. Waldschmidt[230]) 设 u_1, u_2 及 v_1, v_2 分别在 $\mathbb{Q}$ 上线性无关,并且 $\alpha = \exp(u_1 v_1), \beta = \exp(u_2 v_1) \in \mathbb{A}$,则数

$$u_1, \quad u_2, \quad v_1, \quad v_2, \quad \mathrm{e}^{u_1 v_2}, \quad \mathrm{e}^{u_2 v_2} \qquad (4.4.1)$$

中有两个数代数无关.

推论 4.4.1 数 $\mathrm{e}^{\mathrm{e}}, \mathrm{e}^{\mathrm{e}^2}$ 中有一个超越数.

证 在定理 4.4.1 中取

$$u_1 = v_2 = 1, \quad u_2 = v_1 = \mathrm{e}.$$

如果

$$\alpha = \exp(u_1 v_1) = \mathrm{e}^{\mathrm{e}}$$

和

$$\beta = \exp(u_2 v_1) = \mathrm{e}^{\mathrm{e}^2}$$

都是代数的,那么式(4.4.1)中的数即 $1, \mathrm{e}, \mathrm{e}^{\mathrm{e}}$ 中将有两个代数无关,这与 $\alpha \in \mathbb{A}$ 矛盾,故得结论. □

推论 4.4.2 如果 $\exp \pi^2 \in \mathbb{A}$,那么 e 和 π 代数无关.

证 在定理 4.4.1 中取

$$u_1 = v_1 = \pi \mathrm{i}, \quad u_2 = v_2 = 1.$$

式(4.4.1)中出现的数是 $1, -1, \mathrm{e}$ 和 $\pi \mathrm{i}$. 因为

$$\alpha = \exp(u_1 v_1) = \mathrm{e}^{-\pi^2}, \quad \beta = \exp(u_2 v_1) = -1,$$

所以若 $\alpha \in \mathbb{A}$,则推出 e 和 π 的代数无关性. □

注 4.4.1 e 和 π 是否代数无关迄今尚未解决.

推论 4.4.3 设 $\alpha, \beta, \gamma \in \mathbb{A}, \gamma \notin \mathbb{Q}$,且 $\log \alpha$ 和 $\log \beta$ 在 $\mathbb{Q}$ 上线性无关. 则数 $\log \alpha, \log \beta, \alpha^{\gamma}, \beta^{\gamma}$ 中有两个代数无关.

证 在定理 4.4.1 中取

$$u_1 = \log \alpha, \quad u_2 = \log \beta, \quad v_1 = 1, \quad v_2 = \gamma,$$

即易推出结果. □

在证明定理 4.4.1 之前,先给出几个引理.

引理 4.4.1(Hermite 插值公式) 设 $f(\zeta)$ 在开区域 $\mathscr{D}$ 内及其分段光滑的边界 $\mathscr{L}$ 上解析; $a_1, \cdots, a_m \in \mathscr{D}, a_i \neq a_j (i \neq j); s \in \mathbb{N}_0$,则对任何异于 $a_1, \cdots, a_m$ 的 $z \in \mathscr{D}$ 有等式

$$f(z) = \frac{1}{2\pi \mathrm{i}} \oint_{\mathscr{L}} \prod_{k=1}^{m} \left(\frac{z - a_k}{\zeta - a_k} \right)^{s+1} \frac{f(\zeta)}{\zeta - z} \mathrm{d}\zeta$$

$$- \frac{1}{2\pi \mathrm{i}} \sum_{l=0}^{m} \sum_{\sigma=0}^{s} \frac{f^{(\sigma)}(a_l)}{\sigma!} \oint_{|\zeta - a_l| = \rho_l} \prod_{k=1}^{m} \left(\frac{z - a_k}{\zeta - a_k} \right)^{s+1} \frac{(\zeta - a_l)^{\sigma}}{\zeta - z} \mathrm{d}\zeta,$$

其中 $\rho_l > 0$ 足够小使得圆 $|\zeta - a_l| = \rho_l$ 属于 $\mathscr{D}$ 且不包含点 z 和 $a_k (k \neq l)$.

证 设

$$0 < \rho < \min_{1 \leqslant k \leqslant m} |z - a_k|,$$

且圆 $|\zeta - z| \leqslant \rho$ 属于 $\mathcal{D}$. 由留数性质得等式

$$\frac{1}{2\pi \mathrm{i}} \oint_{\mathscr{L}} \prod_{k=1}^{m} \left(\frac{z - a_k}{\zeta - a_k}\right)^{s+1} \frac{f(\zeta)}{\zeta - z} \mathrm{d}\zeta$$

$$= \sum_{l=1}^{m} \frac{1}{2\pi \mathrm{i}} \oint_{|\zeta - a_l| = \rho_l} \prod_{k=1}^{m} \left(\frac{z - a_k}{\zeta - a_k}\right)^{s+1} \frac{f(\zeta)}{\zeta - z} \mathrm{d}\zeta$$

$$+ \frac{1}{2\pi \mathrm{i}} \oint_{|\zeta - z| = \rho} \prod_{k=1}^{m} \left(\frac{z - a_k}{\zeta - a_k}\right)^{s+1} \frac{f(\zeta)}{\zeta - z} \mathrm{d}\zeta$$

$$= \sum_{l=1}^{m} \frac{1}{2\pi \mathrm{i}} \oint_{|\zeta - a_l| = \rho_l} \prod_{k=1}^{m} \left(\frac{z - a_k}{\zeta - a_k}\right)^{s+1} \sum_{\sigma=0}^{\infty} \frac{f^{(\sigma)}(a_l)}{\sigma!} \frac{(\zeta - a_l)^\sigma}{\zeta - z} \mathrm{d}\zeta + f(z)$$

$$= \sum_{l=1}^{m} \sum_{\sigma=0}^{s} \frac{f^{(\sigma)}(a_l)}{2\pi \mathrm{i} \sigma!} \oint_{|\zeta - a_l| = \rho_l} \prod_{k=1}^{m} \left(\frac{z - a_k}{\zeta - a_k}\right)^{s+1} \frac{(\zeta - a_k)^\sigma}{\zeta - z} \mathrm{d}\zeta + f(z).$$

由此可得结果. □

引理 4.4.2 设复数 $\theta_1, \cdots, \theta_k, \omega$ 代数相关,

$$P \in \mathbb{Q}(\theta_1, \cdots, \theta_k)[z]$$

是使 $P(\omega) = 0$ 且具有最小次数的 $\mathbb{Q}(\theta_1, \cdots, \theta_k)$ 上的非零多项式. 如果

$$Q \in \mathbb{Q}(\theta_1, \cdots, \theta_k)[z], \quad Q(\omega) = 0,$$

那么 $P(z) | Q(z)$, 并且如果 ζ 是 $P(z)$ 的零点, 则 $Q(\zeta) = 0$.

证 我们有

$$Q(z) = P(z)q(z) + P_0(z),$$

其中 $P_0 \in \mathbb{Q}[\theta_0, \cdots, \theta_k, z]$, $\deg P_0 < \deg P$. 于是

$$Q(\omega) = P(\omega)q(\omega) + P_0(\omega), \quad P_0(\omega) = 0.$$

由 $\deg P_0 < \deg P$ 推出

$$P_0(z) \equiv 0,$$

因而 $P(z) | Q(z)$, 特别地

$$Q(\zeta) = 0.$$

□

引理 4.4.3 设 θ 是超越数, 且复数 $\omega_1, \cdots, \omega_m$ 均与 θ 代数相关, 则存在常数

$$\gamma = \gamma(\theta, \omega_1, \cdots, \omega_m)$$

具有下列性质:对于任何多项式

$$F(z, z_1, \cdots, z_m) \in \mathbb{Z}[z, z_1, \cdots, z_m],$$

且

$$\delta = F(\theta, \omega_1, \cdots, \omega_m) \neq 0,$$

存在非零多项式 $P(z) \in \mathbb{Z}[z]$ 满足下列诸条件：

（ⅰ）$0 < |P(\theta)| \leqslant L^\gamma e^{\gamma d} |\delta|$，其中 $L = L(F)$，$d = \sum_{i=1}^m \deg_{z_i} F + \deg_z F$；

（ⅱ）$L(P) \leqslant L^\gamma e^{\gamma d}$；

（ⅲ）$\deg P \leqslant \gamma d$.

证 令

$$\mathscr{R} = \{R(z) \mid R \in \mathbb{Z}(\theta, \omega_1, \cdots, \omega_{m-1})[z], R \not\equiv 0, R(\omega_m) = 0\}.$$

按引理假设条件,存在非零多项式

$$T(u, v) \in \mathbb{Z}[u, v],$$

使

$$T(\theta, \omega_m) = 0.$$

由 θ 的超越性知 $T(\theta, z)$ 不为零,故

$$T(\theta, z) \in \mathscr{R},$$

因而 $\mathscr{R}$ 非空.用 $R_m(z)$ 表示 $\mathscr{R}$ 中次数最低的多项式,且记 $\deg R_m(z) = \nu_m$，$\omega_m^{(1)} = \omega_m$，$\cdots, \omega_m^{(\nu_m)}$ 是它的全部零点,并设

$$r_m = r_m(\theta, \omega_1, \cdots, \omega_{m-1}) \neq 0$$

是它的最高项系数.于是

$$\rho_m = r_m^{\nu_m d_m} \prod_{t=1}^{\nu_m} F(\theta, \omega_1, \cdots, \omega_{m-1}, \omega_m^{(t)}) \quad (d_m = \deg_{z_m} F)$$

是 $\omega_m^{(1)}, \cdots, \omega_m^{(\nu_m)}$ 的对称多项式,从而 ρ_m 是 $\theta, \omega_1, \cdots, \omega_{m-1}$ 的系数在 $\mathbb{Z}$ 中的多项式,亦即

$$\rho_m = Q_m(\theta, \omega_1, \cdots, \omega_{m-1}), \quad Q_m(z, z_1, \cdots, z_{m-1}) \in \mathbb{Z}[z, z_1, \cdots, z_{m-1}].$$

我们易证：

（ⅰ）$|Q_m(\theta, \omega_1, \cdots, \omega_{m-1})| \leqslant L^{\nu_m}(cr_m)^{\nu_m d} |\delta|$；

（ⅱ）$L(Q_m) \leqslant L^{\nu_m} r_m^{\nu_m d_m}$；

（ⅲ）$\deg_z Q_m \leqslant \nu_m \deg_z F$.

又若 $\rho_m = 0$，则某个

$$F(\theta, \omega_1, \cdots, \omega_{m-1}, \omega_m^{(t)}) = 0,$$

由引理 4.4.2 推出

$$F(\theta, \omega_1, \cdots, \omega_{m-1}, \omega_m) = 0,$$

这与假设矛盾. 因此

$$Q_m(\theta, \omega_1, \cdots, \omega_{m-1}) \neq 0.$$

用 $Q_m(z, z_1, \cdots, z_{m-1})$ 代替 $F(z, z_1, \cdots, z_m)$，继续上述推理，最终即可得到所要的多项式 $P(z)$ 以及常数 γ. □

引理 4.4.4 设 $p \in \mathbb{N}_0, \alpha, \zeta_1, \cdots, \zeta_p \in \mathbb{C}$，并且

$$\sum_{j=0}^{m} A_j \alpha^j = 0, \quad A_0 A_m \neq 0, \tag{4.4.2}$$

其中 $A_j = P_j(\zeta_1, \cdots, \zeta_p), P_j \in \mathbb{Z}[z_1, \cdots, z_p] (0 \leqslant j \leqslant m)$. 记

$$L = \sum_{j=0}^{m} L(P_j), \quad n = \max_{\substack{0 \leqslant j \leqslant m \\ 1 \leqslant l \leqslant p}} \deg_{z_l} P_j(z_1, \cdots, z_p).$$

那么对任何 $\tau \in \mathbb{N}_0$ 有

$$\left.\begin{array}{l} \alpha^{m+\tau} = A_m^{-\tau-1} Q_\tau(\alpha, \zeta_1, \cdots, \zeta_p) = A_m^{-\tau-1} Q_\tau(\alpha, \zeta), \\ \alpha^{-1-\tau} = A_0^{-\tau-1} T_\tau(\alpha, \zeta_1, \cdots, \zeta_p) = A_0^{-\tau-1} T_\tau(\alpha, \zeta), \end{array}\right\} \tag{4.4.3}$$

其中 $Q_\tau, T_\tau \in \mathbb{Z}[z_0, z_1, \cdots, z_p]$，并且 $\deg_{z_0} Q_\tau$ 和 $\deg_{z_0} T_\tau \leqslant m-1; \deg_{z_l} Q_\tau$ 和 $\deg_{z_l} T_\tau \leqslant (\tau+1)n (1 \leqslant l \leqslant p); L(Q_\tau)$ 和 $L(T_\tau) \leqslant L^{\tau+1}$.

证 我们只对 $\alpha^{m+\tau}$ 进行证明. 当 $\tau = 0$ 时，显然结论成立. 设它们对 $\tau = q-1$ 成立，那么由归纳假设和式 (4.4.2) 可得

$$\alpha^{m+q} = \alpha A_m^{-q} Q_{q-1}(\alpha, \zeta) = A_m^{-q}\Big(B_{m-1}(\zeta)\alpha^m + \sum_{h=0}^{m-2} B_h(\zeta)\alpha^{h+1}\Big)$$

$$= A_m^{-q}\Big(\sum_{h=0}^{m-2} B_h(\zeta)\alpha^{h+1} - B_{m-1}(\zeta) A_m^{-1} \sum_{j=0}^{m-1} A_j \alpha^j\Big)$$

$$= A_m^{-q-1} Q_q(\alpha, \zeta),$$

并且

$$\deg_\alpha Q_q \leqslant m-1; \quad \deg_{\zeta_l} Q_q \leqslant \max_{0 \leqslant h < m} \deg_{z_l} B_h + n \leqslant nq + n;$$

$$L(Q_q) \leqslant L(Q_{q-1})L \leqslant L^{q+1}.$$

于是式 (4.4.3)（关于 $\alpha^{m+\tau}$）成立. □

定理 4.4.1 的证明 1° 式 (4.4.1) 中的数中存在超越数. 事实上，因 $u_1 v_2 \neq 0$，故若 $u_1, v_2 \in \mathbb{A}$，则依 Hermite-Lindemann 定理（定理 3.1.4）可知 $\exp(u_1 v_2) \notin \mathbb{A}$. 现设 θ 是式 (4.4.1) 中的某个固定的超越数，并且假定定理的结论不成立，那么式 (4.4.1) 中其

余的数 $\theta_1, \cdots, \theta_5$ 均与 θ 代数相关,因而存在适合下列条件的多项式:

$$p_i(x, y) \in \mathbb{Z}[x, y], \quad p_i(\theta, y) \not\equiv 0, \quad p_i(\theta, \theta_i) = 0 \quad (i = 1, \cdots, 5). \quad (4.4.4)$$

我们要导出矛盾.

$2°$ 设 $\lambda, N \in \mathbb{N}; \lambda, N \geqslant 3$. 令

$$\left. \begin{array}{l} p = [\lambda^3 N^2 \log^{-3/4} N] + 1; \quad q_1 = [\lambda N \log^{1/2} N]; \\ q_2 = [\lambda N \log^{-3/4} N]; \quad C = [\exp(\lambda^3 N^2 \log^{1/2} N)]; \\ S = [\lambda^2 N^2 \log^{-1} N]; \quad X = \lambda N; \quad Y = \lambda^2 N. \end{array} \right\} \quad (4.4.5)$$

还令

$$\left. \begin{array}{l} f(z) = \displaystyle\sum_{k=0}^{p-1} \sum_{l_1=0}^{q_1} \sum_{l_2=0}^{q_2} C(k, l_1, l_2) z^k e^{(l_1 v_1 + l_2 v_2) z} \\ \quad = \displaystyle\sum_{k, l} C(k, l) z^k e^{l_1 v_1 z + l_2 v_2 z}, \\ C(k, l) = \displaystyle\sum_{t=0}^{p-1} C(k, l, t) \theta^t \quad (C(k, l, t) \in \mathbb{Z}). \end{array} \right\} \quad (4.4.6)$$

于是

$$f^{(s)}(z) = \sum_{k, l} C(k, l) \sum_{\sigma=0}^{s} \binom{s}{\sigma} k \cdots (k - \sigma + 1) z^{k-\sigma} (l_1 v_1 + l_2 v_2)^{s-\sigma} e^{l_1 v_1 z + l_2 v_2 z}. \quad (4.4.7)$$

下文中 λ_i, γ_i, c_i 表示与 N 和 λ 无关的正常数(它们可能与 $\alpha, \beta, \theta, \theta_i, u_i, v_i$ 有关).

如果 $x_1, x_2 \in \mathbb{N}_0, x_1, x_2 \leqslant X$, 则

$$f^{(s)}(x_1 u_1 + x_2 u_2) = f_{s, x}(\alpha, \beta, \theta, \theta_1, \cdots, \theta_5) = f_{s, x}$$

是 $\alpha, \beta, \theta, \theta_1, \cdots, \theta_5$ 的 $\mathbb{Z}$ 上的多项式. 由式(4.4.5)~(4.4.7)易见

$$\left. \begin{array}{l} \deg_\alpha f_{s, x}, \deg_\beta f_{s, x} \leqslant \lambda^2 N^2 \log^{1/2} N, \\ \deg_\theta f_{s, x}, \deg_{\theta_i} f_{s, x} \leqslant c_1 \lambda^3 N^2 \log^{-3/4} N, \\ L(f_{s, x}) \leqslant \lambda^{c_2 \lambda^3 N^2 \log^{1/4} N} \max |C(k, l, t)|. \end{array} \right\} \quad (4.4.8)$$

借助于等式(4.4.4)及 α 和 β 的极小多项式,应用引理 4.4.4 可将 $f_{s, x}$ 中的高次幂进行代换,从而可得

$$\left. \begin{array}{l} f_{s, x} = p(\theta)^{-\deg f_{s, x}} \displaystyle\sum_{n_0=0}^{N_0} \sum_{n_1=0}^{\gamma_1} \cdots \sum_{n_7=0}^{\gamma_7} A(n, s, x) \theta^{n_0} \theta_1^{n_1} \cdots \theta_5^{n_5} \alpha^{n_6} \beta^{n_7}, \\ A(n, s, x) = \displaystyle\sum_{k, l, t} C(k, l, t) B(n, s, x, k, l, t) \quad (B(n, s, \cdots) \in \mathbb{Z}), \\ \displaystyle\sum_{k, l, t} |B(n, s, \cdots)| \leqslant \lambda^{c_3 \lambda^3 N^2 \log^{1/2} N}, \quad N_0 \leqslant c_4 \lambda^3 N^2 \log^{-3/4} N, \end{array} \right\} \quad (4.4.9)$$

其中 $p(\theta)$ 是多项式 $p_1(\theta,v),\cdots,p_5(\theta,v)$ 及 α 和 β 的极小多项式的最高项系数之积.

现在我们选取系数 $C(k,l,t)\in\mathbb{Z}$ 使所有的数 $A(\boldsymbol{n},s,\boldsymbol{x})(n_i=0,\cdots,\gamma_i(1\leqslant i\leqslant7);$ $s=0,\cdots,S;x_1,x_2=0,\cdots,X)$,为零. 为此我们需要解方程个数为

$$m = (N_0+1)(\gamma_1+1)\cdots(\gamma_7+1)(X+1)^2(S+1) \leqslant c_5\lambda^7 N^6\log^{-7/4} N,$$

且未知数 $(C(k,l,t))$ 个数为

$$n = p^2(q_1+1)(q_2+1) \geqslant \lambda^8 N^6\log^{-7/4} N$$

的齐次线性方程组. 注意式(4.4.5),(4.4.8),(4.4.9),应用 Siegel 引理(引理 1.3.1)可知确实存在 $C(k,l,t)\in\mathbb{Z}$ 使当 $\lambda\geqslant\lambda_1$ 时

$$f^{(s)}(x_1u_1+x_2u_2) = 0 \quad (s=0,\cdots,S;x_1,x_2=0,\cdots,X), \qquad (4.4.10)$$

并且

$$0 < \max|C(k,l,t)| \leqslant C. \qquad (4.4.11)$$

3° 由 Cauchy 公式及引理 4.4.1 并注意式(4.4.10),我们得

$$f^{(s)}(z) = \frac{s!}{(2\pi i)^2} \oint_{|y-z|=1} \frac{dy}{(y-z)^{s+1}}$$
$$\cdot \oint_{|\zeta|=\lambda^2 N^2} \prod_{x_1,x_2=0}^{X} \left(\frac{y-x_1u_1-x_2u_2}{\zeta-x_1u_1-x_2u_2}\right)^{S+1} \frac{f(\zeta)d\zeta}{\zeta-y}. \qquad (4.4.12)$$

记 $c_6=|u_1|+|u_2|$, $c_7=|v_1|+|v_2|$. 由式(4.4.5),(4.4.6),(4.4.11),(4.4.12)易得

$$\max_{\substack{0\leqslant s\leqslant S \\ 0\leqslant x_1,x_2\leqslant Y}} |f^{(s)}(x_1u_1+x_2u_2)| \leqslant \exp\left(-\frac{1}{2}\lambda^4 N^4\right) \quad (\lambda\geqslant\lambda_2\geqslant\lambda_1). \qquad (4.4.13)$$

4° 将定理 4.2.1 应用于 $f(z)$(取 $q=(q_1+1)(q_2+1)$, $\rho=c_6Y$, $D=c_7q_1$),由式(4.4.5)可知它在 $|z|\leqslant\rho$ 中的零点个数

$$\gamma(pq+\rho D) \leqslant c_8(\lambda^5 N^4\log^{-1}N + \lambda^3 N^2\log^{1/2}N) = W.$$

而不等式(4.4.13)被

$$(S+1)(Y+1)^2 \geqslant \lambda^6 N^4\log^{-1}N = W_1$$

个数 $f^{(s)}(x_1u_1+x_2u_2)(0\leqslant s\leqslant S;0\leqslant x_1,x_2\leqslant Y)$ 所满足,因为当 $\lambda\geqslant\lambda_3\geqslant\lambda_2$ 时

$$W_1 > W,$$

因此上述诸数 $f^{(s)}(x_1u_1+x_2u_2)$ 中有一个非零,设它为

$$f^{(\sigma)}(a_1u_1+a_2u_2) = f_{\sigma,a}.$$

固定 $\lambda\in\mathbb{N}$, $\lambda\geqslant\lambda_3$. 数 $f_{\sigma,a}$ 是 $\theta,\theta_1,\cdots,\theta_5,\alpha$ 及 β 在 $\mathbb{Z}$ 上的多项式,由式(4.4.5)~(4.4.7)

及式(4.4.11)可知

$$
\left.\begin{array}{l}
\deg_{\theta}f_{\sigma,a},\deg_{\theta_i}f_{\sigma,a}\leqslant c_9\lambda^3 N^2\log^{-3/4}N,\quad L(f_{\sigma,a})\leqslant \lambda^{c_{10}\lambda^3 N^2\log^{1/4}N},\\
\deg_a f_{\sigma,a},\deg_{\beta}f_{\sigma,a}\leqslant \lambda^3 N^2\log^{1/2}N.
\end{array}\right\}\quad(4.4.14)
$$

5° 设 K 是对 $\mathbb{Q}$ 添加 α,β 以及 $\theta_1,\cdots,\theta_5$ 中可能存在的代数数(设它们是 $\theta_{l+1},\cdots,$ θ_5)所得到的域. 在 $f_{\sigma,a}$ 中将 $\alpha,\beta,\theta_{l+1},\cdots,\theta_5$ 换成它们的共轭元,并将所得到的数与 $f_{\sigma,a}$ 相乘,并乘以这些数的极小多项式的最高次项系数的适当方幂,我们即可得数

$$
F_N(\theta)=F_N(\theta,\theta_1,\cdots,\theta_l)\quad(F_N(z,z_1,\cdots,z_l)\in\mathbb{Z}[z,z_1,\cdots,z_l]),
$$

并且由式(4.4.13)和式(4.4.14)得

$$
\left.\begin{array}{l}
0<|F_N(\theta)|\leqslant \exp(-c_{11}\lambda^4 N^4),\\
\deg F_N\leqslant c_{12}\lambda^3 N^2\log^{-3/4}N,\quad L(F_N)\leqslant \lambda^{c_{13}\lambda^3 N^2\log^{1/2}N}.
\end{array}\right\}\quad(4.4.15)
$$

由引理 4.4.3,存在多项式

$$
P_N(z)\in\mathbb{Z}[z],
$$

并且由式(4.4.15)知它满足下列条件:

$$
\left.\begin{array}{l}
0<|P_N(\theta)|<\exp(-c_{14}\lambda^4 N^4),\\
H(P_N)\leqslant \lambda^{c_{15}\lambda^3 N^2\log^{1/2}N},\quad \deg P_N\leqslant c_{16}\lambda^3 N^2\log^{-3/4}N.
\end{array}\right\}\quad(4.4.16)
$$

由此易知 $P_N(\theta)(N\geqslant N_0)$ 满足定理 4.1.1 的诸条件,所以 $\theta\in\mathbb{A}$,这与假设矛盾,于是定理得证. □

4.5 Schanuel 猜想

1966 年 S. Lang[102] 首先公开发表了下述猜想.

Schanuel 猜想 设 $x_1,\cdots,x_n$ 是 $\mathbb{Q}$ 上线性无关的复数,则

$$
\operatorname{tr\,deg}\mathbb{Q}(x_1,\cdots,x_n,\mathrm{e}^{x_1},\cdots,\mathrm{e}^{x_n})\geqslant n.
$$

这个猜想包含下列一些重要特例:

（ⅰ）设 $x_1=1,x_2=2\pi\mathrm{i}$,即得猜想 $\operatorname{tr\,deg}\mathbb{Q}(\mathrm{e},\pi)=2$,即 e 和 π 的代数无关性.

（ⅱ）设 $n=d,\alpha_i=\beta^{i-1}\log\alpha(i=1,\cdots,d)$,其中 β 是 d 次代数数,即得猜想:$\log\alpha,$ $\alpha^{\beta},\alpha^{\beta^2},\cdots,\alpha^{\beta^{d-1}}$ 代数无关.A. O. Gelfond(见文献[73])曾猜想 $\alpha^{\beta},\cdots,\alpha^{\beta^{d-1}}$ 代数无关,

并且对 $d = 3$ 证明了猜想(见文献[87,88])(亦即推论 4.3.1).1986 年 P. Philippon[173] 证明了

$$\mathrm{tr\,deg}\mathbb{Q}\left(\alpha^{\beta},\cdots,\alpha^{\beta^{d-1}}\right) > \left[d/2\right],$$

1987 年 G. Diaz[56,57] 将下界改进为 $\geqslant \left[(d+1)/2\right]$.

由 Hermite-Lindemann 定理(定理 3.1.4)可知 Schanuel 猜想迄今只有 $n = 1$ 情形被证明,一般情形的解决极为困难.目前只考虑了一些附加了条件的特殊情形(参见文献[73]).

一个有趣的结果是(例如,文献[232]):如果 Schanuel 猜想成立,那么下列 16 个数代数无关：

$$\mathrm{e},\quad \pi,\quad \mathrm{e}^{\pi},\quad \log\pi,\quad \mathrm{e}^{\mathrm{e}},\quad \pi^{\mathrm{e}},\quad \pi^{\pi},\quad 2^{\pi},\quad 2^{\mathrm{e}},\quad 2^{\mathrm{i}},$$
$$2^{\sqrt{2}},\quad \mathrm{e}^{\mathrm{i}},\quad \pi^{\mathrm{i}},\quad \log 2,\quad \log 3,\quad (\log 2)^{\log 3}.$$

4.6 补充与评注

1° Gelfond 超越性判别法则最早见于文献[87](还可参考文献[89]),其后有各种精密化结果或变体,除定理 4.1.1 所给出的形式外,还可见文献[100,112,220]等.它到有限超越型域上的推广可见文献[37].

Gelfond 超越性判别法则的多变量推广是一个重要问题,可见文献[48,64,73,113,154,184,250,267]等.最一般的形式是 P. Philippon 给出的(见文献[173]).

2° 关于一般形式的指数多项式的且更精密的零点估计,可见文献[219,229].

3° 定理 4.3.1 和 4.3.2 是 A. O. Gelfond[87,89] 首先证明的,但其中包含一些逼近条件(相当于 Liouville 估计及某些数的超越性度量).R. Tijdeman 引进了指数多项式零点估计,从而去掉了这些条件.与定理 4.3.1 和 4.3.2 类似的一些工作还可见文献[34,37,112,207,208,229]等.

4° 设 $\alpha,\beta \in \mathbb{A},\alpha \neq 0,1,\deg\beta = 3$.1950 年 A. O. Gelfond 和 N. I. Fel'dman[91] 证明了 $\left(\alpha^{\beta},\alpha^{\beta^{2}}\right)$ 有代数无关性度量

$$\varphi(d,H) = \exp(-\exp(c_1(d+\log H)^{4+\varepsilon})),$$

其中 $c_1 = c_1(\alpha,\beta,\varepsilon)$ 是正常数(下文的 c_2 等正常数也与 α,β 有关).1979 年 W. D. Brownawell[39] 将它改进为

$$\varphi(d, H) = \exp(- \exp(c_2(d + \log H)d^3)).$$

其后，G. Diaz[58] 和 S. O. Shestakov[200] 独立地给出

$$\varphi(d, H) = \exp(- \exp(c_3(d + \log H)d)),$$

这是迄今最好的结果，其高维 $(\deg\beta \geqslant 3)$ 推广见文献[43].

5° Schanuel 猜想的一个等价形式见文献[188]，其进一步推广见文献[237,247]. 另外，F. C. Lin[118] 研究了 Schanuel 猜想与 Ritt 猜想的关系. J. Ax[13] 对幂级数域情形证明了 Schanuel 猜想.

第 **5** 章
代数数的对数的线性型

本章的主题是 Gelfond-Schneider 方法的重要发展即 Baker 方法. 首先我们应用这个方法建立代数数的对数的线性无关性, 由此可以得出某些更为一般的超越性结果. 然后我们讨论相应的定量结果, 即 A. Baker 关于代数数的对数的线性型的下界估计, 这些结果在其他一些数论分支(如丢番图方程、代数数论)中有重要应用. 我们将证明 Baker 结果的一个经典形式以体现其方法的基本思想, 其次介绍下界的各种改进, 并给出 Baker 结果的特殊形式. 最后, 应用这些结果推出 e^{α} 和 $\log\alpha$ 的超越性度量.

5.1 代数数的对数的线性无关性

Gelfond-Schneider 定理可等价地叙述为: 设 l_1, l_2 是两个代数数的对数, 若它们在 $\mathbb{Q}$ 上线性无关, 则也在 $\mathbb{A}$ 上线性无关. Hermite-Lindemann 定理也可等价地叙述为: 若 l

是代数数的非零对数,则 $1, l$ 在 $\mathbb{A}$ 上线性无关. 更为一般地,我们有下列定理和推论.

定理 5.1.1(A. Baker[15]) 设 $\alpha_1, \cdots, \alpha_n$ 是非零代数数,

$$l_i = \log \alpha_i \quad (i = 1, \cdots, n)$$

是 α_i 的对数的任一分支,如果 $l_1, \cdots, l_n$ 在 $\mathbb{Q}$ 上线性无关,那么 $1, l_1, \cdots, l_n$ 在 $\mathbb{A}$ 上线性无关.

推论 5.1.1 若 $\alpha_1, \cdots, \alpha_m \in \mathbb{A}$ 且均非零,$\beta_1, \cdots, \beta_m \in \mathbb{A}$,则 $\beta_1 \log \alpha_1 + \cdots + \beta_m \log \alpha_m$ 为零或超越数.

证 设 $\beta_1 \log \alpha_1 + \cdots + \beta_m \log \alpha_m \neq 0$. 要证它为超越数. 若 $\log \alpha_1, \cdots, \log \alpha_m$ 在 $\mathbb{Q}$ 上线性无关,则由定理 5.1.1 知结论成立. 现设存在代数数 $\beta_0 \neq 0$ 使

$$\beta_0 + \beta_1 \log \alpha_1 + \cdots + \beta_m \log a_m = 0, \tag{5.1.1}$$

并且不妨认为 $\log \alpha_1, \cdots, \log \alpha_r (r < m)$ 在 $\mathbb{Q}$ 上线性无关,而 $\log \alpha_{r+1}, \cdots, \log \alpha_m$ 均是 $\log \alpha_1, \cdots, \log \alpha_r$ 的 $\mathbb{Q}$ 线性组合,那么有

$$\beta_0 + \beta_1 \log \alpha_1 + \cdots + \beta_m \log \alpha_m = \beta_0 + \beta_1' \log \alpha_1 + \cdots + \beta_r' \log \alpha_r,$$

其中 $\beta_i' \in \mathbb{A} (i = 1, \cdots, r)$. 于是由定理 5.1.1 知上式不为零,这与式 (5.1.1) 矛盾. □

推论 5.1.2 设 $\alpha_1, \cdots, \alpha_n, \beta_0 \in \mathbb{A}$ 且均非零,$\beta_1, \cdots, \beta_n \in \mathbb{A}$,则 $\mathrm{e}^{\beta_0} \alpha_1^{\beta_1} \cdots \alpha_n^{\beta_n}$ 为超越数.

证 设存在代数数 $\alpha \neq 0$ 使

$$\mathrm{e}^{\beta_0} \alpha_1^{\beta_1} \cdots \alpha_n^{\beta_n} = \alpha,$$

则有

$$\beta_1 \log \alpha_1 + \cdots + \beta_n \log \alpha_n - \log \alpha = -\beta_0.$$

但 $\beta_0 \neq 0$ 且 $\in \mathbb{A}$,故与推论 5.1.1 矛盾. □

推论 5.1.3 设 $\alpha_1, \cdots, \alpha_n \in \mathbb{A}$ 且均不为 0 或 1,而 $\beta_1, \cdots, \beta_n \in \mathbb{A}$ 且 $1, \beta_1, \cdots, \beta_n$ 在 $\mathbb{Q}$ 上线性无关,则 $\alpha_1^{\beta_1} \cdots \alpha_n^{\beta_n}$ 是超越数.

证 只需证明对任何非零代数数 α_{n+1},数

$$\beta_1 \log \alpha_1 + \cdots + \beta_n \log \alpha_n - \log \alpha_{n+1} \neq 0.$$

如果 $\log \alpha_1, \cdots, \log \alpha_{n+1}$ 在 $\mathbb{Q}$ 上线性无关,那么由定理 5.1.1 立得结论. 不然,不妨设 $\log \alpha_1, \cdots, \log \alpha_r (r \leqslant n)$ 在 $\mathbb{Q}$ 上线性无关,并且

$$\log \alpha_j = \tau_{j,1} \log \alpha_1 + \cdots + \tau_{j,r} \log \alpha_r \quad (j = r+1, \cdots, n+1),$$

其中 $\tau_{j,k} \in \mathbb{Q} (k = 1, \cdots, r)$ 不全为零. 于是

$$\beta_1 \log \alpha_1 + \cdots + \beta_n \log \alpha_n - \log \alpha_{n+1} = \beta_1' \log \alpha_1 + \cdots + \beta_r' \log \alpha_r,$$

其中

$$\beta'_i = \beta_i + \beta_{r+1}\tau_{r+1,i} + \cdots + \beta_n\tau_{n,i} - \tau_{n+1,i} \quad (i = 1, \cdots, r).$$

因 $1, \beta_1, \cdots, \beta_n$ 在 $\mathbb{Q}$ 上线性无关，故

$$\beta'_i \neq 0.$$

仍由定理 5.1.1 得

$$\beta'_1 \log\alpha_1 + \cdots + \beta'_r \log\alpha_r \neq 0.$$

于是命题得证. □

例 5.1.1 由推论 5.1.1 易知 $\pi + \log\alpha\,(\alpha \in \mathbb{A}, \alpha \neq 0)$ 是超越数. 因

$$e^{\alpha\pi+\beta} = i^{-2i\alpha}e^{\beta} \quad (i = \sqrt{-1}),$$

由推论 5.1.2 知对任何 $\alpha, \beta \in \mathbb{A}$ 且 $\beta \neq 0$, $e^{\alpha\pi+\beta}$ 是超越数.

推论 5.1.4 (A. van der Poorten[178]) 设 $P, Q \in \mathbb{A}[z]$ 互素, $Q(z)$ 有相异零点 α_1, $\cdots, \alpha_n$ (不计重数), $P(z)/Q(z)$ 在 $z = \alpha_1, \cdots, \alpha_n$ 的留数分别为 $r_1, \cdots, r_n$. 还设 Γ 为使积分

$$\int_\Gamma \frac{P(z)}{Q(z)}\mathrm{d}z \tag{5.1.2}$$

存在的闭曲线或端点为 ∞ 或代数数的曲线. 那么积分 (5.1.2) 是代数数当且仅当

$$\int_\Gamma \sum_{k=1}^n \frac{r_k}{z - a_k}\mathrm{d}z = 0. \tag{5.1.3}$$

特别地, 若

$$\deg P < \deg Q,$$

$Q(z)$ 有单根, 则积分 (5.1.2) 为 0 或超越数.

证 设

$$Q(z) = a_0(z - \alpha_1)^{m_1}\cdots(z - \alpha_n)^{m_n},$$

则得部分分式展开

$$\frac{P(z)}{Q(z)} = p(z) + \sum_{k=1}^n \left(\frac{r_k}{z - \alpha_k} + \frac{r_{k,2}}{(z - \alpha_k)^2} + \cdots + \frac{r_{k,m_k}}{(z - \alpha_k)^{m_k}}\right),$$

其中 $r_{k,h}, \alpha_k$ 及 $p(z)$ 的系数均是代数数. 此外, 若 Γ 经过 ∞, 则由式 (5.1.2) 的存在性可知

$$p(z) \equiv 0$$

及

$$\sum_{k=1}^{n} r_k = 0.$$

因此

$$\int_{\Gamma} p(z)\mathrm{d}z, \quad \int_{\Gamma} \frac{r_{k,h}}{(z - \alpha_k)^h}\mathrm{d}z \quad (h \geqslant 2)$$

总是代数数, 从而当且仅当式(5.1.3)左边的积分为代数数时积分(5.1.2)为代数数. 现在证明式(5.1.3)左边的积分是代数数对数的代数系数线性组合, 从而由推论 5.1.1 得到所要的结论.

对于 Γ 上的有限点 γ, δ, Γ 的由 γ 到 δ 的部分记为 $\Gamma(\gamma, \delta)$, 于是有适当的整数 $m(\gamma, \delta)$ 使

$$\int_{\Gamma(\gamma,\delta)} \sum_{k=1}^{n} \frac{r_k}{z - a_k}\mathrm{d}z = \log\left(\prod_{k=1}^{n}\left(\frac{\gamma - \alpha_k}{\delta - \alpha_n}\right)^{r_k}\right) + 2\pi\mathrm{i}m(\gamma, \delta), \quad (5.1.4)$$

此处 $\log$ 表示对数主值, 若 Γ 是有限的或 Γ 是闭的且不含 ∞（即 $\gamma = \delta$）, 则上述结论成立. 若 Γ 是由 γ 到 ∞ 之曲线, 则令 δ 沿 Γ 趋向 ∞ 得

$$\int_{\Gamma}\sum_{k=1}^{n} \frac{r_k}{z - \alpha_k} = \lim_{\delta \to \infty}\left(\log\left(\prod_{k=1}^{n}\left(\frac{\gamma - \alpha_k}{\delta - \alpha_k}\right)^{r_k}\right) + 2\pi\mathrm{i}m(\gamma, \delta)\right)$$

$$= \lim_{\delta \to \infty}\left(\sum_{k=1}^{n} r_k\log(\gamma - \alpha_k) - \sum_{k=1}^{n} r_k\log\delta - \sum_{k=1}^{n} r_k\log\left(1 - \frac{\alpha_k}{\delta}\right)\right)$$

$$+ 2\pi\mathrm{i}\lim_{\delta \to \infty}m(\gamma, \delta),$$

因为

$$\sum_{k=1}^{n} r_k = 0,$$

且积分(5.1.2)存在, 故有 $m \in \mathbb{Z}$ 使

$$\int_{\Gamma}\sum_{k=1}^{n} \frac{r_k}{z - \alpha_k} = \sum_{k=1}^{n} r_k\log(\gamma - \alpha_k) + 2\pi\mathrm{i}m, \quad (5.1.5)$$

因 $2\pi\mathrm{i}m$ 是 $\log 1$ 的一个值, 故也得所要的结果.

若

$$\deg P < \deg Q,$$

且 Q 只有单根, 则

$$\frac{P(z)}{Q(z)} = \sum_{k=1}^{n} \frac{r_k}{z - \alpha_k}.$$

故由式(5.1.4)和式(5.1.5)及推论 5.1.1 知积分(5.1.2)为 0 或超越数. □

例 5.1.2 由推论 5.1.4 可知积分

$$\int_0^1 \frac{\mathrm{d}x}{1+x^3} = \frac{1}{3}\left(\log 2 + \frac{\pi}{\sqrt{3}}\right)$$

是超越数.

现在来证明定理 5.1.1.

1° 设 $l_1,\cdots,l_n$ 在 $\mathbb{Q}$ 上线性无关,但 $1,l_1,\cdots,l_n$ 在 $\mathbb{A}$ 上线性相关.不妨设有不全为零的代数数 $\beta_0,\beta_1,\cdots,\beta_{n-1}$ 使

$$l_n = \beta_0 + \beta_1 l_1 + \cdots + \beta_{n-1} l_{n-1}. \tag{5.1.6}$$

我们要导出矛盾.

2° 记

$$K = \mathbb{Q}(\alpha_1,\cdots,\alpha_n,\beta_0,\cdots,\beta_{n-1}) = \mathbb{Q}(\mathrm{e}^{l_1},\cdots,\mathrm{e}^{l_n},\beta_0,\cdots,\beta_{n-1}).$$

并令

$$\delta = [K:\mathbb{Q}]$$

及

$$d = \mathrm{den}(\alpha_1,\cdots,\alpha_n,\beta_0,\cdots,\beta_{n-1}),$$

即 $\alpha_1,\cdots,\alpha_n,\beta_0,\cdots,\beta_{n-1}$ 的最小公分母.

设 N 是足够大的正整数,且是 4^n 的倍数.还设 l 是正整数或零,于是 $2^{-l}N^{2n} \in \mathbb{N}$ $(1\leqslant l\leqslant 4n^2)$.记

$$\begin{aligned}
S_l &= \{(x,\sigma_0,\cdots,\sigma_{n-1}) \mid x,\sigma_j \in \mathbb{N}_0(0\leqslant j\leqslant n-1); 1\leqslant x\leqslant N^{n+l/2},\\
&\quad \sigma_0 + \cdots + \sigma_{n-1} \leqslant 2^{-l}N^{2n}\},\\
\Lambda &= \{(\lambda_0,\lambda_1,\cdots,\lambda_n) \mid \lambda_j \in \mathbb{N}_0(0\leqslant j\leqslant n); 0\leqslant \lambda_0 < 2\delta N^{2n},\\
&\quad 0\leqslant \lambda_j < N^{2n-1}(1\leqslant j\leqslant n)\}.
\end{aligned}$$

对于

$$(x,\boldsymbol{\sigma}) = (x,\sigma_0,\cdots,\sigma_{n-1}) \in S_l, \quad \boldsymbol{\lambda} = (\lambda_0,\lambda_1,\cdots,\lambda_n) \in \Lambda,$$

令

$$\begin{aligned}
C(\boldsymbol{\lambda},\boldsymbol{\sigma},x;l) &= \sum_{\mu=0}^{\min(\lambda_0,\sigma_0)} \frac{\sigma_0!}{\mu!(\sigma_0-\mu)!} \frac{\lambda_0!}{(\lambda_0-\mu)!}(\beta_0\lambda_n)^{\sigma_0-\mu} \cdot\\
&\quad \cdot \prod_{j=1}^{n-1}(\lambda_j+\lambda_n\beta_j)^{\sigma_j}x^{\lambda_0-\mu}\exp\left(x\sum_{i=1}^n \lambda_i l_i\right),
\end{aligned}$$

于是

$$C(\boldsymbol{\lambda},\boldsymbol{\sigma},x;l) \in K.$$

特别地,记

$$C(\boldsymbol{\lambda},\boldsymbol{\sigma},x;0) = C(\boldsymbol{\lambda},\boldsymbol{\sigma},x).$$

注意

$$(\sigma_0 - \mu) + (\sigma_1 + \cdots + \sigma_{n-1}) + x\sum_{i=1}^{n}\lambda_i \leqslant N^{2n} + nN^{3n-1},$$

故

$$d^{N^{2n} + nN^{3n-1}} C(\boldsymbol{\lambda},\boldsymbol{\sigma},x) \in \mathbb{Z}_K.$$

我们现在证明线性方程组

$$\sum_{\boldsymbol{\lambda}\in\Lambda}p(\boldsymbol{\lambda})C(\boldsymbol{\lambda},\boldsymbol{\sigma},x) = 0,\quad (x,\boldsymbol{\sigma})\in S_0 \tag{5.1.7}$$

有非平凡的有理整数解 $\{p(\boldsymbol{\lambda})\}$ 满足

$$\log|p(\boldsymbol{\lambda})| \leqslant c_1 N^{3n-1}\log N \quad (\boldsymbol{\lambda}\in\Lambda). \tag{5.1.8}$$

此处及后文 $c_1,\cdots$ 表示与 N 无关的正常数.

为此注意方程组

$$\sum_{\boldsymbol{\lambda}\in\Lambda}p(\boldsymbol{\lambda})d^{N^{2n}+nN^{3n-1}}C(\boldsymbol{\lambda},\boldsymbol{\sigma},x) = 0,\quad (x,\boldsymbol{\sigma})\in S_0$$

的系数 $\in\mathbb{Z}_K$,方程个数即 $(x,\boldsymbol{\sigma})\in S_0$ 的组数,故 $\leqslant N^{2n^2+n}$,未知数 $p(\boldsymbol{\lambda})$ 个数即 $\boldsymbol{\lambda}\in\Lambda$ 之组数,故等于 $2\delta N^{2n^2+n}$.另外,方程组的系数满足

$$\overline{|C(\boldsymbol{\lambda},\boldsymbol{\sigma},x)|} \leqslant \sigma_0 2^{\sigma_0}\lambda_0!\left(\overline{|\beta_0|}N^{2n}\right)^{\sigma_0}\prod_{j=1}^{n}\left((1+\overline{|\beta_j|})N^{2n}\right)^{\sigma_j}N^{n\lambda_0}\prod_{i=1}^{n}\overline{|\alpha_i|}^{\lambda_i x}$$

$$\leqslant N^{2n}2^{N^{2n}}N^{2nN^{2n}}(c_2 N^{2n})^{N^{2n}}(c_3 N^{2n})^{nN^{2n}}N^{2\delta nN^{2n}}c_4^{N^{3n-1}}$$

$$\leqslant \exp(c_5 N^{2n}\log N + c_6 N^{3n-1}). \tag{5.1.9}$$

因此由引理 1.3.3 可知满足式(5.1.7)和式(5.1.8)的 $p(\boldsymbol{\lambda})$ 的存在性.

3° 应用上面所得到的 $p(\boldsymbol{\lambda})$ 定义函数

$$F(z) = \sum_{\boldsymbol{\lambda}\in\Lambda}p(\boldsymbol{\lambda})z^{\lambda_0}\exp\left(z\sum_{i=1}^{n}\lambda_i l_i\right).$$

因 $l_1,\cdots,l_n$ 在 $\mathbb{Q}$ 上线性无关,故

$$F(z) \not\equiv 0.$$

在定理 4.2.1 中取

$$p = 2\delta N^{2n},\quad q = (N^{2n-1})^n = N^{2n^2-n},\quad D = N^{2n-1}\sum_{i=1}^{n}|l_i|,$$

可知 $F(z)$ 在

$$|z| \leqslant \rho = N^{2n^2+n}$$

中的零点个数不超过

$$\gamma \Big(2\delta N^{2n} \cdot N^{2n^2-n} + N^{2n^2+n} \cdot N^{2n-1} \sum_{i=1}^{n} |l_i| \Big),$$

因此当 N 充分大时，存在一组 $(\bar{x}, \bar{s})$ 满足

$$F^{(\bar{s})}(\bar{x}) \neq 0 \quad (1 \leqslant \bar{x} \leqslant N^{2n^2+n}; 0 \leqslant \bar{s} < 2^{-4n^2} N^{2n}). \tag{5.1.10}$$

4° 由式(5.1.6)容易算出

$$F(z) = \sum_{\boldsymbol{\lambda} \in \Lambda} p(\boldsymbol{\lambda}) z^{\lambda_0} \exp\Big(z \sum_{i=1}^{n-1} (\lambda_i + \lambda_n \beta_i) l_i + \lambda_n \beta_0 z \Big),$$

因而

$$F^{(s)}(z) = \sum_{\boldsymbol{\lambda} \in \Lambda} p(\boldsymbol{\lambda}) \sum_{\sigma_0 + \cdots + \sigma_{n-1} = s} \frac{s!}{\sigma_0! \cdots \sigma_{n-1}!} \prod_{i=1}^{n-1} (\exp(z(\lambda_i + \lambda_n \beta_i) l_i))^{(\sigma_i)}$$
$$\cdot (z^{\lambda_0} e^{\lambda_n \beta_0 z})^{(\sigma_0)}$$

$$= \sum_{\boldsymbol{\lambda} \in \Lambda} p(\boldsymbol{\lambda}) \sum_{\sigma_0 + \cdots + \sigma_{n-1} = s} \frac{s!}{\sigma_0! \cdots \sigma_{n-1}!} l_1^{\sigma_1} \cdots l_{n-1}^{\sigma_{n-1}} (\lambda_1 + \lambda_n \beta_1)^{\sigma_1} \cdots (\lambda_{n-1} + \lambda_n \beta_{n-1})^{\sigma_{n-1}}$$
$$\cdot \exp\Big(z \sum_{i=1}^{n-1} (\lambda_i + \lambda_n \beta_i) l_i \Big) \sum_{\mu=0}^{\sigma_0} \frac{\sigma_0!}{\mu!(\sigma_0 - \mu)!} (z^{\lambda_0})^\mu (e^{\lambda_n \beta_0 z})^{(\sigma_0 - \mu)}$$

$$= \sum_{\sigma_0 + \cdots + \sigma_{n-1} = s} \frac{s!}{\sigma_0! \cdots \sigma_{n-1}!} l_1^{\sigma_1} \cdots l_{n-1}^{\sigma_{n-1}}$$
$$\cdot \sum_{\boldsymbol{\lambda} \in \Lambda} p(\boldsymbol{\lambda}) \sum_{\mu=0}^{\min(\lambda_0, \sigma_0)} \frac{\sigma_0!}{\mu!(\sigma_0 - \mu)!} \frac{\lambda_0!}{(\lambda_0 - \mu)!} (\beta_0 \lambda_n)^{\sigma_0 - \mu} \prod_{j=1}^{n-1} (\lambda_j + \lambda_n \beta_j)^{\sigma_j} z^{\lambda_0 - \mu}$$
$$\cdot \exp\Big(z \sum_{i=1}^{n} \lambda_i l_i \Big),$$

从而得到

$$F^{(s)}(z) = \sum_{\sigma_0 + \cdots + \sigma_{n-1} = s} \frac{s!}{\sigma_0! \cdots \sigma_{n-1}!} l_1^{\sigma_1} \cdots l_{n-1}^{\sigma_{n-1}} F(z; \sigma_1, \cdots, \sigma_{n-1}),$$

其中

$$F(z; \sigma_0, \cdots, \sigma_{n-1}) = \sum_{\boldsymbol{\lambda} \in \Lambda} p(\boldsymbol{\lambda}) C(\boldsymbol{\lambda}, \boldsymbol{\sigma}, z; l). \tag{5.1.11}$$

于是由式(5.1.10)可知当 $1 \leqslant l \leqslant 4n^2$ 时，至少有一个 l 使诸数

$$F(x; \sigma_0, \cdots, \sigma_{n-1}), \quad (x, \boldsymbol{\sigma}) \in S_l$$

中至少有一个不为零.但由式(5.1.7)知当 $l=0$ 时此论断必不成立.现取 l 为具有上述性质的最小整数,从而 $l\geqslant 1$,且记相应的不为零的 $F(x;\boldsymbol{\sigma})$ 中的一个为

$$\xi_N = F(x;\sigma_0,\cdots,\sigma_{n-1}).$$

5° 显然 $\xi_N\in K$.类似于式(5.1.9)可对 $C(\boldsymbol{\lambda},\boldsymbol{\sigma},x;l)$ 做估计(但现在 $x\leqslant N^{n+l/2}$),并且注意

$$d^{\left(\sigma_0-\mu+\sigma_1+\cdots+\sigma_{n-1}+x\sum_{i=1}^{n}\lambda_i\right)}C(\boldsymbol{\lambda},\boldsymbol{\sigma},x;l)\in\mathbb{Z}_K,$$

从而可得

$$\log|\overline{\xi_N}|\leqslant c_7N^{3n-1+l/2}\log N, \tag{5.1.12}$$
$$\log\operatorname{den}(\xi_N)\leqslant c_8N^{3n-1+l/2}. \tag{5.1.13}$$

我们还要估计 $\log|\xi_N|$.由 l 的定义,对任何 $(y,\tau_0,\cdots,\tau_{n-1})\in S_{l-1}$ 总有

$$F(y;\tau_0,\cdots,\tau_{n-1}) = 0.$$

而且对于 $(x;\sigma_0,\cdots,\sigma_{n-1})\in S_l$,若

$$\mu_0 + \cdots + \mu_{n-1} \leqslant 2^{-l}N^{2n}, \quad 1\leqslant y\leqslant N^{n+(l-1)/2},$$

则 $(y;\sigma_0+\mu_0,\cdots,\sigma_{n-1}+\mu_{n-1})\in S_{l-1}$,从而

$$F(y;\sigma_0+\mu_0,\cdots,\sigma_{n-1}+\mu_{n-1}) = 0.$$

注意由式(5.1.11)易得

$$F^{(u)}(z;\sigma_0,\cdots,\sigma_{n-1}) = \sum_{\mu_0+\cdots+\mu_{n-1}=u}\frac{u!}{\mu_0!\cdots\mu_{n-1}!}l_1^{\mu_1}\cdots l_{n-1}^{\mu_{n-1}}$$
$$\cdot F(z;\sigma_0+\mu_0,\cdots,\sigma_{n-1}+\mu_{n-1}),$$

因此 $F(z;\sigma_0,\cdots,\sigma_{n-1})$ 在点 $z=1,2,\cdots,N^{n+(l-1)/2}$ 上各有阶至少为 $2^{-l}N^{2n}$ 的零点,从而

$$G(z) = F(z;\sigma_0,\cdots,\sigma_{n-1})\prod_{y=1}^{N^{n+(l-1)/2}}(z-y)^{-2^{-l}N^{2n}}$$

为整函数.将最大模原理应用于 $G(z)$ 及圆 $|z|=R$ 得

$$|G(x)|\leqslant|G|_R.$$

于是

$$|F(x;\sigma_0,\cdots,\sigma_{n-1})|\leqslant|F(z;\sigma_0,\cdots,\sigma_{n-1})|_R$$
$$\cdot\max_{|z|=R}\prod_{y=1}^{N^{n+(l-1)/2}}\left|\frac{x-y}{z-y}\right|^{2^{-l}N^{2n}}.$$

取

$$R = N^{n+l/2+1/4},$$

则得

$$|F(z;\sigma_0,\cdots,\sigma_{n-1})|_R \leqslant \exp(c_9 N^{3n+l/2-3/4}\log N),$$

$$\max_{|z|=R} \prod_{y=1}^{N^{n+(l-1)/2}} \left|\frac{x-y}{z-y}\right| \leqslant (c_{10}N^{-1/4})^{N^{n+(l-1)/2}}$$

$$\leqslant \exp\left(-\frac{1}{5}N^{n+(l-1)/2}\log N\right),$$

于是当 N 充分大时

$$\log|\xi_N| \leqslant -\frac{1}{6}N^{3n+(l-1)/2}\log N. \tag{5.1.14}$$

最后，由引理 1.1.2 并注意式(5.1.12)~(5.1.14)，我们得到矛盾. 于是定理得证. □

5.2 Baker 对数线性型下界估计定理

设 $\alpha_1,\cdots,\alpha_n \in \mathbb{A}$，$\log\alpha_1,\cdots,\log\alpha_n$ 是它们的对数的固定的值. 记

$$\Lambda = \beta_1\log\alpha_1 + \cdots + \beta_n\log\alpha_n \quad (\beta_1,\cdots,\beta_n \in \mathbb{Z});$$
$$\Lambda_0 = \beta_0 + \beta_1\log\alpha_1 + \cdots + \beta_n\log\alpha_n \quad (\beta_0,\beta_1,\cdots,\beta_n \in \mathbb{A});$$
$$\Lambda_1 = \beta_1\log\alpha_1 + \cdots + \beta_n\log\alpha_n \quad (\beta_1,\cdots,\beta_n \in \mathbb{A}).$$

我们不难得到 $|\Lambda|$ 的平凡的下界估计. 设 $0<|\Lambda|<1$，记

$$\lambda = \alpha_1^{\beta_1}\cdots\alpha_n^{\beta_n} - 1,$$

且令 $\mathscr{L}$ 是复平面上连接点 0 和 Λ 的线段，那么

$$|\lambda| = \left|\int_0^\Lambda e^z dz\right| \leqslant |\Lambda|\max_{\mathscr{L}}|e^z| < e|\Lambda|.$$

因 $\Lambda \neq 0$，故若 $\lambda = 0$，则

$$\Lambda = 2k\pi i \quad (k \in \mathbb{Z}, k \neq 0),$$

于是 $|\Lambda| \geqslant 2\pi$. 现可设 $\lambda \neq 0$. 注意 λ 乃是多项式 $z_1^{|\beta_1|}\cdots z_n^{|\beta_n|} - 1$ 在点 $(\alpha_1^{\varepsilon_1},\cdots,\alpha_n^{\varepsilon_n})$（其中 $\varepsilon_j = \text{sgn}\beta_j$）上的值，所以由引理 1.1.10 立得

$$|\Lambda| \geqslant e^{-c_1 X}, \quad X = \max_{0 \leqslant i \leqslant n} |\beta_i|,$$

其中 $c_1 = c_1(\alpha_1, \cdots, \alpha_n) > 0$ 是可计算常数(或称有效常数).

应用 Gelfond 方法,我们可以在 $n = 2$ 的情形得到 $|\Lambda|$,$|\Lambda_1|$ 和 $|\Lambda_0|$ 的有效性非平凡下界估计(见文献[84-87],及[72,89]).$n \geqslant 2$ 的一般情形是由 A. Baker 解决的.自从 1966 年他发表关于 $|\Lambda_1|$ 的下界估计的论文[15],在其后的工作(文献[17,18,20,22])中进一步得到和改进了 $|\Lambda|$,$|\Lambda_1|$ 和 $|\Lambda_0|$ 的下界估计.他的结果的一个经典形式如下:

定理 5.2.1(A. Baker[19]) 设 $\alpha_1, \cdots, \alpha_n$ 是非零代数数,它们的高 $\leqslant A$;$\beta_0, \beta_1, \cdots, \beta_n$ 是代数数,它们的高 $\leqslant B(B \geqslant 2)$.还设

$$\deg_{\mathbb{Q}}(\alpha_1, \cdots, \alpha_n, \beta_0, \cdots, \beta_n) = d.$$

若

$$\Lambda_0 \neq 0,$$

则有

$$|\Lambda_0| > B^{-C}, \tag{5.2.1}$$

其中 $C > 0$ 是有效常数,仅与 n, d, A 及 α 的对数分支有关.

注 5.2.1 在下文中,"代数数的对数的线性型"有时简称为"对数线性型",且若无混淆,更简称为"线性型".另外,若 $\beta_0 = 0$ 且 $\beta_1, \cdots, \beta_n \in \mathbb{Z}$(即 Λ),则称之为"有理情形",不然称为"一般情形",其中 $\Lambda_0(\beta_0 \neq 0$ 时)和 Λ_1 分别是非齐次型和齐次型.

为了证明定理 5.2.1,我们先给出一些引理.

对于任何整数 $k \geqslant 1, l \geqslant 0$,用 $\nu(l; k)$ 表示 $l+1, \cdots, l+k$ 的最小公倍数,并记

$$\Delta(x; k) = (x+1)\cdots(x+k)/k!, \quad \Delta(x, 0) = 1,$$

$$\Delta(x; k, l, m) = \frac{1}{m!} \frac{\mathrm{d}^m}{\mathrm{d}x^m}(\Delta(x; k))^l.$$

引理 5.2.1 若 $x \in \mathbb{N}$,则

$$(\nu(x; k))^m \Delta(x; k, l, m) \in \mathbb{N},$$

并且

$$\Delta(x; k, l, m) \leqslant 4^{l(x+k)}, \tag{5.2.2}$$

$$\nu(x; k) \leqslant (c_1(x+k)/k)^{2k}, \tag{5.2.3}$$

其中 $c_1 > 0$ 是绝对常数.

证 我们有

$$\Delta(x;k,l,m)$$

$$= \frac{1}{m!} \frac{1}{(k!)^l} \frac{d^m}{dx^m} (x+1)^l \cdots (x+k)^l$$

$$= \frac{1}{m!(k!)^l} \sum_{i_1+\cdots+i_k=m} \frac{m!}{i_1!\cdots i_k!} \frac{d^{i_1}}{dx^{i_1}} (x+1)^l \cdots \frac{d^{i_k}}{dx^{i_k}} (x+k)^l$$

$$= \frac{1}{(k!)^l} \sum_{\substack{i_1+\cdots+i_k=m \\ i_1,\cdots,i_k \leqslant l}} \frac{1}{i_1!\cdots i_k!} \frac{l!}{(l-i_1)!} (x+1)^{l-i_1} \cdots \frac{l!}{(l-i_k)!} (x+k)^{l-i_k}$$

$$= \Delta(x;k)^l \sum_{\substack{i_1+\cdots+i_k=m \\ i_1,\cdots,i_k \leqslant l}} \binom{l}{i_1}\cdots\binom{l}{i_k} (x+1)^{-i_1}\cdots(x+k)^{-i_k}. \tag{5.2.4}$$

因为 $\nu(x;k)^m (x+1)^{-i_1}\cdots(x+k)^{-i_k}$ 是整数，故 $\nu(x;k)^m \Delta(x;k,l,m)$ 也是整数.

又因式(5.2.4)最后的和

$$\leqslant \prod_{j=1}^{k} \sum_{i_j=0}^{l} \binom{l}{i_j} (x+j)^{-i_j} = \prod_{j=1}^{k} \left(1+\frac{1}{x+j}\right)^l = \left(\frac{x+k+1}{x+1}\right)^l,$$

故得

$$\Delta(x;k,l,m) \leqslant \binom{x+k}{k}^l \left(\frac{x+k+1}{x+1}\right)^l = \binom{x+k+1}{k}^l$$

$$\leqslant 2^{(x+k+1)l} \leqslant 4^{l(x+k)},$$

故式(5.2.2)得证.

最后，设

$$\nu(x;k) = \nu_1 \nu_2,$$

其中 ν_1 是 $\nu(x;k)$ 的不超过 k 的素因子之积，ν_2 为其余素因子之积，于是容易得

$$\log\nu_1 \leqslant \sum_{p\leqslant k} \log(x+k) \leqslant c_2 k \log(x+k)/\log k, \tag{5.2.5}$$

其中 $c_2 > 0$ 是绝对常数. 如果

$$k \geqslant e^{c_2},$$

那么

$$\frac{c_2 k \log(x+k)}{\log k} = c_2 k \left(1 + \frac{\log\left(1+\frac{x}{k}\right)}{\log k}\right) \leqslant k\left(c_2 + \log\left(1+\frac{x}{k}\right)\right),$$

于是由式(5.2.5)得

$$\nu_1 \leqslant \left(\frac{c_3(x+k)}{k}\right)^k. \tag{5.2.6}$$

又显然有(注意 $k! \geqslant (k/\mathrm{e})^k$)

$$\nu_2 \leqslant \Delta(x;k) \leqslant (x+k)^k/k! \leqslant (\mathrm{e}(x+k)/k)^k. \tag{5.2.7}$$

故由式(5.2.6),(5.2.7)得式(5.2.3).如果 $k < \mathrm{e}^{c_2}$,那么

$$\nu \leqslant (x+k)^k < \left(\mathrm{e}^{c_2} \frac{(x+k)}{k}\right)^k,$$

所以式(5.2.3)也成立. $\qquad\qquad\square$

引理 5.2.2 设 K 是一个数域,且

$$P(x) \in K[x], \quad \deg P = n,$$

则对任何 $m \in \mathbb{Z}, 0 \leqslant m < n$,多项式

$$P(x), \quad P(x+1), \quad \cdots, \quad P(x+m), \quad 1, \quad x, \quad \cdots, \quad x^{n-m-1}$$

在 K 上线性无关.

证 对 n 用归纳法.

当 $n = 1$ 时,$m = 0$,显然 x 和 1 线性无关.

设 $\deg P \leqslant n$ 时命题成立,考察 $\deg P = n+1$ 的情形.对 $m \in \mathbb{Z}, 0 \leqslant m < n+1$,令

$$R(x) = \lambda_0 P(x) + \lambda_1 P(x+1) + \cdots + \lambda_m P(x+m) \quad (\lambda_i \in K),$$

且次数 $\leqslant n-m$.把它改写为

$$R(x) = (\lambda_0 + \cdots + \lambda_m)P(x+m+1) + \sum_{j=0}^{m}(\lambda_0 + \cdots + \lambda_j)Q(x+j),$$

其中

$$Q(x) = P(x) - P(x+1).$$

于是

$$\deg Q \leqslant n,$$

但因为

$$\deg P(x+m+1) = n+1,$$

所以

$$\lambda_0 + \cdots + \lambda_m = 0.$$

我们有

$$R(x) = \sum_{j=0}^{m}(\lambda_0 + \cdots + \lambda_j)Q(x+j).$$

依归纳假设得 $\lambda_0 + \cdots + \lambda_j = 0(0 \leqslant j \leqslant m)$，从而

$$\lambda_0 = \cdots = \lambda_m = 0.$$

故命题当 $\deg P = n + 1$ 也成立. □

引理 5.2.3 设 $\omega_0, \cdots, \omega_{l-1}$ 是互异的非零复数，D_{kl} 是 kl 阶行列式，其位于第 $i + 1$ 行、第 $j + 1$ 列的元素为 $i^r \omega_s^i$，其中 $j = r + sk(0 \leqslant r < k; 0 \leqslant s < l), i, j = 0, \cdots, kl - 1$（约定 $0^0 = 1$），则 D_{kl} 不为零.

证 行列式 $D_{kl} = D$ 显然可表示为 $\omega_0, \cdots, \omega_{l-1}$ 的整系数多项式 $D(\omega_0, \cdots, \omega_{l-1})$. 令

$$D(z) = D(z, \omega_1, \cdots, \omega_{l-1}).$$

当且仅当 $j = 0, \cdots, k - 1$ 时 $s = s(j) = 0$，因而行列式 D 中只有前 k 列出现 ω_0，且第 $r + 1$
$(r = 0, \cdots, k - 1)$ 列为

$$(0^r \omega_0^0, 1^r \omega_0^1, \cdots, (k-1)^r \omega_0^{k-1}, k^r \omega_0^k, \cdots, (2k-1)^r \omega_0^{2k-1}, \cdots, (kl-1)^r \omega_0^{kl-1})',$$

此处 "'" 表示转置. 现取行列式的最初 k 列的 k 阶子式对 D 作 Laplace 展开，其中最初 k 行构成的子式给出 ω_0 的最低次数

$$\sum_{i=0}^{k-1} i = \frac{1}{2} k(k-1),$$

最末 k 行构成的子式给出 ω_0 的最高次数

$$\sum_{\tau=1}^{k} (kl - \tau) = k^2 l - \frac{1}{2} k(k+1).$$

我们还将证明 $D(z)$ 有因子 $(z - \omega_s)^{k^2} (s = 1, \cdots, l-1)$，于是

$$D(z) = C z^{\frac{1}{2} k(k-1)} \prod_{s=1}^{l-1} (z - \omega_s)^{k^2},$$

其中 C 是 $D(z)$ 的最高次项的系数，容易验证 C 是一般元素为 $(k(l-1) + i)^j$ 的 k 阶 Vandermonde 行列式与一般元素为 $i^r \omega_s^i (1 \leqslant s < l)$ 的 $k(l-1)$ 阶行列式（它与 D_{kl} 具有类似的结构）之积. 于是由归纳法可知

$$D_{kl} = D(\omega_0) \neq 0.$$

现在证明 $D(z)$ 有因子 $(z - \omega_s)^{k^2} (s = 1, \cdots, l-1)$. $D(z)$ 的 m 阶导数可表示为

$$D^{(m)}(z) = \sum \widetilde{D}(m_0, \cdots, m_{k-1}, z),$$

其中求和展布在非负整数组 $(m_0, \cdots, m_{k-1}), m_0 + \cdots + m_{k-1} = m$，而 $\widetilde{D}(m_0, \cdots, m_{k-1}, z)$ 是一个行列式，是对行列式 $D(z)$ 的前 k 列的元素分别对 z 求 $m_0, m_1, \cdots, m_{k-1}$ 次导数而得，于是其 $(i+1, j+1)(0 \leqslant i < kl; 0 \leqslant j < k)$ 位置元素为

$$(i^j z^i)^{(m_j)} = i^{j+1}(i-1) \cdots (i - m_j + 1) z^{i - m_j},$$

当 $m_j > i$ 时,此式理解为 0.特别地,可知行列式 $\widetilde{D}(m_0, \cdots, m_{k-1}, \omega_s)(s = 1, \cdots, l-1)$ 中第 i 行为

$$(i^{j+1}(i-1)\cdots(i-m_j+1)\omega_s^{i-m_j}(j = 0, \cdots, k-1); \cdots; i^r\omega_s^i$$
$$(j = sk+r; r = 0, \cdots, k-1); \cdots).$$

于是,如果当 $m < k^2$ 时,$2k$ 个多项式

$$1, \quad x, \quad \cdots, \quad x^{k-1} \quad 及 \quad x^{r+1}(x-1)\cdots(x-m_r+1) \quad (0 \leqslant r < k) \tag{5.2.8}$$

在 $\mathbb{C}$ 上线性相关,那么 $\widetilde{D}(m_0, \cdots, m_{k-1}, \omega_s)$ 中前 k 列及第 j 列($j = sk+r, r = 0, \cdots, k-1$)的某个非平凡线性组合为零,从而得到 $D^{(m)}(\omega_s) = 0$.并且注意

$$\frac{1}{2}k(k-1) + (l-1)k^2 = k^2l - \frac{1}{2}k(k+1),$$

因而 $D(z)$ 恰有因子 $(z-\omega_s)^{k^2} (1 \leqslant s < l)$.

为证上述的线性相关性,我们将式(5.2.8)中的多项式的次数排列为 $n_1 \leqslant n_2 \leqslant \cdots \leqslant n_{2k}$,因为

$$\sum_{j=1}^{2k} n_j = \frac{1}{2}k(k-1) + \sum_{r=0}^{k-1}(r+m_r) = k(k-1) + m < 2k^2 - k,$$

所以必有某个 j 使 $n_j < j-1$(不然 $\sum_j n_j \geqslant 2k^2 - k$).从而 $n_1 \leqslant \cdots \leqslant n_j < j-1$,这表明式(5.2.8)中存在 j 个多项式,其次数均不超过 $j-2$.但次数 $\leqslant j-2$ 的复系数多项式的集合组成 $j-1$ 维线性空间,因而这 j 个多项式必线性相关.于是引理得证. □

注 5.2.1 实际上,上面的推理可以给出 D_{kl} 值的明显表达式.

引理 5.2.4 设 $\alpha \in \mathbb{A}, H(\alpha) = h, d(\alpha) = n$,且其极小多项式首项系数为 $a > 0$,则对任何整数 $s \geqslant 0$ 有

$$(a\alpha)^s = \sum_{i=0}^{n-1} a_i^{(s)}\alpha^i, \quad a_i^{(s)} \in \mathbb{Z} \quad (i = 0, \cdots, n-1),$$

并且

$$|a_i^{(s)}| \leqslant (2h)^s \quad (i = 0, \cdots, n-1).$$

证 对 s 用归纳法.设 α 的极小多项式为

$$P(z) = a_nz^n + \cdots + a_0 \in \mathbb{Z}[z], \quad a_n = a.$$

当 $s < n$ 时,可取 $a_s^{(s)} = a^s, a_i^{(s)} = 0 (i \neq s)$.当 $s = n$ 时,因

$$P(\alpha) = 0,$$

得到

$$(a\alpha)^n = a^{n-1}(a\alpha^n) = a^{n-1}(-a_{n-1}\alpha^{n-1} - \cdots - a_0)$$
$$= -a^{n-1}a_{n-1}\alpha^{n-1} - \cdots - a^{n-1}a_0,$$

因此结论成立. 现设 $s \geqslant n$，且命题对某个 s 值成立，则有

$$(a\alpha)^{s+1} = a\alpha(a\alpha)^s = a\alpha\sum_{i=0}^{n-1}a_i^{(s)}\alpha^i = \sum_{i=0}^{n-1}a_i^{(s)}a\alpha^{i+1}$$
$$= a_{n-1}^{(s)}a\alpha^n + \sum_{i=0}^{n-2}a_i^{(s)} \cdot a\alpha^{i+1}$$
$$= a_{n-1}^{(s)}(-a_{n-1}\alpha^{n-1} - \cdots - a_0) + \sum_{j=1}^{n-1}a_{j-1}^{(s)}a\alpha^j$$
$$= \sum_{j=0}^{n-1}a_j^{(s+1)}\alpha^j,$$

其中

$$a_0^{(s+1)} = -a_0a_{n-1}^{(s)}, \quad a_t^{(s+1)} = a_{t-1}^{(s)}a - a_{n-1}^{(s)}a_t \quad (t = 1,\cdots,n-1).$$

由归纳假设易见

$$|a_0^{(s+1)}| \leqslant h(2h)^s < (2h)^{s+1}, \quad |a_t^{(s+1)}| \leqslant 2h(2h)^s = (2h)^{s+1} \quad (t = 1,\cdots,n-1).$$

$\square$

现在来证明定理 5.2.1，为此首先考虑下列情形：$\alpha_1,\cdots,\alpha_n$ 如定理 5.2.1 中的假定，而 $\beta_0,\cdots,\beta_{n-1}$ 是代数数，次数和高分别至多是 d 和 B. 假设对某个充分大的 C 有

$$|\beta_0 + \beta_1\log\alpha_1 + \cdots + \beta_{n-1}\log\alpha_{n-1} - \log\alpha_n| < B^{-C}. \tag{5.2.9}$$

（此处及后文中常数 $C,c_i > 1$ 仅与 d,n,A 及 α 的对数分支有关.）我们证明：存在不全为零的有理整数 $b_1',\cdots,b_n'$，绝对值不超过 c_4，使

$$b_1'\log\alpha_1 + \cdots + b_n'\log\alpha_n = 0. \tag{5.2.10}$$

我们构造辅助函数如下：设 $k > c_5$ 是一个整数，c_5 是一个充分大的数，令

$$h = [\log(kB)], \quad L_{-1} = h - 1, \quad L = L_0 = \cdots = L_n = \left[k^{1-\frac{1}{4n}}\right].$$

引理 5.2.5 存在不全为零的整数 $p(\lambda_{-1},\cdots,\lambda_n)$，其绝对值不超过 c_6^{hk}，使函数

$$\Phi(z_0,\cdots,z_{n-1}) = \sum_{\lambda_{-1}=0}^{L_{-1}}\cdots\sum_{\lambda_n=0}^{L_n}p(\lambda_{-1},\cdots,\lambda_n)$$
$$\cdot (\Delta(z_0 + \lambda_{-1};h))^{\lambda_0+1}e^{\lambda_n\beta_0 z_0}\alpha_1^{\gamma_1 z_1}\cdots\alpha_{n-1}^{\gamma_{n-1}z_{n-1}}$$

满足当 $l \in \mathbb{N}, 1 \leqslant l \leqslant h$ 及 $(m_0,\cdots,m_{n-1}) \in \mathbb{N}_0^n, m_0 + \cdots + m_{n-1} \leqslant k$ 时

$$\left|\Phi_{m_0,\cdots,m_{n-1}}(l,\cdots,l)\right| < B^{-\frac{1}{2}C}, \tag{5.2.11}$$

此处 $\gamma_r = \lambda_r + \lambda_n \beta_r (1 \leqslant r < n)$,以及

$$\Phi_{m_0, \cdots, m_{n-1}}(z_0, \cdots, z_{n-1}) = \left(\frac{\partial}{\partial z_0}\right)^{m_0} \cdots \left(\frac{\partial}{\partial z_{n-1}}\right)^{m_{n-1}} \Phi(z_0, \cdots, z_{n-1}).$$

证 我们首先证明存在 $p(\lambda_{-1}, \cdots, \lambda_n)$ 满足

$$\sum_{\lambda_{-1}=0}^{L_{-1}} \cdots \sum_{\lambda_n=0}^{L_n} p(\lambda_{-1}, \cdots, \lambda_n) q(\lambda_{-1}, \lambda_0, \lambda_n, l) \alpha_1^{\lambda_1 l} \cdots \alpha_n^{\lambda_n l} \gamma_1^{m_1} \cdots \gamma_{n-1}^{m_{n-1}} = 0, \quad (5.2.12)$$

其中 $(l, m_0, \cdots, m_{n-1})$ 的取值范围如引理中所述,且

$$q(\lambda_{-1}, \lambda_0, \lambda_n, l) = \sum_{\mu_0=0}^{m_0} \binom{m_0}{\mu_0} \mu_0! \Delta(z + \lambda_{-1}; h, \lambda_0 + 1, \mu_0)(\lambda_n \beta_0)^{m_0 - \mu_0}.$$

由引理 5.2.4 我们有

$$(a_r \alpha_r)^j = \sum_{s=0}^{d-1} a_{rs}^{(j)} \alpha_r^s, \quad (b_r \beta_r)^j = \sum_{t=0}^{d-1} b_{rt}^{(j)} \beta_r^t, \quad (5.2.13)$$

其中 a_r, b_r 分别是 α_r, β_r 的极小多项式的最高次项系数,且

$$|a_{rs}^{(j)}| \leqslant (2A)^j, \quad |b_{rt}^{(j)}| \leqslant (2B)^j.$$

我们还有

$$\gamma_r^{m_r} = \sum_{\mu_r=0}^{m_r} \binom{m_r}{\mu_r} \lambda_r^{m_r - \mu_r} (\lambda_n \beta_r)^{\mu_r} \quad (1 \leqslant r < n). \quad (5.2.14)$$

将式(5.2.12)乘以

$$D = (a_1 \cdots a_n)^{Ll} b_0^{m_0} \cdots b_{n-1}^{m_{n-1}},$$

并将式(5.2.13)和式(5.2.14)代入,可得

$$\sum_{s_1=0}^{d-1} \cdots \sum_{s_n=0}^{d-1} \sum_{t_0=0}^{d-1} \cdots \sum_{t_{n-1}=0}^{d-1} A(\boldsymbol{s}, \boldsymbol{t}) \alpha_1^{s_1} \cdots \alpha_n^{s_n} \beta_0^{t_0} \cdots \beta_{n-1}^{t_{n-1}} = 0,$$

其中

$$\boldsymbol{s} = (s_1, \cdots, s_n), \quad \boldsymbol{t} = (t_0, \cdots, t_{n-1}),$$

及

$$A(\boldsymbol{s}, \boldsymbol{t}) = \sum_{\lambda_{-1}=0}^{L_{-1}} \cdots \sum_{\lambda_n=0}^{L_n} \sum_{\mu_0=0}^{m_0} \cdots \sum_{\mu_{n-1}=0}^{m_{n-1}} p(\lambda_{-1}, \cdots, \lambda_n) q' q'' q''',$$

而

$$q' = \prod_{r=1}^{n} \left(a_r^{(L-\lambda_r)l} a_{r, s_r}^{(\lambda_r l)}\right),$$

$$q'' = \prod_{r=1}^{n-1}\left(\binom{m_r}{\mu_r}(b_r\lambda_r)^{m_r-\mu_r}\lambda_n^{\mu_r}b_{r,t_r}^{(\mu_r)}\right),$$

$$q''' = \binom{m_0}{\mu_0}\mu_0!\Delta(l+\lambda_{-1};h,\lambda_0+1,\mu_0)\lambda_n^{m_0-\mu_0}b_n^{\mu_0}b_{0,t_0}^{(m_0-\mu_0)}.$$

于是如果 d^{2n} 个方程

$$A(\boldsymbol{s},\boldsymbol{t})=0,\quad 0\leqslant s_i\leqslant d-1\ (1\leqslant i\leqslant n),\quad 0\leqslant t_j\leqslant d-1\ (0\leqslant j<n)$$

成立,则式(5.2.12)成立.注意 $(l,m_0,\cdots,m_{n-1})$ 的取值范围,我们共有 $M\leqslant d^{2n}h(k+1)^n$ 个线性方程,未知数 $p(\lambda_{-1},\cdots,\lambda_n)$ 的个数

$$N=(L_{-1}+1)\cdots(L_n+1).$$

由引理 5.2.1,若将上述方程乘以 $(\nu(0;3h))^{m_0}$,则它们的系数均为有理整数.另外,我们还易见

$$\nu(0;3h)\leqslant c_7^h,\quad \Delta(l+\lambda_{-1};h,\lambda_0+1,\mu_0)\leqslant c_8^{Lh},\quad kB\leqslant e^{h+1},$$

$$|q'|\leqslant c_7^{Lh},\quad |q''|\leqslant e^{2h(m_1+\cdots+m_{n-1})},$$

$$|q'''|\leqslant 2^{m_0}(\mu_0 b_n)^{\mu_0}(2B\lambda_n)^{m_0-\mu_0}c_8^{Lh}\leqslant e^{2hm_0}c_8^{Lh},$$

因此方程的整系数绝对值至多为 $U=c_9^{hk}$.因为

$$N>hk^{n+\frac{1}{2}}>2M,$$

故由引理 1.3.1 可知方程组 $A(\boldsymbol{s},\boldsymbol{t})=0$ 有非平凡有理整数解 $p(\lambda_{-1},\cdots,\lambda_n)$,且

$$|p(\lambda_{-1},\cdots,\lambda_n)|\leqslant NU\leqslant c_6^{hk}.$$

现在由式(5.2.12)导出式(5.2.11).注意到

$$\Phi_{m_0,\cdots,m_{n-1}}(l,\cdots,l)=\sum_{\lambda_{-1}=0}^{L_{-1}}\cdots\sum_{\lambda_n=0}^{L_n}p(\lambda_{-1},\cdots,\lambda_n)q(\lambda_{-1},\lambda_0,\lambda_n,l)\cdot e^{\beta_0\lambda_n l}$$

$$\cdot\alpha_1^{\gamma_1 l}\cdots\alpha_{n-1}^{\gamma_{n-1} l}\gamma_1^{m_1}\cdots\gamma_{n-1}^{m_{n-1}}\cdot(\log\alpha_1)^{m_1}\cdots(\log\alpha_{n-1})^{m_{n-1}},$$

并将式(5.2.12)左边记作 $\psi(\alpha_n)$,那么有

$$\Phi_{m_0,\cdots,m_{n-1}}(l,\cdots,l)=(\log\alpha_1)^{m_1}\cdots(\log\alpha_{n-1})^{m_{n-1}}\psi(\alpha_n'),\qquad(5.2.15)$$

其中

$$\alpha_n'=e^{\beta_0}\alpha_1^{\beta_1}\cdots\alpha_{n-1}^{\beta_{n-1}}.$$

由式(5.2.9)可知对某个适当的 $\log\alpha_n'$ 有

$$|\log\alpha_n'-\log\alpha_n|<B^{-C},$$

又因为对任何 $z\in\mathbb{C}$ 有

$$|\,\mathrm{e}^z - 1\,| \leqslant |\,z\,|\,\mathrm{e}^{|z|},$$

故有

$$\begin{aligned}
|\,\alpha'_n - \alpha_n\,| = |\,\alpha_n\,|\,\Big|\,\frac{\alpha'_n}{\alpha_n} - 1\,\Big| &= |\,\alpha_n\,|\,\big|\,\mathrm{e}^{\log\frac{\alpha'_n}{\alpha_n}} - 1\,\big| \\
&\leqslant |\,\alpha_n\,|\,|\,\log\alpha'_n - \log\alpha_n\,|\,\mathrm{e}^{|\log\frac{\alpha'_n}{\alpha_n}|} \\
&< B^{-\frac{3}{4}C}.
\end{aligned} \tag{5.2.16}$$

另外,还易得

$$|\,\alpha'^{\,\lambda_n l}_n - \alpha^{\,\lambda_n l}_n\,| \leqslant c_{10}^{Ll}\,|\,\alpha'_n - \alpha_n\,|,$$

$$|\,(\log\alpha_1)^{m_1}\cdots(\log\alpha_{n-1})^{m_{n-1}}\,| \leqslant c_{11}^k,$$

$$|\,q(\lambda_{-1},\lambda_0,\lambda_n,l)\,| \leqslant c_{12}^{(L+m_0)h},\quad |\,\gamma_r\,| \leqslant \mathrm{e}^{2h},\quad |\,\alpha_r^{\lambda_r l}\,| \leqslant c_{13}^{Lh},$$

我们由式(5.2.12),(5.2.15)和(5.2.16)得到

$$\begin{aligned}
|\,\Phi_{m_0,\cdots,m_{n-1}}(l,\cdots,l)\,| &= |\,(\log\alpha_1)^{m_1}\cdots(\log\alpha_{n-1})^{m_{n-1}}\,|\,|\,\psi(\alpha'_n) - \psi(\alpha_n)\,| \\
&\leqslant N c_{14}^{hk} B^{-\frac{3}{4}C}.
\end{aligned}$$

但因为

$$N \leqslant \mathrm{e}^{2hn},\quad h \leqslant \log(kB),$$

故当 $C > c_{15} k \log k$ 时即由上式得式(5.2.11). $\qquad\square$

引理 5.2.6 设 $m_0,\cdots,m_{n-1}$ 是任意非负整数且

$$m_0 + \cdots + m_{n-1} \leqslant k,$$

并令

$$f(z) = \Phi_{m_0,\cdots,m_{n-1}}(z,\cdots,z),$$

那么对任何 $z \in \mathbb{C}$ 有

$$|\,f(z)\,| \leqslant c_{16}^{hk+L|z|}, \tag{5.2.17}$$

并且对任何 $l \in \mathbb{Z}$, $h < l \leqslant hk^{8n}$,或者

$$|\,f(l)\,| < B^{-\frac{C}{2}},$$

或者

$$|\,f(l)\,| > c_{17}^{-hk(1+\log l - \log h) - Ll}. \tag{5.2.18}$$

证 我们有

$$f(z) = (\log\alpha_1)^{m_1}\cdots(\log\alpha_{n-1})^{m_{n-1}} \sum_{\lambda_{-1}=0}^{L_{-1}}\cdots\sum_{\lambda_n=0}^{L_n} p(\lambda_{-1},\cdots,\lambda_n)\,q(\lambda_{-1},\lambda_0,\lambda_n,z)$$

$$\cdot \mathrm{e}^{\lambda_n \beta_0 z} \alpha_1^{\gamma_1 z} \cdots \alpha_{n-1}^{\gamma_{n-1} z} \gamma_1^{m_1} \cdots \gamma_{n-1}^{m_{n-1}}.$$

易知

$$\left| \alpha_n'^z \right| \leqslant c_{18}^{|z|}, \quad \left| \alpha_1^{\lambda_1 z} \cdots \alpha_{n-1}^{\lambda_{n-1} z} \right| \leqslant c_{19}^{L|z|},$$

且因

$$\left| z + \lambda_{-1} \right| \leqslant \left[\mid z \mid \right] + h,$$

由引理 5.2.1 可得

$$\left| \Delta(z + \lambda_{-1}; h, \lambda_0 + 1, \mu_0) \right| \leqslant c_{20}^{L(|z|+h)}.$$

于是

$$\left| q(\lambda_{-1}, \lambda_0, \lambda_n, z) \right| \leqslant \mathrm{e}^{2hm_0} c_{20}^{L(|z|+h)}.$$

因此，类似于引理 5.2.5 证明的后半部即可证明式 (5.2.17) 成立.

为证明第二个论断，注意式 (5.2.12) 左边 (记作 Q) 是一个代数数，次数至多为 d^{2n}. 因此类似于上面的估计可知 Q 的任何共轭元 (即在 Q 的表达式中将 α_i, β_j 代以它们的任何共轭元所得的数) 的绝对值至多为 c_{21}^{hk+Ll}. 又由引理 5.2.1，$(\nu(l; 2h))^{m_0} DQ$ 是代数整数，并且

$$(\nu(l; 2h))^{m_0} D \leqslant (c_{22} l/h)^{4hm_0} c_{23}^{Ll},$$

因此由代数数范数性质，可得

$$Q = 0,$$

或者

$$\left| Q \right| \geqslant c_{24}^{-hk-Ll} (l/h)^{-c_{25}hm_0}. \tag{5.2.19}$$

如果 $Q = 0$，那么注意

$$Q = \psi(\alpha_n), \quad f(l) = (\log\alpha_1)^{m_1} \cdots (\log\alpha_{n-1})^{m_{n-1}} \psi(\alpha_n'),$$

以及

$$\left| \alpha_r^{\lambda_r l} \right| \leqslant c_{26}^{Ll},$$

从而可类似于引理 5.2.5 证明

$$\left| f(l) \right| < B^{-\frac{1}{2}C}.$$

特别地，若 $\left| f(l) \right| < B^{-\frac{1}{2}C}$ 不成立，则 $Q \neq 0$，从而式 (5.2.19) 成立. 由于 $m_0 \leqslant k$，故对某个 c_{27} 有

$$\left| Q \right| \geqslant c_{27}^{-hk(1+\log l - \log h) - Ll}. \tag{5.2.20}$$

另外，由式(5.2.16)，类似于引理 5.2.5 的证明可得

$$|\psi(\alpha_n') - \psi(\alpha_n)| = |\psi(\alpha_n') - Q| \leqslant c_{28}^{lk} B^{-\frac{3}{4}C}.$$

但当 $l \leqslant hk^{8n}$ 且 $C > k^{8n+2}$ 时，由式(5.2.20)知上式右边 $\leqslant \frac{1}{2}|Q|$，故

$$|\psi(\alpha_n')| \geqslant |\psi(\alpha_n)| - |\psi(\alpha_n') - \psi(\alpha_n)| > \frac{1}{2}|Q|,$$

从而

$$|f(l)| > \frac{1}{2}|(\log \alpha_1)^{m_1} \cdots (\log \alpha_{n-1})^{m_{n-1}}||Q|,$$

于是由式(5.2.20)得到式(5.2.18). □

引理 5.2.7 设 $0 < \varepsilon < c_{28}^{-1}$，其中 c_{28} 充分大，那么对每个整数 $J, 0 \leqslant J < 8n/\varepsilon$，不等式 (5.2.11)对所有整数 $l(1 \leqslant l \leqslant hk^{\varepsilon J})$ 及所有 $(m_0, \cdots, m_{n-1}) \in \mathbb{N}_0^n (m_0 + \cdots + m_{n-1} \leqslant k/2^J)$ 成立.

证 对 J 用归纳法. 由引理 5.2.5，结论当 $J = 0$ 时成立. 现设 K 是一个整数，$0 \leqslant K \leqslant 8n/\varepsilon - 1$，并假设引理对 $J = 0, 1, \cdots, K$ 成立，要证它对 $J = K+1$ 也成立. 为此只用证明对任何 $l \in \mathbb{N}(R_K < l \leqslant R_{K+1})$ 及任何 $(m_0, \cdots, m_{n-1}) \in \mathbb{N}_0^n (m_0 + \cdots + m_{n-1} \leqslant S_{K+1})$ 有

$$|f(l)| < B^{-\frac{1}{2}C}$$

($f(z)$ 的定义见引理 5.2.6)，此处已令

$$R_J = [hk^{\varepsilon J}], \quad S_J = [k/2^J] \quad (J = 0, 1, \cdots).$$

我们用反证法，设式(5.2.18)成立，要导出矛盾.

首先注意 $f_m(r)$ 可以表示为

$$\left(\frac{\partial}{\partial z_0} + \cdots + \frac{\partial}{\partial z_{n-1}}\right)^m \Phi_{m_0, \cdots, m_{n-1}}(z_0, \cdots, z_{n-1})\bigg|_{z_0 = \cdots = z_{n-1} = r}$$

$$= \sum_{(j)} m!(j_0! \cdots j_{n-1}!)^{-1} \Phi_{m_0 + j_0, \cdots, m_{n-1} + j_{n-1}}(r, \cdots, r),$$

此处 $(j) = (j_0, \cdots, j_{n-1}) \in \mathbb{N}_0^n (j_0 + \cdots + j_{n-1} = m)$. 注意

$$2S_{K+1} \leqslant S_K,$$

由归纳假设可知

$$|f_m(r)| < n^k B^{-\frac{1}{2}C} \quad (1 \leqslant r \leqslant R_K; 0 \leqslant m \leqslant S_{K+1}). \tag{5.2.21}$$

现令

$$F(z) = ((z-1)\cdots(z-R_K))^{S+1} \quad (S = S_{K+1}),$$

并且 Γ 表示复平面上中心在坐标原点、半径为 $R = R_{K+1}k^{\frac{1}{8n}}$ 的正向圆，Γ_r 表示中心在 r、半径为 $\frac{1}{2}$ 的正向圆. 由 Cauchy 积分公式得

$$\frac{1}{2\pi i}\int_{\Gamma}\frac{f(z)dz}{(z-l)F(z)} = \frac{f(l)}{F(l)} + \frac{1}{2\pi i}\sum_{r=1}^{R_K}\int_{\Gamma_r}\frac{f(z)dz}{(z-l)F(z)},$$

由留数定理，有

$$\frac{1}{2\pi i}\int_{\Gamma_r}\frac{f(z)dz}{(z-l)F(z)} = \operatorname*{Res}_{z=r}\frac{f(z)(z-r)^{S+1}}{(z-l)F(z)}$$

$$= \frac{1}{S!}\frac{d^S}{dz^S}\left(\frac{f(z)(z-r)^{S+1}}{(z-l)F(z)}\right)\Big|_{z=r}$$

$$= \frac{1}{S!}\sum_{m=0}^{S}f_m(r)\begin{bmatrix}S\\m\end{bmatrix}\left(\frac{(z-r)^{S+1}}{(z-l)F(z)}\right)^{(S-m)}\Big|_{z=r},$$

仍然由 Cauchy 积分公式得

$$\left(\frac{(z-r)^{S+1}}{(z-l)F(z)}\right)^{(S-m)}\Big|_{z=r} = \frac{(S-m)!}{2\pi i}\int_{\Gamma_r}\frac{(z-r)^{S+1}dz}{(z-l)F(z)(z-r)^{S-m+1}},$$

因此我们有

$$\frac{1}{2\pi i}\int_{\Gamma}\frac{f(z)dz}{(z-l)F(z)} = \frac{f(l)}{F(l)} + \frac{1}{2\pi i}\sum_{r=1}^{R_K}\sum_{m=0}^{S}\frac{f_m(r)}{m!}\int_{\Gamma_r}\frac{(z-r)^m dz}{(z-l)F(z)}. \quad (5.2.22)$$

对于 $z \in \Gamma_r$，$|z-r|^m < 1$，并且

$$|z-j| \geqslant r - \frac{1}{2} - j > r - 1 - j \quad (j = 1,2,\cdots,r-2);$$

$$|z-j| \geqslant j - \left(r + \frac{1}{2}\right) > j - r - 1 \quad (j = r+2,\cdots,R_K);$$

$$|z-j| \geqslant \frac{1}{2} \quad (j = r-1,r,r+1).$$

因此对于 $z \in \Gamma_r$，有

$$\left|\frac{(z-r)^m}{F(z)}\right| \leqslant \left(\frac{1}{8}(R_K - r - 1)!(r-2)!\right)^{-S-1} \leqslant 8^{R_K S}(R_K!)^{-S-1},$$

从而由式 (5.2.21) 知式 (5.2.22) 右边第二项的绝对值

$$\leqslant R_K(S+1)8^{R_K S+1}(R_K!)^{-S-1}B^{-\frac{1}{4}C}.$$

另外,当 $R_K < l \leqslant R_{K+1}$ 时我们有

$$|F(l)| = ((l-1)!/(l-R_K-1)!)^{S+1} \leqslant (2^{R_{K+1}} R_K!)^{S+1}. \quad (5.2.23)$$

并且因 $l \leqslant R_{K+1} \leqslant hk^{8n}$,我们由式(5.2.18)可以推出

$$|f(l)| > B^{-\frac{1}{8}C}.$$

于是我们得到:如果式(5.2.18)成立,那么式(5.2.22)右边的数的绝对值 $> \dfrac{1}{2} |f(l)/F(l)|$.

另一方面,我们记

$$\theta = \sup_{z \in \Gamma} |f(z)|, \quad \Theta = \inf_{z \in \Gamma} |F(z)|.$$

因为当 $z \in \Gamma$ 时

$$|z - l| \geqslant \frac{1}{2}R,$$

所以式(5.2.22)的左边的数的绝对值 $\leqslant 2\theta/\Theta$. 于是

$$\frac{1}{2} |f(l)/F(l)| \leqslant 2\theta/\Theta,$$

或

$$4\theta |F(l)| > \Theta |f(l)|. \quad (5.2.24)$$

但因为

$$\Theta \geqslant \left(\frac{1}{2}R\right)^{R_K(S+1)},$$

所以由式(5.2.23)得

$$\log(\Theta |F(l)|^{-1}) \geqslant R_K(S+1)\log\left(\frac{1}{2}k^{\frac{1}{8n}}\right)$$

$$\geqslant 2^{-K-6} n^{-1} hk^{\varepsilon K+1}\log k; \quad (5.2.25)$$

并且由引理 5.2.6 知 $\theta < c_{16}^{hk+LR}$,所以由式(5.2.18)得

$$\log(\theta |f(l)|^{-1}) \leqslant c_{29}(LR + hk\log(R_{K+1}/h))$$

$$\leqslant c_{30} hk\left(\varepsilon(K+1)\log k + k^{\varepsilon(K+1)-\frac{1}{8n}}\right). \quad (5.2.26)$$

于是当 $\varepsilon^{-1} > c > 2^7 nc_{30}$ 且 k 充分大时,由式(5.2.24)~(5.2.26)得到矛盾. 因此式(5.2.18)不成立,故由引理 5.2.6 知 $|f(l)| < B^{-\frac{1}{2}C}$. $\qquad\square$

引理 5.2.8 对所有整数 $l, 0 \leqslant l \leqslant hk^{4n}$ 有

$$\sum_{\lambda_{-1}=0}^{L_{-1}} \cdots \sum_{\lambda_n=0}^{L_n} p(\lambda_{-1}, \cdots, \lambda_n)(\Delta(\lambda_{-1} + l/k; h))^{\lambda_0+1} \alpha_1^{\lambda_1 l/k} \cdots \alpha_n^{\lambda_n l/k} = 0. \quad (5.2.27)$$

证 由引理 5.2.7 知对于所有整数 $l, 1 \leqslant l \leqslant X$ 及 $(m_0, \cdots, m_{n-1}) \in \mathbb{N}_0^n (m_0 + \cdots + m_{n-1} \leqslant Y)$，式 (5.2.11) 成立，其中已设

$$X = [hk^{7n}], \quad Y = [2^{-8n/\varepsilon}k].$$

由引理 5.2.7 的证明可知对于 $\hat{f}(z) = \Phi(z, \cdots, z)$ 有

$$|\hat{f}_m(r)| < n^k B^{-\frac{1}{2}C} \quad (1 \leqslant r \leqslant X; 0 \leqslant m \leqslant Y). \tag{5.2.28}$$

现设 l 是任一整数，$0 \leqslant l \leqslant hk^{4n}$，令

$$E(z) = \begin{cases} ((z-1) \cdots (z-X))^{Y+1}, & \text{若 } l/k \notin \mathbb{Z}, \\ ((z-1) \cdots (z-X)/(z-l/k))^{Y+1}, & \text{若 } l/k \in \mathbb{Z}, \end{cases}$$

并且 Γ_r 表示复平面上中心在 r、半径为 $\dfrac{1}{2k}$ 的正向圆，Γ 表示中心在坐标原点、半径 $R_1 = Xk^{\frac{1}{8n}}$ 的正向圆，那么类似于引理 5.2.7 可证明

$$\frac{1}{2\pi i} \int_{\Gamma} \frac{\hat{f}(z) dz}{(z-l/k)E(z)} = \frac{\hat{f}(l/k)}{E(l/k)} + \frac{1}{2\pi i} \sum_{r=1}^{X}{}' \sum_{m=0}^{Y} \frac{\hat{f}_m(r)}{m!} \int_{\Gamma_r} \frac{(z-r)^m dz}{(z-l/k)E(z)}. \tag{5.2.29}$$

其中 $\sum'$ 表示当 $l/k \in \mathbb{Z}$ 时求和中去掉 $r = l/k$. 因当 $z \in \Gamma_r$ 时

$$|(z-r)^m/E(z)| \leqslant ((8kX)^{-1}(X-r-1)!(r-2)!)^{-Y-1} \leqslant 8^{3XY}(X!)^{-Y-1},$$

故由式 (5.2.28) 推知式 (5.2.29) 右边第二项的绝对值

$$\leqslant X(Y+1)8^{3XY}(X!)^{-Y-1}B^{-\frac{1}{4}C}.$$

又当 $z \in \Gamma$，由引理 5.2.6 知

$$|\hat{f}(z)| \leqslant c_{16}^{hk+LR_1},$$

还易见

$$|E(z)| \geqslant \left(\frac{1}{2}R_1\right)^{(X-1)(Y+1)}, \quad |z-l/k| \geqslant R_1 - l/k \geqslant \frac{1}{2}R_1 \quad (z \in \Gamma),$$

所以式 (5.2.29) 左边的绝对值

$$\leqslant c_{16}^{hk+LR_1}\left(\frac{1}{2}R_1\right)^{-(X-1)(Y+1)}.$$

又因

$$|E(l/k)| \leqslant (2X)^{X(Y+1)} \leqslant 8^{X(Y+1)}(X!)^{Y+1},$$

于是由式 (5.2.29) 得到

$$\left| \hat{f}(l/k) \right| \leqslant \left| E(l/k) \right| (2\pi)^{-1} \left(\left| \int_{\Gamma} \frac{\hat{f}(z)\mathrm{d}z}{(z - l/k)E(z)} \right| \right.$$

$$\left. + \sum_{r=1}^{X} {}' \sum_{m=0}^{Y} \frac{\left| \hat{f}_m(r) \right|}{m!} \left| \int_{\Gamma_r} \frac{(z - r)^m \mathrm{d}z}{(z - l/k)E(z)} \right| \right)$$

$$\leqslant c_{16}^{hk+LR_1} \left(8^{-3} k^{\frac{1}{8n}} \right)^{-XY} + B^{-\frac{1}{8}C}.$$

注意到

$$Lk^{\frac{1}{8n}} < k,$$

由上式得到

$$\left| \hat{f}(l/k) \right| \leqslant \mathrm{e}^{-XY}. \tag{5.2.30}$$

用 Q_1 记式(5.2.27)的左边,Q_1 显然是次数不超过 $(\mathrm{d}k)^n$ 的代数数,并且易见当 k 充分大时

$$(a_1 \cdots a_n)^{Ll} k^{2h(L+1)} Q_1$$

是代数整数,注意 Q_1 及其所有共轭元之绝对值均不超过 $c_{31}^{hk^{4n}}$,并且

$$(a_1 \cdots a_n)^{Ll} \cdot k^{2h(L+1)} \leqslant c_{32}^{hk^{4n+1}},$$

因此若

$$Q_1 \neq 0,$$

则

$$\left| Q_1 \right| > c_{33}^{-hk^{6n}}. \tag{5.2.31}$$

注意到若记

$$Q_1 = \Omega_1(\alpha_n),$$

则

$$\hat{f}(l/k) = \Omega_1(\alpha_n'),$$

于是类似于引理 5.2.6 的证明,由式(5.2.16)可得

$$\left| Q_1 - \hat{f}(l/k) \right| < B^{-\frac{1}{2}C}.$$

因此若 $Q_1 \neq 0$,则由上式及式(5.2.31)得到当 C 充分大时有

$$\left| Q_1 - \hat{f}(l/k) \right| < \frac{1}{2} \left| Q_1 \right|,$$

从而

$$|\hat{f}(l/k)| \geqslant |Q_1| - |Q_1 - \hat{f}(l/k)| > \frac{1}{2}|Q_1|. \qquad (5.2.32)$$

由式(5.2.30)~(5.2.32)我们得到矛盾,因而 $Q_1 = 0$. □

现在来证明式(5.2.10)成立.因为由引理 5.2.2 知多项式

$$(\Delta(\lambda_{-1} + x; h))^{\lambda_0 + 1} \qquad (0 \leqslant \lambda_{-1} \leqslant L_{-1}; 0 \leqslant \lambda_0 \leqslant L_0)$$

在 $\mathbb{Q}$ 上线性无关,因此可写出

$$\sum_{\lambda_{-1}=0}^{L_{-1}} \sum_{\lambda_0=0}^{L_0} p(\lambda_{-1}, \cdots, \lambda_n)(\Delta(\lambda_{-1} + x; h))^{\lambda_0+1}$$

$$= \sum_{\lambda'=0}^{L'} p'(\lambda', \lambda_1, \cdots, \lambda_n) x^{\lambda'},$$

其中

$$L' = h(L + 1),$$

并且 $L'' = (L' + 1)(L + 1)^n$ 个系数 $p'(\lambda', \lambda_1, \cdots, \lambda_n)$ 中至少有一个非零,于是式(5.2.27)可写成

$$\sum_{\lambda'=0}^{L'} \sum_{\lambda_1=0}^{L_1} \cdots \sum_{\lambda_n=0}^{L_n} p'(\lambda', \lambda_1, \cdots, \lambda_n)(l/k)^{\lambda'}(\alpha_1^{\lambda_1/k} \cdots \alpha_n^{\lambda_n/k})^l = 0,$$

并且由引理 5.2.8 可知此式当 $0 \leqslant l \leqslant L''$ 时成立.因而方程组的系数行列式(其元素为 $l^{\lambda'}(\alpha_1^{\lambda_1/k} \cdots \alpha_n^{\lambda_n/k})^l$,阶为 L'')为零.但由引理 5.2.3,如果 $\alpha_1^{\lambda_1/k} \cdots \alpha_n^{\lambda_n/k}, (\lambda_1, \cdots, \lambda_n) \in \mathbb{N}_0^n, 0 \leqslant \lambda_j \leqslant L$ 两两互异,则此行列式不为零.因此有两组互异指标 $(\lambda_1, \cdots, \lambda_n)$ 及 $(\lambda'_1, \cdots, \lambda'_n)$ 使

$$\alpha_1^{\lambda_1/k} \cdots \alpha_n^{\lambda_n/k} = \alpha_1^{\lambda'_1/k} \cdots \alpha_n^{\lambda'_n/k}.$$

记 $b'_r = \lambda_r - \lambda'_r (r = 1, \cdots, n)$,则它们不全为零,且有

$$b'_1 \log \alpha_1 + \cdots + b'_n \log \alpha_n = (2\pi i)jk \qquad (j \in \mathbb{Z}; i = \sqrt{-1}).$$

显然 $|b'_r| \leqslant 2L$,而 $L \leqslant k^{1-\frac{1}{4n}}$,故上式左边的数的绝对值 $< 2\pi k$,从而 $j = 0$,此即所欲证的结论.

现在用归纳法证明定理.当 $n = 0$ 时结论显然成立.设结论对少于 n 个对数的情形成立,并设 $\beta_0, \cdots, \beta_n$ 如定理所给定,但对某个充分大的 C 有 $0 < |\Lambda_0| < B^{-2C}$.于是 $\beta_1, \cdots, \beta_n$ 中至少有一个非零,不妨设 $\beta_n \neq 0$.于是式(5.2.9)成立,但其中 $\beta_j (0 \leqslant j \leqslant n-1)$ 用 $\beta'_j = -\beta_j/\beta_n$ 代替.易知 β'_j 的次数 $\leqslant d^2$,高 $\leqslant B' = B^{c_{34}}$(其中 c_{34} 仅与 d 有关).所以依上面所证,式(5.2.10)在此成立.设 $b'_r \neq 0$,那么

$$b'_r(\beta'_0 + \beta'_1 \log \alpha_1 + \cdots + \beta'_r \log \alpha_r + \cdots + \beta'_{n-1} \log \alpha_{n-1} - \log \alpha_n)$$

$$= b'_r(\beta'_0 + \beta'_1\log\alpha_1 + \cdots + \beta'_r\log\alpha_r + \cdots + \beta'_{n-1}\log\alpha_{n-1} - \log\alpha_n)$$
$$- \beta'_r(b'_1\log\alpha_1 + \cdots + b'_r\log\alpha_r + \cdots + b'_{n-1}\log\alpha_{n-1} + b'_n\log\alpha_n).$$

令 $\beta''_0 = b'_r\beta'_0, \beta''_j = b'_r\beta_j - b'_j\beta_r, (1 \leqslant j \leqslant n-1)$，则

$$\beta''_r = 0,$$

且 β''_j 的次数 $\leqslant d^2$，高 $\leqslant B'' \leqslant B^{c_{35}}$（此处 c_{35} 仅与 n, d, A 有关）。令

$$\Lambda'_0 = \beta''_0 + \beta''_1\log\alpha_1 + \cdots + \beta''_{n-1}\log\alpha_{n-1} - \beta''_n\log\alpha_n,$$

则 Λ'_0 是 $n-1$ 个对数的线性型，且

$$0 < |\Lambda'_0| < c_{36}B^{-C}.$$

这与归纳假设矛盾. $\qquad\qquad\qquad\qquad\qquad\qquad\qquad\qquad\qquad\qquad\qquad\square$

注 5.2.2 如果 $\log\alpha_1, \cdots, \log\alpha_n$ 在 $\mathbb{Q}$ 上线性无关，那么不必采用归纳法证明；如果还设 $\alpha_1, \cdots, \alpha_n$ 是乘性无关的，那么引理 5.2.8 不再需要（非零复数 $\alpha_1, \cdots, \alpha_n$ 称为乘性无关的，如果 $\alpha_1^{r_1}\cdots\alpha_n^{r_n} = 1 (r_1, \cdots, r_n \in \mathbb{Q})$ 仅当 $r_1 = \cdots = r_n = 0$ 时成立）.

5.3　线性型下界估计的改进

对定理 5.2.1 中的 C 可以进一步加以估计，从而得出线性型下界估计定理的更为具体、更为精细的形式. 特别是在 1977 年，A. Baker 证明了：

$1°$ (A. Baker[20]) 设 $\alpha_1, \cdots, \alpha_n; \beta_0, \cdots, \beta_n$ 是两组代数数，$\alpha_i \neq 0, 1, \beta_j$ 不全为零，α_i 的高 $\leqslant A_i (A_i \geqslant 4) (i = 1, \cdots, n)$，$\beta_j$ 的高 $\leqslant B (B \geqslant 4) (j = 0, \cdots, n)$. 设 $\log\alpha_i$ 表示对数主值，

$$[\mathbb{Q}(\alpha_1, \cdots, \alpha_n, \beta_0, \cdots, \beta_n) : \mathbb{Q}] \leqslant d,$$

还记

$$\Omega = \log A_1 \cdots \log A_n$$

及

$$\Omega' = \Omega/\log A_n.$$

那么

$$\Lambda_0 = 0,$$

或者

$$|\Lambda_0| > (B\Omega)^{-c_1\Omega\log\Omega'}, \quad c_1 = (16nd)^{200n};\tag{5.3.1}$$

并且在有理情形，若 $\Lambda \neq 0$，则

$$|\Lambda| > B^{-c_1\Omega\log\Omega'}.\tag{5.3.2}$$

除 A. Baker 本人外，他的结果和方法多年来被许多数学家深入研究和改进（较完整的概述可见文献［20，73，249］等），特别是 P. Philippon 和 M. Waldschmidt，G. Wüstholz 1988 年的结果：

2°（P. Philippon 和 M. Waldschmidt[176]）设 α_i, β_j 同上，且设

$$A_i = \max(H(\alpha_i), \exp|\log\alpha_i|, e^n) \quad (i = 1, \cdots, n),$$
$$A = \max(A_1, \cdots, A_n, e^e), \quad H = \max_{1 \leqslant j \leqslant n} H(\beta_j),$$
$$\deg \mathbb{Q}(\alpha_1, \cdots, \alpha_n, \beta_0, \cdots, \beta_n) \leqslant d,$$

并令

$$\Omega = \log A_1 \cdots \log A_n.$$

如果 $\Lambda_0 \neq 0$，那么

$$|\Lambda_0| \geqslant \exp(-c_2\Omega(\log H + \log\log A)),$$

其中

$$c_2 = 2^{8n+53}n^{2n}d^{n+2}.$$

此外，在有理情形，如果

$$\alpha_1^{\beta_1} \cdots \alpha_n^{\beta_n} \neq 1, \quad H \geqslant \max(|\beta_1|, \cdots, |\beta_n|, e),$$

那么

$$|\Lambda| > \exp(-c_3\Omega\log H),$$

其中 $c_3 = c_3(n, d) > 0$ 是一个有效常数.

3°（G. Wüstholz[254]）存在有效常数 $c_4 = c_4(n, d) > 0$ 使当 $\Lambda_1 \neq 0$ 时有

$$|\Lambda_1| > \exp(-c_4\Omega(\log H + \log\Omega)),$$

其中 Ω 和 H 之意义同 2°.

其后，这些结果又获改进，常数也被具体算出. 1993 年 A. Baker 和 G. Wüstholz 得到：

4°（A. Baker 和 G. Wüstholz[22]）设 α_i, β_j 同上，$\log\alpha_i$ 表示对数主值，记

$$m = \deg \mathbb{Q}(\alpha_1, \cdots, \alpha_n), \quad H = \max(|\beta_1|, \cdots, |\beta_n|, e),$$

$$A_i = \max(H(\alpha_i), e) \quad (i = 1, \cdots, n).$$

如果 $\Lambda \neq 0$,那么

$$|\Lambda| \geqslant \exp(-(16mn)^{2(n+2)} \log A_1 \cdots \log A_n \log H).$$

2000 年,在 M. Waldschmidt 的关于对数线性型的专著[249]中给出了下列一般性结果.

定理 5.3.1(M. Waldschmidt[249]) 设 $n \geqslant 1, \alpha_1, \cdots, \alpha_n$ 和 $\beta_0, \cdots, \beta_n$ 是代数数,$\alpha_i \neq 0, 1 (i = 1, \cdots, n), \beta_j (j = 0, \cdots, n)$ 不全为零. 令 $\log \alpha_i$ 表示任一固定的对数分支,且

$$D = \deg \mathbb{Q}(\alpha_1, \cdots, \alpha_n, \beta_0, \cdots, \beta_n);$$

还设 B, E, E^* 是 $\geqslant e$ 的一些正数,$A_1, \cdots, A_n$ 是一些正数,它们满足下列条件:

$$\log A_i \geqslant \max\left(h(\alpha_i), \frac{E|\log \alpha_i|}{D}, \frac{\log E}{D}\right) \quad (i = 1, \cdots, n), \tag{5.3.3}$$

$$\log E^* \geqslant \max\left(\frac{\log E}{D}, \log\left(\frac{D}{\log E}\right)\right), \tag{5.3.4}$$

$$B \geqslant E^*, \tag{5.3.5}$$

其中 $h(\alpha)$ 是代数数 α 的绝对对数高. 此外,还设:

(ⅰ)一般情形(Λ_0)

$$B \geqslant \max_{1 \leqslant i \leqslant n} \frac{D \log A_i}{\log E}, \quad \log B \geqslant \max_{0 \leqslant j \leqslant n} h(\beta_j);$$

(ⅱ)有理情形(Λ)

$$\beta_n \neq 0, \quad B \geqslant \max_{1 \leqslant i \leqslant n-1}\left(\frac{|\beta_n|}{\log A_i} + \frac{|\beta_i|}{\log A_n}\right)\frac{\log E}{D}.$$

那么存在常数 $C(n) > 0$ 使当 Λ_0(或 Λ)$\neq 0$ 时有

$$|\Lambda_0|(或|\Lambda|) \geqslant \exp(-C(n)D^{n+2}(\log B)(\log A_1)$$
$$\cdots (\log A_n)(\log E^*)(\log E)^{-n-1}).$$

这个结果可由文献[249]的 Th. 9.1(并参见 Prop. 9.21)推出. M. Waldschmidt 对他的 Th. 9.1 给出了两个不同证明,其中一个基于 Baker 经典方法与 Laurent 插值行列式技巧的结合. 两个证明都依赖于线性代数群上的零点估计. 另外,他还给出常数的明显值 $C(n) = 2^{26n}n^{3n}$.

若不计常数的具体值,定理 5.3.1 蕴含了迄今所有线性型下界估计结果. 作为示例,现在由它推出 1° 中的估计.

设 $\log \alpha_i$ 为对数主值,A_i, B, Ω, Ω' 及 d 由 1° 中命题定义,并把定理 5.3.1 中的参数 A_i 记作 $\widetilde{A}_i$,等等. 令

$$\widetilde{D} = \deg \mathbb{Q}(\alpha_1, \cdots, \alpha_n, \beta_0, \cdots, \beta_n), \quad \widetilde{E} = \mathrm{e}, \quad \widetilde{A}_i = (2(\widetilde{D} + \mathrm{e})^4 H(\alpha_i))^{\mathrm{e}}.$$

在一般情形，记

$$\widetilde{B} = 2B(\widetilde{D} + \mathrm{e}) \prod_{i=1}^{n} \log \widetilde{A}_i, \quad \widetilde{E}^* = \max\left(\mathrm{e}, \widetilde{D}, \prod_{j=1}^{n-1} \log H(\alpha_j)\right);$$

在有理情形，记

$$\widetilde{B} = 2\max(\mathrm{e}, \widetilde{D}, |\beta_1|, \cdots, |\beta_n|) \prod_{j=1}^{n-1} \log A_j, \quad \widetilde{E}^* = \max(\mathrm{e}, \widetilde{D}).$$

由引理 1.1.9（记 $\deg \alpha_i = d_i$）可得

$$\log \widetilde{A}_i > \log H(\alpha_i) + \log(\widetilde{D} + \mathrm{e})$$

$$\geqslant d_i h(\alpha_i) - \frac{1}{2} \log(d_i + 1) + \log(d_i + 1) \geqslant h(\alpha_i),$$

又由引理 1.1.1 知

$$|\alpha_i| \leqslant H(\alpha_i) + 1,$$

故

$$|\log \alpha_i| \leqslant |\log|\alpha_i|| + \pi \leqslant \log(H(\alpha_i) + 1) + \pi,$$

从而

$$\log \widetilde{A}_i = \mathrm{e}(4\log(\widetilde{D} + \mathrm{e}) + \log(2H(\alpha_i)))$$

$$> \mathrm{e}(\pi + \log(H(\alpha_i) + 1)) \geqslant \frac{\widetilde{E}|\log \alpha_i|}{\widetilde{D}} \quad (i = 1, \cdots, n).$$

于是条件式 (5.3.3) 在此成立. 类似地，可验证其他条件. 因此，由定理 5.3.1 知在一般情形，若 $\Lambda_0 \neq 0$，则

$$|\Lambda_0| \geqslant \exp(-C(n)\widetilde{D}^{n+2}(\log \widetilde{B})(\log \widetilde{A}_1) \cdots (\log \widetilde{A}_n)(\log \widetilde{E}^*)).$$

因为

$$\widetilde{D} \leqslant d, \quad H(\alpha_i) \leqslant A_i,$$

所以

$$\widetilde{D}^{n+2}(\log \widetilde{B})(\log \widetilde{A}_1) \cdots (\log \widetilde{A}_n)(\log \widetilde{E}^*)$$

$$\leqslant d^{n+2}\left(\log 2 + 1 + \log d + \log B + \sum_{i=1}^{n} \log \log \widetilde{A}_i\right)$$

$$\cdot \prod_{i=1}^{n} \mathrm{e}(\log 2 + 4 + 4\log d + \log A_i) \cdot (1 + \log d + \log \Omega')$$

$$\leqslant d^{n+2}\left(2d + \log B + 2^3 d \sum_{i=1}^{n} \log \log A_i\right) \cdot \prod_{i=1}^{n} \mathrm{e}2^5 d \log A_i \cdot 2d \log \Omega'$$

$$\leqslant d^{n+2} \cdot 2^3 d (\log B + \log \Omega) \cdot e^n 2^{5n} d^n \cdot 2d \cdot \prod_{i=1}^{n} \log A_i \cdot \log \Omega'$$

$$= e^n 2^{5n+4} d^{2n+4} (\log A_1) \cdots (\log A_n)(\log B + \log \Omega) \log \Omega',$$

从而得到式(5.3.1),并且可取常数

$$c_1 = C(n) e^n 2^{5n+4} d^{2n+4} = e^n 2^{31n+4} d^{2n+4} n^{3n}.$$

类似地,在有理情形推出式(5.3.2),其中常数为 $c_1/4$.

如果适当修改 $\widetilde{A}_i$,并相应缩小 $\widetilde{E}^*$, $\widetilde{B}$,即可将上面结果改进而得到 $2°$.

5.4 线性型下界估计定理的特殊形式

为了某些应用(如丢番图方程的解数估计),A. Baker[16] 还给出对数线性型不等式的另一种形式,并且随着线性型下界估计的改进而愈益精密.现在给出一个这样的结果.

定理 5.4.1(N. I. Fel'dman[70]) 设 $\log \alpha_1, \cdots, \log \alpha_n$ 是代数数 $\alpha_1, \cdots, \alpha_n$ 的固定的一组对数值,β 是非零代数数,

$$\deg \mathbb{Q}(\alpha_1, \cdots, \alpha_n, \beta) = D,$$

δ 是正实数(可设 $0 < \delta < 1$).记

$$\Lambda = b_1 \log \alpha_1 + \cdots + b_n \log \alpha_n - \log \beta,$$

其中 $b_1, \cdots, b_n \in \mathbb{Z}$.还令

$$\log A = \max(h(\beta), |\log \beta|, e),$$
$$B_0 = \max(2, |b_1|, \cdots, |b_n|).$$

那么存在正常数

$$c_1 = c_1(n, D, \delta, \alpha_i, \log \alpha_i)$$

使当

$$0 < |\Lambda| \leqslant e^{-\delta B_0} \tag{5.4.1}$$

时有

$$B_0 \leqslant c_1 \log A. \tag{5.4.2}$$

注 5.4.1 设

$$|z| \leqslant \frac{1}{2},$$

那么

$$|e^z - 1| = \left| z + \frac{z^2}{2!} + \cdots \right| \geqslant |z| - |z|^2 \left(\frac{1}{2} + \frac{1}{2^2} + \frac{1}{2^3} + \cdots \right)$$

$$\geqslant |z| - |z|^2 = |z|(1 - |z|) \geqslant \frac{1}{2}|z|,$$

于是当 $|\Lambda| \leqslant \frac{1}{2}$ 时

$$|\alpha_1^{b_1} \cdots \alpha_n^{b_n} - \beta| = |e^{\log(\alpha_1^{b_1} \cdots \alpha_n^{b_n})} - e^{\log\beta}| = |\beta||e^\Lambda - 1| \geqslant \frac{1}{2}|\beta||\Lambda|,$$

因而若条件式(5.4.1)换成

$$0 < |\alpha_1^{b_1} \cdots \alpha_n^{b_n} - \beta| \leqslant e^{-\delta_1 B_0} \quad (\delta_1 > 0),$$

则类似结论仍成立(例如,文献[16,17,72,249]).

为证定理 5.4.1,先给出下列两个代数数对数线性型的下界估计.

定理 5.4.2(M. Laurent, M. Mignotte, Yu. V. Nesterenko[111]) 设 $\log\alpha_1, \log\alpha_2$ 是两个代数数 $\alpha_1, \alpha_2(\neq 0, 1)$ 的固定对数值, $b_1, b_2 \in \mathbb{Z}$, 且

$$\Lambda = b_1\log\alpha_1 + b_2\log\alpha_2 \neq 0.$$

记

$$D = \deg \mathbb{Q}(\alpha_1, \alpha_2),$$

还设 A_1, A_2, B 是一些正数,满足条件

$$\log A_i \geqslant \max\left(h(\alpha_i), \frac{|\log\alpha_i|}{D}, \frac{1}{D} \right) \quad (i = 1, 2),$$

$$B \geqslant \max(e, D), \quad B \geqslant \frac{|b_2|}{D\log A_1} + \frac{|b_1|}{D\log A_2},$$

那么

$$|\Lambda| \geqslant \exp(-c_2 D^4 (\log A_1)(\log A_2)(\log B)^2),$$

其中 c_2 是一个正绝对常数.

证 在定理 5.3.1 中取 $n = 2, E = e, E^* = B$ 并用 A_i^e 代替那里的 A_i,那么定理中有理情形诸条件在此均满足,故得结论. □

定理 5.4.1 的证明 若 $n = 1$,则由定理 5.4.2 直接得到本定理$\Big($在定理 5.4.2 中取

$b_2 = -1, \alpha_2 = \beta, B = \max\left(e, 1 + \frac{B_0}{\log A} \right), \log A_1 = \max(h(\alpha_1), |\log\alpha_1|, e), \log A_2 =$

$\log A\Big)$.

现在设 $n \geqslant 2$. 选取 $M \in \mathbb{N}$ 足够大使满足条件

$$M(\log M)^{-2} > 6c_2 \delta^{-1} D^4 (1 + n\log A_0)^2 , \tag{5.4.3}$$

其中 c_2 是定理 5.4.2 中的常数,

$$\log A_0 = \max_{1 \leqslant i \leqslant n} \max(\mathrm{e}, h(\alpha_i), |\log \alpha_i|).$$

设 $b_1, \cdots, b_n \in \mathbb{Z}$ 使式(5.4.1)成立,并且还满足

$$B_0 > M^{2n+1}, \quad B_0 > M^{n+1}\log A. \tag{5.4.4}$$

我们只用证明在这些假设下有

$$|\Lambda| > \mathrm{e}^{-\delta B_0} , \tag{5.4.5}$$

那么即知式(5.4.2)成立,其中可取 $c_1 = M^{2n+1}$.

用 N 表示满足条件

$$N^2 \geqslant B_0 M^{2n+1} \quad \text{且} \quad N \geqslant M^{n+1}\log A \tag{5.4.6}$$

的最小正整数. 由式(5.4.4)知 $N \leqslant B_0$.

由 Dirichlet 联立逼近定理(见文献[271]的 §2.1,定理 1),存在 $p_0, \cdots, p_n \in \mathbb{Z}$, $1 \leqslant p_0 < M^n$ 并且

$$\max_{1 \leqslant i \leqslant n} \left| b_i \frac{p_0}{N} - p_i \right| \leqslant \frac{1}{M}. \tag{5.4.7}$$

设 $r \in \mathbb{Z}$ 满足不等式

$$\frac{N}{p_0} \leqslant r < \frac{N}{p_0} + 1, \tag{5.4.8}$$

那么

$$\frac{rp_0}{N} \geqslant 1, \quad \frac{rp_0}{N} < \frac{r}{r-1},$$

从而

$$0 \leqslant \frac{rp_0}{N} - 1 < \frac{1}{r-1}.$$

于是由式(5.4.7)得

$$|b_i - rp_i| \leqslant \left| b_i - \frac{rp_0}{N}b_i \right| + \left| \frac{rp_0}{N}b_i - rp_i \right|$$

$$= b_i\left(\frac{rp_0}{N} - 1\right) + r\left| b_i\frac{p_0}{N} - p_i\right|$$

$$< \frac{b_i}{r-1} + \frac{r}{M}. \tag{5.4.9}$$

注意由式(5.4.8)和式(5.4.6)知当 M 足够大时

$$r \geqslant \frac{N}{p_0} > \frac{N}{M^n} > B_0^{1/2} M^{1/2} \geqslant 2,$$

于是

$$\frac{1}{r-1} \leqslant \frac{2}{r},$$

从而由式(5.4.9)得

$$\left| b_i - rp_i\right| < \frac{r}{M} + \frac{2B_0}{r} \quad (i = 1,\cdots,n). \tag{5.4.10}$$

仍然由式(5.4.6)和式(5.4.8)并注意 $1 \leqslant p_0 < M^n$，得

$$\frac{B_0}{r} \leqslant \frac{B_0 p_0}{N} \leqslant \frac{B_0 M^n}{N} = \frac{B_0 N M^n}{N^2} \leqslant \frac{N}{M^{n+1}} < \frac{N}{p_0 M} < \frac{r}{M},$$

因此由式(5.4.10)得

$$\left| b_i - rp_i\right| < \frac{3r}{M} \quad (i = 1,\cdots,n). \tag{5.4.11}$$

因 $N \leqslant B_0$，且由式(5.4.8)知

$$MN > 3\left(\frac{N}{p_0} + 1\right) > 3r,$$

故由上式得到

$$\left| p_i\right| < \frac{|b_i|}{r} + \frac{3}{M} < \frac{B_0}{r} + \frac{N}{r} < \frac{2B_0}{r} \quad (i = 1,\cdots,n). \tag{5.4.12}$$

又因

$$r \geqslant \frac{N}{p_0} > \frac{N}{M^n},$$

由式(5.4.6)得

$$\frac{r}{M} > \frac{N}{M^{n+1}} \geqslant \log A. \tag{5.4.13}$$

现在定义

$$\widetilde{\alpha}_1 = \exp\Big(\sum_{i=1}^n p_i \log\alpha_i\Big), \quad \widetilde{\alpha}_2 = \exp\Big(\sum_{\lambda=1}^n (b_i - rp_i)\log\alpha_i - \log\beta\Big),$$

则有

$$\Lambda = r\log\widetilde{\alpha}_1 + \log\widetilde{\alpha}_2.$$

令

$$\log\widetilde{A}_1 = \frac{2B_0}{r} \cdot n\log A_0, \quad \log\widetilde{A}_2 = \frac{r}{M}(1 + 3n\log A_0).$$

由式(5.4.12)及 A_0 的定义知

$$h(\widetilde{\alpha}_1) \leqslant \sum_{i=1}^n |p_i| h(\alpha_i) < \frac{2B_0}{r} \cdot n\log A_0,$$

$$|\log\widetilde{\alpha}_1| \leqslant \sum_{i=1}^n |p_i| |\log\alpha_i| < \frac{2B_0}{r} \cdot n\log A_0,$$

另外

$$r \leqslant N + 1 \leqslant B_0 + 1, \quad \frac{2B_0}{r} \geqslant \frac{2B_0}{B_0 + 1} > 1,$$

所以

$$\log\widetilde{A}_1 \geqslant \max\Big(h(\widetilde{\alpha}_1), \frac{|\log\widetilde{\alpha}_1|}{\widetilde{D}}, \frac{1}{\widetilde{D}}\Big),$$

其中

$$\widetilde{D} = \deg\mathbb{Q}(\widetilde{\alpha}_1, \widetilde{\alpha}_2) = D.$$

类似地,由式(5.4.11)和式(5.4.13)得

$$h(\widetilde{\alpha}_2) \leqslant \sum_{i=1}^n |b_i - rp_i| h(\alpha_i) + h(\beta)$$

$$\leqslant \frac{3r}{M} n\log A_0 + \log A$$

$$< \frac{r}{M}(1 + 3n\log A_0),$$

$$|\log\widetilde{\alpha}_2| \leqslant \sum_{i=1}^n |b_i - rp_i| |\log\alpha_i| + |\log\beta| < \frac{r}{M}(1 + 3n\log A_0),$$

另外,由式(5.4.6)知

$$\frac{r}{M} \geqslant \frac{N}{p_0 M} > \frac{N}{M^{n+1}} \geqslant \log A \geqslant 1,$$

所以

$$\log \widetilde{A}_2 \geqslant \max\left(h(\widetilde{\alpha}_2), \frac{|\log \widetilde{\alpha}_2|}{\widetilde{D}}, \frac{1}{\widetilde{D}} \right).$$

而且由

$$\log \widetilde{A}_1 > \frac{2B_0}{r} \geqslant 1, \quad \log \widetilde{A}_2 > \frac{2r}{M}$$

可知

$$\frac{1}{\log \widetilde{A}_1} + \frac{r}{\log \widetilde{A}_2} \leqslant M.$$

因此将定理 5.4.2 应用于

$$\Lambda = r\log \widetilde{\alpha}_1 + \log \widetilde{\alpha}_2,$$

取参数 $D = \widetilde{D}, A_1 = \widetilde{A}_1, A_2 = \widetilde{A}_2, B = M$, 即得

$$|\Lambda| \geqslant \exp\left(-c_2 D^4 \cdot \frac{2B_0}{r}(n\log A_0) \cdot \frac{r}{M}(1+3n\log A_0)(\log M^2) \right).$$

注意式(5.4.3)即可得式(5.4.5), 于是定理得证. □

注 5.4.2 N. I. Fel'dman[70] 应用定理 5.4.1 给出下列 Liouville 定理的改进形式: 对任何次数 $d \geqslant 3$ 的代数数, 存在两个正数 c_0 和 η(可计算), 使对任何 $p/q \in \mathbb{Q}$ 有

$$\left| \alpha - \frac{p}{q} \right| > \frac{c_0}{q^{d-\eta}}.$$

5.5 $\log\alpha$ 和 e^α 的超越性度量

在 $n = 2$ 时, 由线性型 Λ 的下界估计立即得到非零代数数的对数用代数数逼近的下界, 从而导致相应的超越性度量.

我们首先考虑 $\log\alpha$ 的超越性度量. 设 α 是非零代数数, $\log\alpha$ 表示 α 的对数的任一非零分支. 1932 年, K. Mahler[129] 证明了: 若 $\alpha \in \mathbb{Q}, \alpha > 0, \log\alpha \in \mathbb{R}$, 则 $\log\alpha$ 有超越性度量

$$\varphi(d, H) = \gamma(d)\exp(-c_1^d \log H),$$

其中 $\gamma(d)$ 是与多项式次数有关的未具体给出的一个函数，c_1 及后文的 c_i 是正常数.

1951 年，N. I. Fel'dman[66] 给出下列形式的超越性度量：

$$\varphi(d,H) = \exp(-c_2 d^2 \log(1+d)(1+d\log d+\log H)\log(2+d\log d+\log H)).$$

其后不久，K. Mahler[133] 给出下列很简单的形式：

$$\varphi(d,H) = \exp(-c_3^d \log H).$$

1960 年，N. I. Fel'dman[67] 证明了：对于次数 $\leqslant d$，高 $\leqslant H$ 的代数数 ξ，若

$$d < (\log H)^{1/4},$$

则

$$|\log\alpha - \xi| > \exp(-c_4 d^2 \log H(1+\log d)^2);$$

1972 年，P. L. Cijsouw[50] 考虑了 $d \geqslant (\log H)^{1/4}$ 的情形. 结合这两者，我们得到 $\log\alpha$ 的一个新的超越性度量：

$$\varphi(d,H) = \exp(-c_5 d^2 (d+\log H)(1+\log d)^2).$$

最后，1974 年，P. L. Cijsouw[51] 给出下列 $\log\alpha$ 的迄今最好的超越性度量结果：

$$\varphi(d,H) = \exp(-c_6 d^2 (\log H + d\log d)(1+\log d)^{-1}). \tag{5.5.1}$$

我们下面给出 M. Waldschmidt[233] 对于式 (5.5.1) 的证明，它基于对数线性型下界估计定理，要比 P. L. Cijsouw 所用的方法简单，并且此方法还可用来处理其他一些与指数和对数函数有关的超越性度量问题.

定理 5.5.1（P. L. Cijsouw[51]） 设 α 是非零代数数，$\log\alpha$ 是其任何非零对数分支，则式 (5.5.1) 给出 $\log\alpha$ 的一个超越性度量；特别地，$\log\alpha$ 的超越型 $\leqslant 3$.

我们先给出一些辅助性引理.

设两个整系数多项式有分解式

$$P(z) = a_0 z^p + \cdots + a_p = a_0 \prod_{i=1}^{p}(z-t_i) \quad (a_0 \neq 0),$$

$$Q(z) = b_0 z^q + \cdots + b_q = b_0 \prod_{j=1}^{q}(z-u_j) \quad (b_0 \neq 0),$$

我们称

$$r(P,Q) = a_0^q b_0^p \prod_{\substack{(i,j) \\ t_i \neq u_j}}(t_j - u_j) \tag{5.5.2}$$

为多项式 P, Q 的半结式.

引理 5.5.1 $r(P,Q)$ 是非零有理整数.

证 设式(5.5.2)的乘积中含有 $l \leqslant pq$ 项，那么任何其他的含有 l 项 $t_i - u_j$ 的乘积一定为零，从而

$$r(P,Q) = a_0^q b_0^p \sum \prod_{(i,j)} (t_i - u_j), \tag{5.5.3}$$

其中求和展布在所有 $\begin{bmatrix} pq \\ l \end{bmatrix}$ 个上述类型的乘积上. 于是式(5.5.3)分别关于 $t_1, \cdots, t_p$ 及 $u_1, \cdots, u_q$ 对称，因此由对称函数性质可知 $r(P,Q)$ 是 $t_1, \cdots, t_p$ 及 $u_1, \cdots, u_q$ 的两组初等对称函数的整系数多项式，从而可表示为 $R(a_0, \cdots, a_p; b_0, \cdots, b_q)$，其中 R 是整系数多项式. 又由式(5.5.2)，知 $r(P,Q) \neq 0$，故得所要证的结论. $\qquad\square$

引理 5.5.2 设

$$S = \{(i,j) \mid i \in S_1 \subseteq \{1, \cdots, p\}, j \in S_2 \subseteq \{1, \cdots, q\}\}.$$

如果 $|S_1|$ (S_1 中元素个数) $= p'$，$|S_2| = q'$，那么

$$\left| a_0^{q'} b_0^{p'} \prod_{(i,j) \in S} (t_i - u_j) \right| \leqslant 2^{pq} ((p+1)^{1/2} H(P))^q ((q+1)^{1/2} H(Q))^p. \tag{5.5.4}$$

证 因为

$$|t_i - u_j| \leqslant 2\max(1, |t_i|)\max(1, |u_j|),$$

所以

$$\begin{aligned}
\prod_{(i,j) \in S} |t_i - u_j| &\leqslant 2^{pq} \prod_{(i,j) \in S} \max(1, |t_i|)\max(1, |u_j|) \\
&= 2^{pq} \Big(\prod_{i \in S_1} \max(1, |t_i|) \Big)^{q'} \Big(\prod_{j \in S_2} \max(1, |u_j|) \Big)^{p'} \\
&\leqslant 2^{pq} \Big(\prod_{i=1}^{p} \max(1, |t_i|) \Big)^{q'} \Big(\prod_{j=1}^{q} \max(1, |u_j|) \Big)^{p'},
\end{aligned}$$

从而

$$\begin{aligned}
\left| a_0^{q'} b_0^{p'} \prod_{(i,j) \in S} (t_i - u_j) \right| &\leqslant 2^{pq} \Big(a_0 \prod_{i=1}^{p} \max(1, |t_i|) \Big)^{q'} \Big(b_0 \prod_{j=1}^{q} \max(1, |u_j|) \Big)^{p'} \\
&\leqslant 2^{pq} (M(P))^q (M(Q))^p,
\end{aligned}$$

其中 $M(P), M(Q)$ 分别是多项式 P 和 Q 的 Mahler 度量. 由引理 1.1.7 得知

$$M(P) \leqslant (1+p)^{1/2} H(P), \quad M(Q) \leqslant (1+q)^{1/2} H(Q),$$

由此及上式即得式(5.5.4). $\qquad\square$

引理 5.5.3 设 $P \in \mathbb{Z}[z]$ 是非常数多项式，$\omega \in \mathbb{C}$，ξ 是 $P(z)$ 的与 ω 距离最近的根，k 是 ξ 的重数. 则有

$$|r(P,P)||\omega-\xi|^k \leqslant 4^{d(P)^2}(2d(P)H(P))^{2d(P)}|P(\omega)|. \tag{5.5.5}$$

证 设 $t_1,\cdots,t_p$ 是 $P(z)$ 的全部根(计及重数),且 $t_1=\cdots=t_k=\xi(k\leqslant p)$,那么

$$|\xi-t_i|\leqslant|\xi-\omega|+|\omega-t_i|\leqslant2|\omega-t_i| \quad (i=1,\cdots,p).$$

于是(设 P 的最高项系数为 a_0)

$$|\omega-\xi|^k|r(P,P)|$$

$$=\left|a_0^{2p}\prod_{i=k+1}^{p}(\xi-t_i)(\omega-\xi)^k\prod_{\substack{(i,j)\in S\\t_i\neq t_j}}(t_i-t_j)\right|$$

$$\leqslant2^{p-k}\left|a_0\prod_{i=k+1}^{p}(\omega-t_i)\cdot(\omega-\xi)^k\right|\left|a_0^{2p-1}\prod_{(i,j)\in S}(t_i-t_j)\right|$$

$$\leqslant2^p|P(\omega)|\left|a_0^{2p-1}\prod_{\substack{(i,j)\in S\\t_i\neq t_j}}(t_i-t_j)\right|,$$

其中 $S\subseteq\{2,\cdots,p\}\times\{1,\cdots,p\}$. 由此及引理 5.5.2 立得式(5.5.5). □

引理 5.5.4 设 $\omega\in\mathbb{C}$ 是超越数,并且对任何次数 $\leqslant d$,Mahler 度量 $\leqslant M(d>1,M>\mathrm{e})$ 的代数数 ξ 有

$$|\omega-\xi|>\exp(-\psi(d,\log M)), \tag{5.5.6}$$

其中 $\psi(\delta,\log\mu)$ 是对正实数 $\delta>1,\mu>\mathrm{e}$ 定义的实值函数. 如果对任何正整数 k 及满足条件

$$\delta_1>1, \quad \mu_1>1, \quad \delta_2\geqslant k\delta_1, \quad \log\mu_2\geqslant k\log\mu_1$$

的实数 $\delta_1,\delta_2,\mu_1,\mu_2$ 有

$$\psi(\delta_2,\log\mu_2)\geqslant k\psi(\delta_1,\log\mu_1), \tag{5.5.7}$$

那么函数

$$\exp(-\psi(d,\log H+\log d)-4d(\log H+d))$$

是 ω 的一个超越性度量.

证 设 $P\in\mathbb{Z}[z]$ 是一个次数 $\leqslant d$,高 $\leqslant H$ 的非常数多项式,ξ 是它的与 ω 最近的根,由引理 5.5.1 和引理 5.5.3,并且注意式(5.5.6),我们有

$$|P(\omega)|\geqslant|\omega-\xi|^k4^{-d^2}(2dH)^{-2d}$$

$$\geqslant\exp(-k\psi(d_1,\log M_1)-d^2\log4-2d(\log(2d)+\log H)), \tag{5.5.8}$$

其中 $M_1=M(\xi)$ 是 ξ 的 Mahler 度量,$d_1=\deg(\xi)$. 设 $Q\in\mathbb{Z}[z]$ 是 ξ 的极小多项式,则

$$\deg(Q)=d_1,$$

且 $Q^k \mid P$,故有

$$d_1 \leqslant \deg(P)/k \leqslant d/k,$$

$$\log M(Q) = \log M_1 \leqslant \frac{1}{k}\log M(P) \leqslant \frac{1}{k}(\log H(P) + \log \deg(P))$$

$$\leqslant \frac{1}{k}(\log H + \log d) = \log(dH)/k,$$

由此并应用式(5.5.7)得到

$$k\psi(d_1,\log M_1) \leqslant \psi(d,\log d + \log H).$$

另外还有

$$d^2\log 4 + 2d(\log(2d) + \log H) \leqslant 4d(d + \log H),$$

于是由式(5.5.8)得

$$\mid P(\omega) \mid \geqslant \exp(-\psi(d,\log d + \log H) - 4d(d + \log H)).$$ □

定理 5.5.1 的证明　在定理 5.3.1 中取 $n = 1, \alpha_1 = \alpha, \beta_0 = -\xi, \beta_1 = 1$,则

$$\Lambda_0 = \log \alpha - \xi.$$

设

$$\deg(\xi) = d(\xi) \leqslant d,\quad M(\xi) \leqslant M,$$

则

$$D = [\mathbb{Q}(\alpha,\xi) : \mathbb{Q}] \leqslant c_7 d(\xi) \leqslant c_7 d \quad (c_7 > 1), \tag{5.5.9}$$

$$h(-\xi) = \log M(\xi)/d(\xi) \leqslant M/d(\xi). \tag{5.5.10}$$

还取诸参数为

$$E = eD,\quad \log A = \max(h(\alpha), e \mid \log \alpha \mid, e),\quad E^* = E,\quad B = e^{h(\xi)}D\log A,$$

此处 $h(\tau)$ 表示代数数 τ 的绝对对数高,那么容易验证定理中诸条件被满足,于是得到

$$\mid \log \alpha - \xi \mid > \exp(-c_8 D^3(h(\xi) + \log D + \log \log A)(1 + \log D)(1 + \log D)^{-2})$$

$$= \exp(-c_8 D^3(h(\xi) + \log D + \log \log A)(1 + \log D)^{-1}).$$

注意 $x/(1 + \log x)$ 当 $x \geqslant 1$ 时单调上升,所以由式(5.5.9)得

$$D(1 + \log D)^{-1} \leqslant c_7 d(1 + \log c_7 + \log d)^{-1} \leqslant c_7 d(1 + \log d)^{-1},$$

而且由式(5.5.9)和式(5.5.10)得

$$D(h(\xi) + \log D + \log \log A) \leqslant c_7(\log M(\xi) + d(\xi)\log d(\xi) + d(\xi)\log c_7 + c_9),$$

因此我们有

$$\mid \log \alpha - \xi \mid > \exp(-c_{10}d^2(\log M + d\log d)(1 + \log d)^{-1}).$$

由于函数 $\delta^2(\log\mu + \delta\log\delta)(1 + \log\delta)^{-1}$ 满足引理 5.5.5 的条件，所以

$$\exp(- c_{10}d^2(\log H + d\log d)(1 + \log d)^{-1} - 4d(\log H + d))$$

是 $\log\alpha$ 的一个超越性度量，从而推得定理的结论成立. □

现在研究 e^α ($\alpha\neq 0$ 是代数数)的超越性度量. 1932 年，K. Mahler[129] 给出 e^α 的第一个超越性度量：对任何次数 $\leqslant d$，高 $\leqslant H$ 的多项式 $P\in\mathbb{Z}[z]$，当 $H\geqslant c_{11}(d)$ 时

$$|P(e^\alpha)| > \exp(- c_{12}d\log H),$$

Th. Schneider[197] 也证明了这个结果，但不必假定 $H\geqslant c_{11}(d)$. 1972 年，P. L. Cijsouw[50] 证明了 e^α 具有超越性度量

$$\varphi(d,H) = \exp(- c_{13}d^2(d + \log H)). \tag{5.5.11}$$

1974 年，G. V. Chadnovshy[46] 给出下面形式的结果：

$$\varphi(d,H) = \exp(- c_{14}d^2(\log dH)\log^2 d).$$

1978 年，M. Waldschmidt[233] 得到下述超越性度量：

$$\varphi(d,H) = \exp(- c_{15}d^2(\log dH)(\log(d\log H))^2(\log\log H + \log\log d)^{-2}),$$

$$\tag{5.5.12}$$

不失一般性可限定 $d>1, H>1$，此处 c_{15} 及后文中常数 c_{16} 等均与 α 有关. 注意如果 $H\leqslant e^d$，则式(5.5.12)蕴含式(5.5.11)；而当 H 较大时，K. Mahler 的结果仍是较好的.

现在证明 M. Waldschmidt 的结果.

定理 5.5.2 (M. Waldschmidt[233]) 设 α 为非零代数数，则式(5.5.12)是 e^α 的一个超越性度量；特别地，e^α 的超越型 $\leqslant 3$.

先证下列引理.

引理 5.5.5 设 v 和 w 是两个复数，满足

$$|w - e^v| \leqslant \frac{1}{3}|e^v|,$$

则存在 w 的对数的一个分支 $\log w$，适合

$$|w - e^v| \geqslant \frac{2}{3}|e^v||\log w - v|. \tag{5.5.13}$$

证 用 Log 表示对数主支. 因为当 $|z| = 1/3$ 时点 $1 + z$ 在圆周 $|z - 1| = 1/3$ 上，所以

$$\arg(1 + z) \leqslant \arcsin(1/3),$$

因而

$$|\log(1 + z)| = \sqrt{(\log|1 + z|)^2 + (\arg(1 + z))^2}$$
$$\leqslant \sqrt{\left(\log \frac{4}{3}\right)^2 + \left(\arcsin \frac{1}{3}\right)^2}$$
$$< \sqrt{0.29^2 + 0.35^2} < 0.5,$$

由此得到

$$\sup_{|z| \leqslant \frac{1}{3}} |\log(1 + z)| < \frac{1}{2}.$$

于是将最大模原理应用于函数 $\log(1 + z)/z$ 得到

$$|\log(1 + z)| \leqslant \frac{3}{2}|z| \quad \left(|z| \leqslant \frac{1}{3}\right).$$

由此得

$$|\log(we^{-v})| \leqslant \frac{3}{2}|we^{-v} - 1|,$$

我们定义

$$\log w = \text{Log}(we^{-v}) + v,$$

即得式(5.5.13). □

定理 5.5.2 的证明 首先证明：若 ξ 是一个代数数，其次数$\leqslant d$，Mahler 度量$\leqslant M$ ($d > 1, M > e$)，则有

$$|e^\alpha - \xi| > \exp(- c_{16}(\alpha)d^2(\log M)(\log\log M + \log d)^2(\log\log M)^{-2}). \tag{5.5.14}$$

显然，如果

$$|e^\alpha - \xi| > \frac{1}{3}|e^\alpha|,$$

则适当选取 $c_{16}(\alpha)$，即可使式(5.5.14)成立，因此我们可设

$$|e^\alpha - \xi| \leqslant \frac{1}{3}|e^\alpha|,$$

于是由引理 5.5.5，存在 ξ 的对数的一个分支 $\log\xi$ 满足

$$|e^\alpha - \xi| \geqslant \frac{2}{3}|e^\alpha||\alpha - \log\xi|. \tag{5.5.15}$$

我们还可认为

$$|\log\xi| < 1 + |\alpha|, \tag{5.5.16}$$

因若不然,则有

$$| \alpha - \log\xi | \geqslant | \log\xi | - | \alpha | \geqslant 1,$$

于是由式(5.5.15)并适当选取常数$c_{16}(\alpha)$,也可使式(5.5.14)成立.现在应用定理 5.3.1 于对数线性型 $\alpha - \log\xi$,亦即在该定理中令 $n = 1$,并且取代数系数 β_0 和 β_1 为(此处的)α 及 -1.还取诸参数

$$D = [\mathbb{Q}(\xi, \alpha) : \mathbb{Q}] \leqslant c_{17}d(\xi) \leqslant c_{17}d,$$

$$E = \mathrm{e}\log M, \quad E^* = DE, \quad \log A = \frac{\mathrm{e}}{d(\xi)}(\log M)(1 + |\alpha|),$$

$$B = \mathrm{e}^{h(\alpha)}(1 + |\alpha|)E^* = \mathrm{e}^{h(\alpha)+1}D(1 + |\alpha|)\log M.$$

注意式(5.5.16),容易验证定理 5.3.1 中诸条件在此成立,于是得到

$$| \alpha - \log\xi | > \exp(- c_{18}D^3(h(\alpha) + 1 + \log(1 + |\alpha|) + \log D + \log\log M)$$
$$\cdot (d(\xi))^{-1}(\log M)(1 + |\alpha|)(1 + \log D + \log\log M)(1 + \log\log M)^{-2})$$
$$> \exp(- c_{19}d^2(\log M)(\log d + \log\log M)^2(\log\log M)^{-2}).$$

由此及式(5.5.15)即推知式(5.5.14)成立.

现在注意函数 $\delta^2(\log\mu)(\log\delta + \log\log\mu)^2(\log\log\mu)^{-2}$ 满足引理 5.5.5 的条件,于是易得所要的结论. $\qquad\qquad\square$

5.6 补充与评注

1° 关于定理 5.1.1 的证明还可参见文献[218,232,234,242],特别地,在文献[249]中给出两个证明,并对证法作了分析.

2° 对数线性型下界估计的基本文献除正文中引用者外,还可见文献[177,209,217,239,242,243]等.

3° 两个代数数的对数的线性型在丢番图方程中应用较多."两对数线性型"的下界估计的早期工作是 A. O. Gelfond 开拓的(见正文所引文献),进一步的工作可见文献[110,149]等.迄今最好的结果是 M. Laurent,M. Mignotte 和 Yu. V. Nesterenko[111] 得到的.

4° 5.5 节给出建立超越性度量的一种基本方法,它以线性型下界估计为基础.另一种基本方法基于经典的 Gelfond 方法.关于这些方法的进一步论述和应用可见文献[50,

72,233]等.

5° 半结式的概念是 G. V. Chudnovsky 提出的,有关论述可见文献[48](Ch.1),还可见文献[38,184]等.

6° 对数线性型定理对虚二次域类数问题的应用可见文献[19](Ch.5),在丢番图方程中的应用可见文献[19,21,115,210,211,216,221]等.

7° 关于 p-adic 对数线性型定理,见文献[261,262].

8° 对数代数无关性猜想:设 $\lambda_1,\cdots,\lambda_n$ 是非零代数数的对数.若它们在 $\mathbb{Q}$ 上线性无关,则(在 $\mathbb{Q}$ 上)代数无关.它迄今远未解决(只当 $n=1$ 得证).详细论述见文献[235,249].

第 **6** 章

Siegel-Shidlovskii 定理

1929 年 C. L. Siegel 定义了一类被称为 E 函数的整函数, 它包括指数函数、Bessel 函数和一类超几何函数等, 在假定 E 函数满足某些条件下, 证明这些 E 函数在代数点上的值代数无关, 从而得到指数函数和 Bessel 函数在代数点上的值具有上述性质. 但是他的方法还不能证明满足高于二阶线性微分方程的 E 函数具有上述性质. 1954 年 A. B. Shidlovskii 发展了 Siegel 方法, 用满足线性微分方程组的 E 函数本身的代数无关性条件代替了 Siegel 的假设, 从而得到 E 函数在代数点上的值代数无关的一般性定理, 该定理不仅包括了 Siegel 的一些结果, 而且还能证明满足高阶微分方程的一类超几何 E 函数在代数点上的值的代数无关性. 这个一般性定理通常称为 Siegel-Shidlovskii 定理, 本章主要介绍它以及它的应用.

关于 E 函数的 Siegel-Shidlovskii 定理是超越数论一个重要分支, 而指数函数值的数论性质是 E 函数理论的主要基础. 6.1 节还要专门介绍一下指数函数值的经典结果——Lindemann-Weierstrass 定理.

6.1 Lindemann-Weierstrass 定理

在证明本节主要定理之前, 先给出 Ch. Hermite[95] 和 F. Lindemann[119] 分别关于 e 和 π 是超越数的证明.

引理 6.1.1 设 $f(x)$ 为实系数次数为 m 的多项式, 记

$$I(z) = \int_0^z e^{z-u} f(u) du,$$

其中 z 是任意复数, 积分沿着连接 0 到 z 的直线段, 则有

$$I(z) = e^z \sum_{j=0}^{m} f^{(j)}(0) - \sum_{j=0}^{m} f^{(j)}(z), \tag{6.1.1}$$

若 $f^*(x)$ 表示 $f(x)$ 的系数用它的绝对值代替所得到的多项式, 则有

$$|I(z)| \leqslant |z| e^{|z|} f^*(|z|). \tag{6.1.2}$$

证 通过分部积分容易得到上述结论 (本引理通常称为 Hermite 恒等式). □

定理 6.1.1 (ⅰ) (Ch. Hermite[95]) e 是超越数.

(ⅱ) (F. Lindemann[119]) π 是超越数.

证 首先证明 e 是超越数. 如不然, 设 e 是一个代数数, 设它的次数为 n, 它满足极小多项式为

$$a_n e^n + a_{n-1} e^{n-1} + \cdots + a_0 = 0. \tag{6.1.3}$$

设 p 为充分大的素数, 定义多项式

$$f(x) = x^{p-1}(x-1)^p \cdots (x-n)^p,$$

记

$$J = \sum_{i=0}^{n} a_i \int_0^i e^{i-u} f(u) du = \sum_{i=0}^{n} a_i I(i),$$

由式 (6.1.1) 和式 (6.1.3), 有

$$J = - \sum_{i=0}^{n} \sum_{j=0}^{m} a_i f^{(j)}(i) \quad (m = (n+1)p - 1).$$

如果 $j < p, i > 0$ 和 $j < p-1, i = 0$, 则有

$$f^{(j)}(i) = 0,$$

因此对一切 $(j,i) \neq (p-1,0)$，$p!$ 整除 $f^{(j)}(i)$，而

$$f^{(p-1)}(0) = (p-1)!(-1)^n(n!)^p,$$

因此，当 $p > n$ 时，$(p-1)!$ 整除 $f^{(p-1)}(0)$，但 $p!$ 不整除 $f^{(p-1)}(0)$. 所以 p 充分大时，数 J 是一个可被 $(p-1)!$ 整除的整数，于是

$$|J| \geqslant (p-1)!. \tag{6.1.4}$$

但由式 (6.1.2) 有

$$|J| \leqslant \sum_{i=0}^{n} |a_i| i e^i f^*(i) \leqslant c^p, \tag{6.1.5}$$

这里 c 是与 p 无关的正常数. 当 p 充分大时，式 (6.1.4) 与式 (6.1.5) 相矛盾，从而证明了 e 是超越数.

现在证明 π 是超越数. 若 π 是代数数，则 $\theta = i\pi$ 也是代数数，以 $\theta_1 = \theta, \theta_2, \cdots, \theta_n$ 表示 θ 的极小多项式的全部零点，记

$$m = \mathrm{den}(\theta),$$

由 $e^\theta = -1$，则有

$$(1 + e^{\theta_1})(1 + e^{\theta_2}) \cdots (1 + e^{\theta_n}) = 0. \tag{6.1.6}$$

式 (6.1.6) 可以写成 2^n 个 e^β 之和，其中

$$\beta = \varepsilon_1 \theta_1 + \cdots + \varepsilon_n \theta_n \quad (\varepsilon_i \text{ 为 } 0 \text{ 或 } 1).$$

假设这些 β 有 l 个不为零，记为 $\alpha_1, \cdots, \alpha_l$，那么式 (6.1.6) 写为

$$q + e^{\alpha_1} + \cdots + e^{\alpha_l} = 0 \quad (q = 2^n - l).$$

设 p 为充分大的素数，令多项式 $f(x)$ 为

$$f(x) = m^{lp} x^{p-1} (x - \alpha_1)^p \cdots (x - \alpha_l)^p$$

和

$$J = \sum_{k=1}^{l} I(\alpha_k) = \sum_{k=1}^{l} \int_0^{\alpha_k} e^{\alpha_k - u} f(u) \mathrm{d}u$$

$$= -q \sum_{j=0}^{s} f^{(j)}(0) - \sum_{j=0}^{s} \sum_{k=1}^{l} f^{(j)}(\alpha_k), \tag{6.1.7}$$

这里 $s = (l+1)p - 1$，这样式 (6.1.7) 右端的和 $\sum_{k=1}^{l} f^{(j)}(\alpha_k)$ 是关于 $m\alpha_1, \cdots, m\alpha_l$ 的对称多项式，也是 $m\beta$ 的对称多项式，同时也是诸 $m\theta_i$ 的对称多项式，因此这个和式是一个有理整数，且当 $j < p$ 时

$$f^{(j)}(\alpha_k) = 0 \quad (1 \leqslant k \leqslant l),$$

所以 $p!$ 整除 $\sum\limits_{j=0}^{s}\sum\limits_{k=1}^{l}f^{(j)}(\alpha_k)$，此外，当 $j \neq p-1$ 时，$p!$ 也整除 $f^{(j)}(0)$. 而

$$f^{(p-1)}(0) = (p-1)!\,m^{lp}(-1)^l(\alpha_1,\cdots,\alpha_l)^p,$$

同样由对称多项式的性质知 $f^{(p-1)}(0)$ 也是一个有理整数，当 p 充分大时，$f^{(p-1)}(0)$ 被 $(p-1)!$ 整除，但不被 $p!$ 整除. 于是 $J \neq 0$，并有

$$|J| \geqslant (p-1)!. \tag{6.1.8}$$

另一方面，由式(6.1.2)和式(6.1.7)有

$$|J| \leqslant \sum_{k=1}^{l} |\alpha_k|\,\mathrm{e}^{|\alpha_k|} f^*(|\alpha_k|) \leqslant c^p,$$

这里 c 是与 p 无关的正常数，此式与式(6.1.8)矛盾，从而证明了 π 是超越数，定理 6.1.1 证毕. $\qquad\square$

注 6.1.1 证明了 π 是超越数，从而解决了古希腊关于化圆为方的问题.

定理 6.1.2（Lindemann-Weierstrass 定理[120,251]） 如果 $\alpha_1,\cdots,\alpha_n\,(n \geqslant 1)$ 是一组代数数，它们在 $\mathbb{Q}$ 上线性无关，那么 $\mathrm{e}^{\alpha_1},\cdots,\mathrm{e}^{\alpha_n}$ 在 $\mathbb{A}$ 上代数无关.

在以后应用中，经常用到定理 6.1.2 的等价定理：

定理 6.1.3 如果 $\xi_1,\cdots,\xi_k\,(k \geqslant 1)$ 是互不相同的代数数，且 $c_1,\cdots,c_k$ 是不全为零的代数数，则有

$$c_1\mathrm{e}^{\xi_1} + \cdots + c_k\mathrm{e}^{\xi_k} \neq 0.$$

我们先证明定理 6.1.2 和定理 6.1.3 是等价的.

假设定理 6.1.2 成立，设 $\xi_1,\cdots,\xi_k$ 中有 l 个在 $\mathbb{Q}$ 上线性无关，设为 $\beta_1,\cdots,\beta_l$，则有

$$\xi_i = a_{i1}\beta_1 + \cdots + a_{il}\beta_l \quad (i = 1,\cdots,k;\,a_{ij} \in \mathbb{Q}). \tag{6.1.9}$$

令 $q \in \mathbb{N}$ 是 a_{ij} 的公分母，又令

$$q^{-1}\beta_j = \eta_j, \quad qa_{ij} = b_{ij} \quad (i = 1,\cdots,k;\,j = 1,\cdots,l).$$

考虑不全为零的代数系数的多项式

$$Q(z_1,\cdots,z_l) = \sum_{i=1}^{k} c_i z_1^{b_{i1}} z_2^{b_{i2}} \cdots z_l^{b_{il}}, \tag{6.1.10}$$

由于 ξ_i 是互不相同的，故 k 个数组 $(b_{i1},\cdots,b_{il})\,(i=1,\cdots,k)$ 也是互不相同的，所以

$$Q(z_1,\cdots,z_l) \not\equiv 0.$$

在式(6.1.10)中令 $z_j = \mathrm{e}^{\eta_j}\,(j=1,\cdots,l)$，则有

$$Q(\mathrm{e}^{\eta_1},\cdots,\mathrm{e}^{\eta_l}) = \sum_{i=1}^{k} c_i \mathrm{e}^{b_{i1}\eta_1 + \cdots + b_{il}\eta_l}$$

$$= c_1 \mathrm{e}^{\xi_1} + \cdots + c_k \mathrm{e}^{\xi_k}.$$

由于 $\eta_1, \cdots, \eta_l$ 在 $\mathbb{Q}$ 上线性无关,由定理 6.1.2 知,$\mathrm{e}^{\eta_1}, \cdots, \mathrm{e}^{\eta_l}$ 在 $\mathbb{A}$ 上代数无关,故

$$Q(\mathrm{e}^{\eta_1}, \cdots, \mathrm{e}^{\eta_l}) \neq 0,$$

即

$$c_1 \mathrm{e}^{\xi_1} + \cdots + c_k \mathrm{e}^{\xi_k} \neq 0,$$

这里 c_i 为不全为零的代数数,因此定理 6.1.3 成立.

假设定理 6.1.3 成立,如果定理 6.1.2 不成立,那么存在一个非零多项式

$$P(z_1, \cdots, z_n) \in \mathbb{A}[z_1, \cdots, z_n],$$

并有

$$P(\mathrm{e}^{\alpha_1}, \cdots, \mathrm{e}^{\alpha_n}) = \sum_{(k_1, \cdots, k_n)} c_{k_1, \cdots, k_n} \mathrm{e}^{k_1 \alpha_1 + \cdots + k_n \alpha_n} = 0.$$

这里 $c_{k_1, \cdots, k_n} \in \mathbb{A}$,并不全为零,求和是对有限多个不同的数组 $(k_1, \cdots, k_n)$ 求和.因 α_1,$\cdots, \alpha_n$ 在 $\mathbb{Q}$ 上线性无关,所以 $k_1 \alpha_1 + \cdots + k_n \alpha_n$ 是彼此不同的,这与定理 6.1.3 的结论矛盾,从而定理 6.1.2 成立.

证明定理 6.1.2 需要下面几个引理.

引理 6.1.2 令 $\rho_1, \cdots, \rho_m (m \geqslant 1)$ 是互不相同的复数,令 $n_1, \cdots, n_m$ 是一组正整数,并且记

$$\sum_{k=1}^{m} (n_k + 1) = N + 1. \tag{6.1.11}$$

那么存在唯一的一组多项式(除了差一个常数因子外)$P_1 = P_1(z), \cdots, P_m = P_m(z)$,$\deg P_i = n_i (i = 1, \cdots, m)$,并具有下面性质:

$$R = R(z) = \sum_{k=1}^{m} P_k(z) \mathrm{e}^{\rho_k z}, \tag{6.1.12}$$

而它在 $z = 0$ 的零点的阶为

$$\mathrm{Ord}_{z=0} R(z) = N.$$

多项式 $P_k(z)$ 和函数 $R(z)$ 可以分别表示如下:

$$P_k(z) = \prod_{\substack{s=1 \\ s \neq k}}^{m} \left(\rho_k - \rho_s + \frac{\mathrm{d}}{\mathrm{d}z} \right)^{-n_s-1} \frac{z^{n_k}}{n_k!} \quad (k = 1, \cdots, m), \tag{6.1.13}$$

$$R(z) = \int \cdots \int_{\substack{t_1 + \cdots + t_m = z \\ t_1 > 0, \cdots, t_m > 0}} \prod_{k=1}^{m} \left(\frac{t_k}{n_k!} \mathrm{e}^{\rho_k t_k} \right) \mathrm{d}t_1 \cdots \mathrm{d}t_{m-1} \quad (m \geqslant 2; z > 0). \tag{6.1.14}$$

并且当 $\rho_1, \cdots, \rho_m \in \mathbb{C}$ 时,有

$$|R(1)| \leqslant \frac{e^{|\rho_1| + \cdots + |\rho_m|}}{n_1! \cdots n_m!},$$

而当 $\rho_1, \cdots, \rho_m \in \mathbb{R}$ 时，有 $|R(1)| > 0$.

证 由引理的假设，我们有

$$R(z) = P_1(z)e^{\rho_1 z} + \cdots + P_m(z)e^{\rho_m z} = c\frac{z^N}{N!} + \cdots. \tag{6.1.15}$$

比较式(6.1.15)两端 $z^0, z^1, \cdots, z^N$ 的系数，得到由诸 $P_k(z)$ 的系数作为未知数(共有 $N+1$ 个)的 $N+1$ 个线性方程，由线性方程组理论知，当 $c \neq 0$ 时，这些系数是唯一确定的，且不为零，因此 $P_1(z), \cdots, P_m(z)$ 也是唯一确定的. 记

$$D = \frac{\mathrm{d}}{\mathrm{d}z},$$

显然有 $D^n(e^{\lambda z}P(z)) = e^{\lambda z}(\lambda + D)^n P(z)$. 我们用归纳法证明式(6.1.13). 当 $m = 1$ 时，由式(6.1.15)有 $P_1(z) = cz^{n_1}/n_1!$，取 $c = 1$，式(6.1.13)成立. 现在假设式(6.1.13)对 ρ_i 个数为 $m-1$ 已被证明，下面证明对其个数为 m，式(6.1.13)也成立. 令 $N = N_m$，由

$$D^{n_m+1}(Re^{-\rho_m z}) = \sum_{k=1}^{m} D^{n_m+1}\left(e^{(\rho_k - \rho_m)z}P_k(z)\right)$$

$$= \sum_{k=1}^{m-1} e^{(\rho_k - \rho_m)z}(\rho_k - \rho_m + D)^{n_m+1}P_k(z) = H(z).$$

另一方面，由式(6.1.15)有

$$H(z) = D^{n_m+1}(Re^{-\rho_m z}) = cD^{n_m+1}\left(\frac{z^{N_m}}{N_m!}e^{-\rho_m z} + \cdots\right)$$

$$= c\frac{z^{N_{m-1}}}{N_{m-1}!} + \cdots. \tag{6.1.16}$$

令

$$Q_k(z) = (\rho_k - \rho_m + D)^{n_m+1}P_k(z) \quad (k = 1, \cdots, m-1), \tag{6.1.17}$$

它们是多项式，次数与 $P_k(z)$ 的次数相同，则有

$$H(z) = \sum_{i=1}^{m-1} Q_i(z)e^{(\rho_i - \rho_m)z} = c\frac{z^{N_{m-1}}}{N_{m-1}!} + \cdots,$$

它们满足引理的条件，只是 m 用 $m-1$ 代替，ρ_i 用 $\rho_i - \rho_m$ 代替，由归纳假设有

$$Q_k(z) = \prod_{\substack{s=1 \\ s \neq k}}^{m-1} (\rho_k - \rho_s + D)^{-n_s-1}\frac{z^{n_k}}{n_k!} \quad (k = 1, \cdots, m-1).$$

由式(6.1.17)可得到 $P_1(z), \cdots, P_{m-1}(z)$ 满足式(6.1.13). 如用 $e^{-\rho_1 z}$ 代替 $e^{-\rho_m z}$，D^{n_1+1} 代替 D^{n_m+1}，按上面推理，同样可证 $P_2(z), \cdots, P_m(z)$ 满足式(6.1.13).

下面证明式 (6.1.14) 成立, 对幂级数 $f(z)$, 我们定义

$$J(f) = \int_0^z f(x)\mathrm{d}x,$$

显然有

$$DJ(f) = f(z), \quad JD(f) = f(z) - f(0), \quad J^{n+1}(f) = \int_0^z \frac{(z-x)^n}{n!} f(x)\mathrm{d}x \quad (n \geqslant 0),$$

由式 (6.1.16) 有

$$
\begin{aligned}
R(z) &= \mathrm{e}^{\rho_m z} J^{n_m+1} H(z) \\
&= \mathrm{e}^{\rho_m z} \int_0^z \frac{(z-t)^{n_m}}{n_m!} H(t)\mathrm{d}t \quad (z > 0).
\end{aligned}
\tag{6.1.18}
$$

现用式 (6.1.18) 和归纳法来证明式 (6.1.14). 对 $m = 2$, 由式 (6.1.18) 并取

$$Q_1(z) = z^{n_1}/n_1!,$$

有

$$
\begin{aligned}
R(z) &= \mathrm{e}^{\rho_2 z} \int_0^z \frac{(z-t)^{n_2}}{n_2!} \mathrm{e}^{(\rho_1-\rho_2)t} \frac{t^{n_1}}{n_1!}\mathrm{d}t \\
&= \int_0^z \frac{(z-t)^{n_2} t^{n_1}}{n_1! n_2!} \mathrm{e}^{\rho_1 t} \mathrm{e}^{\rho_2(z-t)}\mathrm{d}t \\
&= \int_{\substack{t_1+t_2=z \\ t_1>0, t_2>0}} \frac{t_1^{n_1} t_2^{n_2}}{n_1! n_2!} \mathrm{e}^{\rho_1 t_1} \mathrm{e}^{\rho_2 t_2}\mathrm{d}t_1 \quad (z > 0).
\end{aligned}
$$

现假设式 (6.1.14) 对 ρ_j 个数为 $m-1$ 成立, 那么有

$$H(t) = \int_{\substack{t_1+\cdots+t_{m-1}=t \\ t_1>0,\cdots,t_{m-1}>0}} \prod_{k=1}^{m-1} \left(\frac{t_k^{n_k}}{n_k!} \mathrm{e}^{(\rho_k-\rho_m)t_k} \right)\mathrm{d}t_1\cdots\mathrm{d}t_{m-2} \quad (t > 0),$$

将上式代入式 (6.1.18), 并令

$$t_m = z - t,$$

则有

$$
\begin{aligned}
R(z) &= \int_0^z \frac{t_m^{n_m}}{n_m!} \left(\int_{t_1+\cdots+t_{m-1}=z-t_m} \sum_{k=1}^{m-1} \left(\frac{t_k^{n_k}}{n_k!} \mathrm{e}^{\rho_k t_k} \right) \mathrm{e}^{\rho_m t_m} \mathrm{d}t_1\cdots\mathrm{d}t_{m-2} \right)\mathrm{d}t_m \\
&= \int_{\substack{t_1+\cdots+t_m=z \\ t_1>0,\cdots,t_m>0}} \left(\prod_{k=1}^m \frac{t_k^{n_k}}{n_k!} \mathrm{e}^{\rho_k t_k} \right)\mathrm{d}t_1\cdots\mathrm{d}t_{m-2}\mathrm{d}t_m \quad (z > 0),
\end{aligned}
$$

这就证明了式 (6.1.14) 成立. 关于 $R(1)$ 的估计, 由式 (6.1.14) 立刻得到. □

引理 6.1.3 在引理 6.1.2 的假设下，取 $c = 1, m \geqslant 2$，令

$$M = \max_{1 \leqslant j < i \leqslant m} \frac{1}{|\rho_j - \rho_i|},$$

则有

$$|P_k(1)| \leqslant (2M + 2)^N \quad (k = 1, \cdots, m), \tag{6.1.19}$$

如果 $\rho_1, \cdots, \rho_m \in \mathbb{A}$，那么

$$n_k! q^N P_k(1) \in \mathbb{Z}_{\mathbb{A}} \quad (k = 1, \cdots, m), \tag{6.1.20}$$

这里 $q \in \mathbb{N}$，并满足

$$\frac{q}{\rho_j - \rho_i} \in \mathbb{Z}_{\mathbb{A}} \quad (i, j = 1, \cdots, m; i \neq j).$$

证 利用公式

$$(\omega + D)^{-n-1} = \omega^{-n-1} \sum_{r=0}^{\infty} \binom{-n-1}{r} \omega^{-r} D^r,$$

于是

$$\left| (\rho_k - \rho_s + D)^{-n_s-1} \frac{z^{n_k}}{n_k!} \right|$$

$$\leqslant M^{n_s+1} \sum_{r=0}^{\infty} \left| \binom{-n_s-1}{r} \right| M^r D^r \frac{z^{n_k}}{n_k!}$$

$$= M^{n_s+1} (1 - MD)^{-n_s-1} \frac{z^{n_k}}{n_k!}$$

$$= \left(\frac{1}{M} - D \right)^{-n_s-1} \frac{z^{n_k}}{n_k!} \quad (z > 0; k \neq s),$$

由式(6.1.13)，对任意 $z > 0$，有

$$|P_k(z)| \leqslant (M^{-1} - D)^{n_k-N} \frac{z^{n_k}}{n_k!}$$

$$\leqslant M^{N-n_k} \sum_{r=0}^{\infty} \binom{N - n_k + r - 1}{r} M^r D^r \frac{z^{n_k}}{n_k!}$$

$$\leqslant \sum_{r=0}^{n_K} \binom{N}{r} M^{N-n_k+r} z^{n_k-r}$$

$$\leqslant 2^N (M + z)^N \quad (z > 0; k = 1, \cdots, m), \tag{6.1.21}$$

由式(6.1.21)立刻得出式(6.1.19)成立. 由于 $\rho_1, \cdots, \rho_m \in \mathbb{A}$，式(6.1.20)显然成立. □

定理 6.1.2 的证明 假设定理不成立，存在一个系数属于 $\mathbb{A}$ 的次数为 d 的多项式

$$G(x_1,\cdots,x_n) = \sum_{(i_1,\cdots,i_n)} c_{i_1,\cdots,i_n} x_1^{i_1}\cdots x_n^{i_n}, \tag{6.1.22}$$

使得

$$G(\mathrm{e}^{\alpha_1},\cdots,\mathrm{e}^{\alpha_n}) = 0. \tag{6.1.23}$$

不妨假设多项式(6.1.22)的系数 $c_{i_1,\cdots,i_n} \in \mathbb{Z}_{\mathbb{A}}$,设 $\mathbb{Q}$ 添加它们及 $\alpha_1,\cdots,\alpha_n$ 所得的扩域记为 $\mathbb{K}$,记

$$h = [\mathbb{K} : \mathbb{Q}].$$

我们可以选取充分大的自然数 f,使得

$$\prod_{k=1}^{n}(f+k-d) > \left(1-\frac{1}{n}\right)\prod_{k=1}^{n}(f+k) \tag{6.1.24}$$

成立.

用 $Y_1,\cdots,Y_m$ 和 $Z_{m-r+1},\cdots,Z_m$ 分别表示全次数不超过 f 和 $f-d$ 的单项式 $x_1^{g_1}\cdots x_n^{g_n}$,容易验证

$$m = \binom{f+n}{n}, \qquad r = \binom{f-d+n}{n}. \tag{6.1.25}$$

对 $s = m-r+1,\cdots,m$,用 Z_s 乘以多项式(6.1.22),则有

$$Z_s G = a_{s1} Y_1 + a_{s2} Y_2 + \cdots + a_{sm} Y_m,$$

这里 a_{sl} 是 $G(x_1,\cdots,x_n)$ 的系数或者为零. 于是 $Z_s G$ 作为 $Y_1,\cdots,Y_m$ 的线性型,它们线性无关,所以矩阵 $(a_{sl})_{\substack{m-r+1\leqslant s\leqslant m\\1\leqslant l\leqslant m}}$ 的秩是 r.

另一方面,对于单项式

$$Y_l = x_1^{g_{l1}}\cdots x_n^{g_{ln}},$$

由于 $\alpha_1,\cdots,\alpha_n$ 在 $\mathbb{Q}$ 上线性无关,可知数

$$\rho_l = g_{l1}\alpha_1 + \cdots + g_{ln}\alpha_n \quad (l = 1,\cdots,m)$$

是 $\mathbb{K}$ 中互不相同的数,而且

$$a_{s1}\mathrm{e}^{\rho_1} + \cdots + a_{sm}\mathrm{e}^{\rho_m} = 0 \quad (s = m-r+1,\cdots,m).$$

令

$$n_l(k) = \begin{cases} n^*, & \text{当 } 1\leqslant l\leqslant k, \\ n^*-1, & \text{当 } k+1\leqslant l\leqslant m. \end{cases}$$

对于给定的 $\rho_1,\cdots,\rho_m$ 及 $n_1(k),\cdots,n_m(k)$,应用引理 6.1.2,确定一组多项式

$P_{k1}(z),\cdots,P_{km}(z)$，使得

$$\deg P_{kl}(z) = n_l(k) \quad (l = 1,\cdots,m),$$

和

$$R_k(z) = P_{k1}(z)e^{\rho_1 z} + \cdots + P_{km}(z)e^{\rho_m z}$$

成立. 对 $k=1,\cdots,m$，分别确定上面的多项式组 $P_{k1}(z),\cdots,P_{km}(z)$ 和函数 $R_k(z)$，令行列式 $\Delta(z)$ 为

$$\Delta(z) = \begin{vmatrix} P_{11}(z) & \cdots & P_{1m}(z) \\ \vdots & & \vdots \\ P_{m1}(z) & \cdots & P_{mm}(z) \end{vmatrix},$$

由 $P_{kl}(z)$ 的定义知，$\Delta(z)$ 的展开式中，主对角线乘积的项为 mn^* 次多项式，而其余的项为次数 $< mn^*$ 的多项式，于是

$$\deg\Delta(z) \leqslant mn^*.$$

另一方面，以 $\Delta_1,\cdots,\Delta_m$ 表示 $\Delta(z)$ 的第一列元素的代数余子式，则有

$$\Delta(z) = e^{-\rho_1 z}(\Delta_1 R_1(z) + \cdots + \Delta_m R_m(z)).$$

由引理 6.1.2 知

$$\mathrm{Ord}_{z=0} R_k(z) = (n_1(k) + \cdots + n_m(k)) + m - 1 \geqslant mn^* + k - 1 \geqslant mn^*,$$

所以 $\Delta(z)$ 在 $z=0$ 的零点的阶不小于 mn^*，因此必有 $\gamma \neq 0$ 使得

$$\Delta(z) = \gamma z^{mn^*},$$

从而有

$$\Delta(1) = \det(P_{kl}(1))_{1 \leqslant l,k \leqslant m} \neq 0. \tag{6.1.26}$$

于是可以从矩阵 $(P_{kl}(1))_{1 \leqslant k,l \leqslant m}$ 中选取 $m-r$ 个行与矩阵 $(a_{sl})_{\substack{m-r+1 \leqslant s \leqslant m \\ 1 \leqslant l \leqslant m}}$ 构成一个 m 阶非奇异矩阵. 不妨设这 $m-r$ 个行是矩阵 $(P_{kl}(1))_{1 \leqslant k,l \leqslant m}$ 的第 $k_1,k_2,\cdots,k_{m-r}$ 行，记

$$P_{k_t l}(1) = a_{tl} \quad (l = 1,\cdots,m), \quad R_{k_t}(1) = \beta_t \quad (t = 1,\cdots,m-r),$$

又记 $\beta_t = 0, t = m-r+1,\cdots,m$. 则有下面一组线性关系：

$$a_{k1}e^{\rho_1} + \cdots + a_{km}e^{\rho_m} = \beta_k \quad (k = 1,\cdots,m).$$

以 $A_1,\cdots,A_m$ 表示行列式 $\Delta = \det(a_{kl})_{1 \leqslant k,l \leqslant m}$ 的第一列元素的代数余子式，则有

$$\xi = \Delta = (A_1\beta_1 + \cdots + A_m\beta_m)e^{-\rho_1} \neq 0, \tag{6.1.27}$$

这里 $\xi \in \mathbb{K}$. 由于 $\rho_1,\cdots,\rho_m$ 与 n^* 无关，并是互不相同的代数数，由式 (6.1.13) 和式 (6.1.20) 知，存在有理整数 T，满足

$$T \leqslant c_1^{n^*} (n^*)!$$

和

$$Ta_{kl} \in \mathbb{Z}_{\mathbb{K}} \quad (1 \leqslant k \leqslant m-r; 1 \leqslant l \leqslant m).$$

又知 $a_{kl}(m-r+1 \leqslant k \leqslant m; 1 \leqslant l \leqslant m)$ 都是 $\mathbb{K}$ 中的代数整数,所以 $T^{m-r}\xi \in \mathbb{Z}_{\mathbb{K}}$,因此有

$$\mathrm{den}(\xi) \leqslant (c_1^{n^*} (n^*)!)^{m-r}. \tag{6.1.28}$$

上面的 c_1(以及下面的 $c_2,c_3,\cdots$)是与 n^* 无关的正常数. 设 $\xi_1 = \xi, \xi_2, \cdots, \xi_h$ 为 ξ 在 $\mathbb{K}$ 中的共轭,由式(6.1.19),以及

$$N \leqslant c_2 n^*,$$

则有

$$\overline{|a_{kl}|} \leqslant c_3^{n^*} \quad (1 \leqslant k \leqslant m; 1 \leqslant l \leqslant m), \tag{6.1.29}$$

于是

$$\overline{|\xi|} \leqslant c_4^{n^*}. \tag{6.1.30}$$

再由引理 6.1.2 的 $R(1)$ 的估计有

$$|\beta_k| \leqslant c_5 (n^*)^m ((n^*)!)^{-m} \leqslant c_6^{n^*} ((n^*)!)^{-m} \quad (1 \leqslant k \leqslant m-r), \tag{6.1.31}$$

由式(6.1.27)则有

$$|\xi| \leqslant c_7^{n^*} ((n^*)!)^{-m}.$$

由引理 1.1.2 得

$$\begin{aligned}
\log c_7^{n^*} ((n^*)!)^{-m} &\geqslant \log |\xi| > -(h-1)\log \overline{|\xi|} - h\log(\mathrm{den}(\xi)) \\
&\geqslant -(h-1)\log c_4^{n^*} - h\log(c_1^{n^*} (n^*)!)^{m-r},
\end{aligned}$$

于是有

$$\begin{aligned}
n^* \log c_7 - m\log(n^*)! &\geqslant -n^*(h-1)\log c_4 \\
&\quad - h(m-r)(n^*\log c_1 + \log(n^*)!).
\end{aligned}$$

由于选取的 n^* 充分大,由上式得出

$$m \leqslant h(m-r),$$

即

$$r \leqslant \left(1 - \frac{1}{h}\right)m.$$

由 r 和 m 的定义式(6.1.25),上式与式(6.1.24)中选取的 f 相矛盾,从而式(6.1.23)不成立. □

注 6.1.2 由 Lindemann-Weierstrass 定理可得知 e 和 π 都是超越数，并且如果 $\alpha \neq 0$，$\alpha \in \mathbb{A}$，那么 e^{α} 是超越数（即 Hermite-Lindemann 定理）.

注 6.1.3 定理 6.1.2 的证明方法是下面 Siegel-Shidlovskii 定理证明的基础.

6.2 Shidlovskii 引理

在证明 Siegel-Shidlovskii 定理之前，本节先证明一个 Shidlovskii 引理.

设 $\mathbb{K}$ 是一个有限次代数数域.考虑下面齐次线性微分方程组

$$y_i'(z) = \sum_{j=1}^{m} q_{ij}(z) y_j(z) \quad (i = 1, \cdots, m), \tag{6.2.1}$$

这里 $q_{ij}(z) \in \mathbb{K}(z)$，其解 $y_1(z), \cdots, y_m(z)$ 是 $\mathbb{K}$ 上幂级数.将式(6.2.1)写成矩阵形式

$$Y' = QY, \tag{6.2.2}$$

这里

$$Y = \begin{pmatrix} y_1(z) \\ \vdots \\ y_m(z) \end{pmatrix}, \quad Q = (q_{ij}(z))_{1 \leqslant i, j \leqslant m}.$$

记式(6.2.2)的所有解集合为 V_Q，如果 $Y_1, Y_2 \in V_Q$，$a_1, a_2 \in \mathbb{K}$，则有 $a_1 Y_1 + a_2 Y_2 \in V_Q$，即 V_Q 为 $\mathbb{K}$ 上的向量空间.记 V_Q 的维数为 M，显然 $0 \leqslant M \leqslant m$（若 $M = 0$，则 V_Q 只含零向量）.令 $y_1(z), \cdots, y_m(z)$ 是式(6.2.1)的一组解,定义线性型

$$\lambda(Y) = \sum_{i=1}^{m} P_i(z) y_i(z), \tag{6.2.3}$$

这里 $P_i(z) \in \mathbb{K}[z]$，令 Λ 是由式(6.2.3)定义的线性型全体组成的集合，则 Λ 是 $\mathbb{K}[z]$ 上的线性空间（即当 $\lambda_1, \lambda_2 \in \Lambda$，$a_1, a_2 \in \mathbb{K}[z]$ 时，有 $a_1 \lambda_1 + a_2 \lambda_2 \in \Lambda$），令 Λ 的维数为 n，显然有 $0 \leqslant n \leqslant m$（当 $n = 0$ 时，Λ 只含有零向量）.令 $T(z)$ 为 $q_{ij}(z)$ 的最小公分母，$T(z) \in \mathbb{K}[z]$，记微分算子

$$D = T(z) \frac{\mathrm{d}}{\mathrm{d}z},$$

对于 Λ 中任一向量 $\lambda(Y)$ 有

$$D\lambda(Y) = \sum_{i=1}^{m} T(z)(P'_i(z)y_i(z) + P_i(z)y'_i(z))$$

$$= \sum_{i=1}^{m} P_i^*(z)y_i(z),$$

这里

$$P_i^*(z) = T(z)\Big(P'_i(z) + \sum_{j=1}^{m} P_j(z)q_{ji}(z)\Big) \quad (i = 1,\cdots,m).$$

于是 $D\lambda(Y) \in \Lambda$,将此性质称为 Λ 在 D 作用下是闭的.如果

$$\mathrm{Ord}_{z=0}q_{ij}(z) \geqslant 0 \quad (1 \leqslant i,j \leqslant m),$$

则称微分方程组(6.2.1)是正则的.

引理 6.2.1 设 V_Q 在 $\mathbb{K}$ 上的维数为 M,Λ 在 $\mathbb{K}[z]$ 上的维数为 n,还设 $M>n$,并且 Λ 在 D 作用下是闭的,那么 V_Q 具有一组基 $Y_1,\cdots,Y_M$ 使得对所有 $\lambda \in \Lambda$ 有

$$\lambda(Y_k) = 0 \quad (k = 1,\cdots,M-n).$$

证 设 $\lambda_1,\cdots,\lambda_n$ 为 Λ 的一组基,对任意 $\lambda \in \Lambda$ 有

$$\lambda = u_1\lambda_1 + \cdots + u_n\lambda_n \quad (u_i \in \mathbb{K}[z](i = 1,\cdots,n)).$$

由于 Λ 在 D 作用下是闭的,所以 $D\lambda_i \in \Lambda$,且

$$D\lambda_i = \sum_{j=1}^{n} u_{ij}\lambda_j \quad (i = 1,\cdots,n).$$

令 Y 是式(6.2.1)的任意一组解,令

$$\omega_i = \lambda_i(Y),$$

于是

$$\omega'_i = T(z)^{-1}D\lambda_i(Y) = \sum_{j=1}^{n}(u_{ij}(z)/T(z))\lambda_j(Y)$$

$$= \sum_{j=1}^{n}(u_{ij}(z)/T(z))\omega_j \quad (i = 1,\cdots,n).$$

所以 ω_i 满足齐次线性微分方程组

$$S: \quad W' = UW.$$

设 V_U 是微分方程组 S 的所有解集合,它同样是 $\mathbb{K}$ 上的向量空间,其维数记为 N,则有 $0 \leqslant N \leqslant n < M$.令 $V_1,\cdots,V_M$ 是 V_Q 的一组基,令

$$\omega_{ik} = \lambda_i(V_k) \quad (1 \leqslant i \leqslant n; 1 \leqslant k \leqslant M).$$

还令

$$W_k = \begin{pmatrix} \omega_{1k} \\ \vdots \\ \omega_{nk} \end{pmatrix} \quad (k = 1, \cdots, M),$$

于是 $W_1, \cdots, W_M$ 是 S 的 M 组解，其中最多有 n 个线性无关，所以有 $M - n$ 个线性关系

$$a_{1l}W_1 + \cdots + a_{Ml}W_M = 0 \quad (l = 1, \cdots, M - n), \tag{6.2.4}$$

因此可以构造一个 $M \times M$ 的矩阵

$$A = \begin{pmatrix} a_{11} & \cdots & a_{1M} \\ \vdots & & \vdots \\ a_{M1} & \cdots & a_{MM} \end{pmatrix},$$

使得

$$\det A \neq 0.$$

令

$$\begin{pmatrix} Y_1 \\ \vdots \\ Y_M \end{pmatrix} = A' \begin{pmatrix} V_1 \\ \vdots \\ V_M \end{pmatrix},$$

则 $Y_1, \cdots, Y_M$ 仍是 V_Q 的一组基，并有

$$\lambda_i(Y_k) = \lambda_i \left(\sum_{j=1}^{M} a_{jk} V_j \right)$$

$$= \sum_{j=1}^{M} a_{jk} \lambda_i(V_j) = \sum_{j=1}^{M} a_{jk} \omega_{ij} = 0$$

$$(i = 1, \cdots, n; k = 1, \cdots, M - n),$$

这里用到式(6.2.4)，最后有

$$\lambda(Y_K) = 0 \quad (k = 1, \cdots, M - n). \qquad \square$$

引理 6.2.2 设微分方程组(6.2.1)是正则的，则 V_Q 在 $\mathbb{K}$ 上的维数为 m，并且 V_Q 的任意一组基 $W_1, \cdots, W_m$ 可以由下式给出：

$$(W_1, \cdots, W_m) = (V_1, \cdots, V_m)A,$$

这里 W_i, V_i 为列向量，A 为非奇异矩阵，有

$$A = \begin{pmatrix} a_{11} & \cdots & a_{1m} \\ \vdots & & \vdots \\ a_{m1} & \cdots & a_{mm} \end{pmatrix} \quad (a_{ij} \in \mathbb{K}),$$

而列向量 $V_1, \cdots, V_m$ 由微分方程组(6.2.1)给出. 令矩阵

$$J = (W_1, \cdots, W_m),$$

还有

$$\mathrm{Ord}_{z=0} \det J = 0.$$

证 设 W 是式(6.2.1)的任意一组解, 由式(6.2.1)的正则性, 式(6.2.1)的系数矩阵可表示成

$$Q(z) = \sum_{l=0}^{\infty} Q_{(l)} z^l,$$

这里 $Q_{(l)}$ 为常数矩阵, 从而

$$\mathrm{Ord}_{z=0} W \geqslant 0,$$

于是

$$W = \sum_{l=0}^{\infty} W_{(l)} z^l, \quad W' = \sum_{l=0}^{\infty} (l+1) W_{(l+1)} z^l,$$

这里 $W_{(l)}$ 是常数列向量. 由微分方程组(6.2.1), 我们有下列递推关系:

$$(l+1) W_{(l+1)} = Q_{(0)} W_{(l)} + \cdots + Q_{(l)} W_{(0)},$$

于是有

$$W_{(l)} = Q_{[l]} W_{(0)},$$

这里

$$Q_{[0]} = I \quad (\text{单位方阵}),$$

$$Q_{[1]} = Q_{(0)}, \quad Q_{[2]} = \frac{1}{2} Q_{(0)}^2 + \frac{1}{2} Q_{(1)},$$

$$Q_{[3]} = \frac{1}{6} Q_{(0)}^3 + \frac{1}{6} Q_{(0)} Q_{(1)} + \frac{1}{3} Q_{(1)} Q_{(0)} + \frac{1}{3} Q_{(2)},$$

$$\cdots\cdots$$

令矩阵

$$H = I + \sum_{l=1}^{\infty} Q_{[l]} z^l,$$

于是 W 可以写成

$$W = H W_{(0)},$$

如果 $W_{(0)}$ 分别取 I 的列向量, 我们可以得到 H 的列向量, 分别记为 $V_1, \cdots, V_m$, 由于

$$\det H = 1 + \sum_{i=1}^{\infty} h_i z^i \neq 0,$$

即 $V_1,\cdots,V_m$ 是线性无关的向量，并且它们是微分方程组(6.2.1)的解，这也证明了 V_Q 在 $\mathbb{K}$ 上的维数为 m. 如果令

$$A = \begin{pmatrix} a_{11} & \cdots & a_{1m} \\ \vdots & & \vdots \\ a_{m1} & \cdots & a_{mm} \end{pmatrix}$$

是非奇异矩阵，$a_{ij} \in \mathbb{K}$. 设 $J = HA$，则得到

$$J = (W_1,\cdots,W_m),$$

$W_1,\cdots,W_m$ 是 J 的列向量，同时也是微分方程组(6.2.1)的解，并且是 V_Q 的一组基，则有

$$\mathrm{Ord}_{z=0}\det J = \mathrm{Ord}_{z=0}\det H = 0. \qquad\qquad \Box$$

设 Λ 中 $\lambda_1,\cdots,\lambda_\mu (0 \leqslant \mu < m)$ 是线性无关的，应用引理6.2.1，取

$$M = m, \quad n = \mu,$$

那么 V_Q 具有一组基 $W_1,\cdots,W_m$ 使得

$$\lambda_h(W_k) = 0 \quad (h = 1,\cdots,\mu; k = 1,\cdots,m-\mu) \qquad (6.2.5)$$

成立. 令

$$\lambda_h(Y) = \sum_{i=1}^{m} P_{hi}(z)y_i(z) \quad (h = 1,\cdots,\mu),$$

记矩阵

$$P^* = \begin{pmatrix} P_{11}(z) & \cdots & P_{1m}(z) \\ \vdots & & \vdots \\ P_{\mu 1}(z) & \cdots & P_{\mu m}(z) \end{pmatrix},$$

由于 $\lambda_1,\cdots,\lambda_\mu$ 是线性无关的，所以 P^* 的秩为 μ，不妨设

$$\det P = \det \begin{pmatrix} P_{11}(z) & \cdots & P_{1\mu}(z) \\ \vdots & & \vdots \\ P_{\mu 1}(z) & \cdots & P_{\mu\mu}(z) \end{pmatrix} \neq 0, \qquad (6.2.6)$$

那么存在 $\mu(m-\mu)$ 个 $e_{ij}(z) \in \mathbb{K}(z)$，使得

$$P_{hj}(z) = \sum_{i=1}^{\mu} P_{hi}(z)e_{ij}(z) \quad (h = 1,\cdots,\mu; j = \mu+1,\cdots,m),$$

由式(6.2.5)有

$$\lambda_h(W_k) = \sum_{i=1}^{\mu} P_{hi}(z)\left(\omega_{ik}(z) + \sum_{j=\mu+1}^{m} e_{ij}(z)\omega_{jk}(z)\right)$$

$$= \sum_{i=1}^{\mu} P_{hi}(z)F_{ik}(z) = 0 \quad (h = 1,\cdots,\mu; k = 1,\cdots,m-\mu),$$

这里

$$F_{ik}(z) = \omega_{ik}(z) + \sum_{j=\mu+1}^{m} e_{ij}(z)\omega_{jk}(z), \quad W_k = \begin{pmatrix} \omega_{1k}(z) \\ \vdots \\ \omega_{mk}(z) \end{pmatrix}.$$

由式(6.2.6)知

$$\det P \neq 0,$$

所以

$$F_{ik}(z) = 0 \quad (i = 1,\cdots,\mu; k = 1,\cdots,m-\mu). \tag{6.2.7}$$

式(6.2.7)是 $\mu(m-\mu)$ 个方程,它可以分成 μ 个系统,而每个系统的方程个数为 $m-\mu$,其未知数为 $e_{i,\mu+1}(z),\cdots,e_{im}(z)$,而每个系统的系数都相同,其系数矩阵为

$$S^{(0)} = \begin{pmatrix} \omega_{\mu+1,1}(z) & \cdots & \omega_{\mu+1,m-\mu}(z) \\ \vdots & & \vdots \\ \omega_{m,1}(z) & \cdots & \omega_{m,m-\mu}(z) \end{pmatrix}.$$

令矩阵

$$S = \begin{pmatrix} \omega_{1,1}(z) & \cdots & \omega_{1,m}(z) \\ \vdots & & \vdots \\ \omega_{m,1}(z) & \cdots & \omega_{m,m}(z) \end{pmatrix},$$

把矩阵 S 的 $j = \mu+1,\cdots,m$ 行分别乘上 $e_{ij}(z)$ 然后分别加到 S 的 $i = 1,\cdots,\mu$ 行上,则有

$$S = \begin{pmatrix} O & S^{(1)} \\ S^{(0)} & S^{(2)} \end{pmatrix}.$$

由于 $W_1,\cdots,W_m$ 是一组基,所以

$$\det S \neq 0,$$

于是

$$\det S^{(0)} \neq 0,$$

因而有

$$e_{ij}(z) = -\Omega_{ij}(z)/\Omega(z) \quad (i = 1,\cdots,\mu; j = \mu+1,\cdots,m), \tag{6.2.8}$$

这里

$$\Omega(z) = \det S^{(0)},$$

$\Omega_{ij}(z)$ 为将 $\Omega(z)$ 的第 j 行 $\omega_{j,1}(z), \cdots, \omega_{j,m-\mu}(z)$ 用 $\omega_{i,1}(z), \cdots, \omega_{i,m-\mu}(z)$ 代替后所得到的行列式. 设有理函数 $a = r/s$, 记

$$\nabla(a) = \max(\deg r, \deg s).$$

引理 6.2.3 存在一个常数 $c_0 > 0$, 只依赖于微分方程组 (6.2.1), 不依赖于线性型 λ. 如果 $\mu < m$, 那么对所有 i, j 有

$$\nabla(e_{ij}(z)) \leqslant c_0.$$

证 令矩阵 H 是引理 6.2.2 中构造的矩阵, 设 $\phi_1, \cdots, \phi_s$ 是 H 中 1 阶, 2 阶, $\cdots, m$ 阶子式的全体, 由于

$$\det H \neq 0,$$

所以 $\phi_1, \cdots, \phi_s$ 不同时为零. 记 V_Q 的任何一组基为 $W_1, \cdots, W_m$, 由引理 6.2.2 知, 存在一个非奇异常数矩阵 A, 使得

$$J = (W_1, \cdots, W_m) = HA,$$

所以 J 的每一个子式可表示成 $b_1 \phi_1 + \cdots + b_s \phi_s$, 其中 $b_1, \cdots, b_s$ 为常数, 而 $\Omega(z)$ 和 $\Omega_{ij}(z)$ 都是 J 的子式, 于是

$$\Omega(z) = c_1 \phi_1 + \cdots + c_s \phi_s,$$
$$-\Omega_{ij}(z) = c_{ij1} \phi_1 + \cdots + c_{ijs} \phi_s \quad (i = 1, \cdots, \mu; j = \mu + 1, \cdots, m).$$

设 t 是 $\phi_1, \cdots, \phi_s$ 中线性无关元素的最大个数, 则 $1 \leqslant t \leqslant s$. 如果 $t < s$, 则不妨设

$$\phi_\sigma = \sum_{\tau=1}^{t} g_{\sigma\tau} \phi_\tau \quad (\sigma = t+1, \cdots, s),$$

于是

$$\Omega(z) = \sum_{\tau=1}^{t} \left(c_\tau + \sum_{\sigma=t+1}^{s} c_\sigma g_{\sigma\tau} \right) \phi_\tau,$$
$$-\Omega_{ij}(z) = \sum_{\tau=1}^{t} \left(c_{ij\tau} + \sum_{\sigma=t+1}^{s} c_{ij\sigma} g_{\sigma\tau} \right) \phi_\tau.$$

由于

$$\Omega(z) \neq 0,$$

所以

$$c_\tau + \sum_{\sigma=t+1}^{s} c_\sigma g_{\sigma\tau} \quad (\tau = 1, \cdots, t)$$

中至少有一个不为零,不妨设

$$c_1 + \sum_{\sigma=t+1}^{s} c_\sigma g_{\sigma 1} \neq 0,$$

由于 $\phi_1, \cdots, \phi_t$ 在 $\mathbb{K}(z)$ 上线性无关,由式(6.2.8)有

$$e_{ij}(z)\left(c_1 + \sum_{\sigma=t+1}^{s} c_\sigma g_{\sigma 1}\right) - \left(c_{ij1} + \sum_{\sigma=t+1}^{s} c_{ij\sigma} g_{\sigma 1}\right) = 0,$$

于是有

$$e_{ij}(z) = \left(c_{ij1} + \sum_{\sigma=t+1}^{s} c_{ij\sigma} g_{\sigma 1}\right) \Big/ \left(c_1 + \sum_{\sigma=t+1}^{s} c_\sigma g_{\sigma 1}\right).$$

从这个表达式知,有理函数 $e_{ij}(z)$ 的分子、分母的次数只依赖于 $g_{\sigma 1}$ 的分子、分母的次数,而 $g_{\sigma 1}$ 的分子、分母的次数只依赖于微分方程组(6.2.1)的系数 Q. 于是 $e_{ij}(z)$ 的分子、分母的次数是有界的,它只依赖于 Q 的相关次数,而与 λ 无关. 当 $t = s$ 时,引理是显然的,因 $e_{ij}(z)$ 可表示成常数. □

引理 6.2.4(Shidlovskii 引理,文献[201]) 设 Y 是齐次线性微分方程组(6.2.1)的解,它的分量为 $y_1(z), \cdots, y_m(z)$,它们在 $\mathbb{C}$ 上线性无关,并且在 $z = 0$ 点是解析的. 令 $P_1(z), \cdots, P_m(z)$ 为 m 个不全为零的多项式,定义

$$\lambda(Y) = \sum_{i=1}^{m} P_i(z) y_i(z)$$

和

$$\lambda_{h+1}(Y) = D\lambda_h(Y), \quad \lambda_h(Y) = \sum_{i=1}^{m} P_{hi}(z) y_i(z) \quad (h = 1, 2, \cdots),$$

其中

$$\lambda_1(Y) = \lambda(Y) = \sum_{i=1}^{m} P_{1i}(z) y_i(z) = \sum_{i=1}^{m} P_i(z) y_i(z), \quad D = T(z)\frac{\mathrm{d}}{\mathrm{d}z}.$$

如果

$$\mathrm{Ord}_{z=0}\lambda(Y) - (m-1)\max_{1\leqslant i\leqslant m}(\deg P_i(z)) \geqslant c, \tag{6.2.9}$$

这里 c 是一个确定的正常数,在引理的证明中给出,那么行列式

$$\Delta = \begin{vmatrix} P_{11}(z) & \cdots & P_{1m}(z) \\ \vdots & & \vdots \\ P_{m1}(z) & \cdots & P_{mm}(z) \end{vmatrix} \neq 0. \tag{6.2.10}$$

证 用反证法,设 $\lambda_1(Y), \cdots, \lambda_\mu(Y)(\mu\leqslant m-1)$ 是线性无关的,用引理 6.2.3 前面的论证,存在有理函数 $e_{ij}(z)$ 使得

$$P_{hj}(z) = \sum_{i=1}^{\mu} P_{hi}(z) e_{ij}(z) \quad (h = 1, \cdots, \mu; j = \mu + 1, \cdots, m).$$

令

$$F_i(z) = y_i(z) + \sum_{j=\mu+1}^{m} e_{ij}(z) y_j(z) \quad (i = 1, \cdots, \mu), \tag{6.2.11}$$

则有

$$\lambda_h(Y) = \sum_{i=1}^{\mu} P_{hi}(z) F_i(z) \quad (h = 1, \cdots, \mu).$$

于是有

$$\delta F_i(z) = \sum_{h=1}^{\mu} \delta_{ih} \lambda_h(Y) \quad (i = 1, \cdots, \mu). \tag{6.2.12}$$

这里

$$\delta = \det P = \det \begin{pmatrix} P_{11}(z) & \cdots & P_{1\mu}(z) \\ \vdots & & \vdots \\ P_{\mu 1}(z) & \cdots & P_{\mu\mu}(z) \end{pmatrix},$$

δ_{ih} 为矩阵 P 的 $P_{hi}(z)$ 元素的代数余子式. 令 $\varepsilon(z)$ 是 $e_{ij}(z)$ 的公分母, 由引理 6.2.3 知

$$\max_{i,j} (\deg \varepsilon(z), \deg(\varepsilon(z) e_{ij}(z))) \leqslant c_0^{m^2} \leqslant c_1,$$

式 (6.2.11) 可以写成

$$\varepsilon(z) F_i(z) = \varepsilon(z) y_i(z) + \sum_{j=\mu+1}^{m} \varepsilon(z) e_{ij}(z) y_j(z) \quad (i = 1, \cdots, \mu),$$

由引理的假设 $y_1(z), \cdots, y_m(z)$ 线性无关, 所以

$$F_i(z) \neq 0 \quad (i = 1, \cdots, \mu).$$

如果假设 $\mathrm{Ord}_{z=0} y_i(z)$ 是有界的, 又知

$$\nabla(e_{ij}(z)) \leqslant c_0,$$

则有

$$\max(\mathrm{Ord}_{z=0} F_1(z), \cdots, \mathrm{Ord}_{z=0} F_\mu(z)) \leqslant c_2. \tag{6.2.13}$$

令

$$\alpha = \mathrm{Ord}_{z=0} \lambda(Y),$$

由引理中的定义有

$$\mathrm{Ord}_{z=0} \lambda_h(Y) \geqslant \mathrm{Ord}_{z=0} \lambda_{h-1}(Y) - 1$$
$$\geqslant \mathrm{Ord}_{z=0} \lambda(Y) - (\mu - 1)$$

$$= \alpha - (\mu - 1) \quad (1 \leqslant h \leqslant \mu).$$

由式(6.2.12)和式(6.2.13)有

$$\mathrm{Ord}_{z=0}\,\delta \geqslant \alpha - (\mu - 1) - c_2.$$

另一方面,令

$$\max_{i,j}(\deg T(z), \deg T(z)q_{ij}(z)) = c_3,$$

$$X = \max_{1 \leqslant i \leqslant m}(\deg P_i(z)), \quad X_h = \max_{1 \leqslant i \leqslant m}(\deg P_{hi}(z)),$$

由关系式

$$P_{h+1,k}(z) = T(z)P'_{h,k}(z) + \sum_{j=1}^{m} P_{h,k}(z)(T(z)q_{jk}(z)),$$

可得

$$X_{h+1} \leqslant X_h + c_3$$

和

$$X_h \leqslant X + (h-1)c_3,$$

由于

$$\deg \delta \geqslant \mathrm{Ord}_{z=0}\,\delta,$$

于是有

$$\mu X + \frac{\mu(\mu-1)}{2}c_3 \geqslant \deg \delta \geqslant \mathrm{Ord}_{z=0}\,\delta \geqslant \alpha - (\mu - 1) - c_2,$$

取

$$c = \frac{(m-1)(m-2)}{2}c_3 + c_2 + (m-2),$$

由假设 $\mu \leqslant m - 1$,则有

$$\alpha - (m-1)X < c,$$

这与式(6.2.9)相矛盾,从而有 $\mu = m$. □

注 6.2.1 实际上由引理可以得到 $\mathrm{Ord}_{z=0}\lambda(Y)$ 的上界估计:

$$\mathrm{Ord}_{z=0}\lambda(Y) \leqslant \mu X + \frac{\mu(\mu-1)}{2}c_3 + (\mu - 1) + c_2,$$

这里 μ 为线性型 $\lambda_1(Y), \cdots, \lambda_m(Y)$ 中线性无关元素的最大个数. X 和 c_3 是明显的常数,分别为

$$X = \max_{1 \leqslant i \leqslant m}(\deg P_i(z))$$

和

$$c_3 = \max(\deg T(z), \deg(T(z)q_{ij}(z))),$$

但常数 c_2 是非明显的,它依赖于非明显的常数 c_0,并由式(6.2.13)给出. 但当 $\mu = m$ 时,

$$F_i(z) = y_i(z),$$

则 c_2 是一个明显的常数,且

$$c_2 = \max_{1 \leqslant i \leqslant m}(\mathrm{Ord}_{z=0} y_i(z)).$$

注 6.2.2 Shidlovskii 引理对 Siegel 的原先工作进行了改进. C. L. Siegel[213] 的工作需要对微分方程组(6.2.1)附加"正规性"条件,才能得到相应于引理 6.2.4 的结论,一般来说,验证 Siegel 的"正规性"条件是相当困难的. 而 Shidlovskii 引理只假定线性微分方程组(6.2.1)的解是线性无关的就可以了. 容易验证,满足 Siegel"正规性"条件的微分方程组的解一定满足 Shidlovskii 的假设,反之则不然.

引理 6.2.5(C. L. Siegel[213]) 在引理 6.2.4 的假设下,设 $0 < \phi < 1, \alpha \in \mathbb{K}, \alpha T(\alpha) \neq 0$,令 $n_0 = \dfrac{c+1}{1-\phi}$(这里 c 是引理 6.2.4 中的常数),设 $n \geqslant n_0, X = \max_i \deg(P_i(z)) \leqslant n - 1$,还设 $\mathrm{Ord}_{z=0} \lambda(Y) \geqslant mn - [\phi n] - 1$,那么可以选取 m 个指标 $0 \leqslant h_1 < h_2 < \cdots < h_m \leqslant [\phi n] + m + n_1$($n_1$ 是证明中给出的常数)使得行列式

$$\begin{vmatrix} P_{h_1 1}(\alpha) & \cdots & P_{h_1 m}(\alpha) \\ \vdots & & \vdots \\ P_{h_m 1}(\alpha) & \cdots & P_{h_m m}(\alpha) \end{vmatrix} \neq 0. \tag{6.2.14}$$

证 令

$$\beta = \mathrm{Ord}_{z=0} \lambda(Y),$$

由引理的假设

$$\beta - (m-1)X \geqslant mn - (m-1)X - \phi n - 1 \geqslant (1-\phi)n - 1$$
$$\geqslant (1-\phi)n_0 - 1 \geqslant c,$$

根据引理 6.2.4,有

$$\Delta = \begin{vmatrix} P_{11}(z) & \cdots & P_{1m}(z) \\ \vdots & & \vdots \\ P_{m1}(z) & \cdots & P_{mm}(z) \end{vmatrix} \neq 0,$$

由于

$$\lambda_h(Y) = \sum_{i=1}^{m} P_{hi}(z) y_i(z) \quad (h = 1, \cdots, m),$$

立刻得到

$$\Delta y_i(z) = \sum_{h=1}^{m} \Delta_{hi} \lambda_h(Y) \quad (i = 1, \cdots, m), \tag{6.2.15}$$

这里 Δ_{hi} 为 Δ 的 $P_{hi}(z)$ 元素的代数余子式. 设

$$p_1 = \max_{1 \leqslant i \leqslant m} (\mathrm{Ord}_{z=0} y_i(z)),$$

由引理 6.2.4 的证明知

$$\deg\Delta \leqslant mX + \frac{m(m-1)}{2} c_3,$$

又有

$$\mathrm{Ord}_{z=0} \lambda_h(Y) \geqslant \beta - (m-1) \quad (h = 1, \cdots, m),$$

由式(6.2.15)有

$$\mathrm{Ord}_{z=0} \Delta \geqslant \beta - (m-1) - p_1,$$

令

$$\begin{aligned}
\delta &= \deg\Delta - \mathrm{Ord}_{z=0}\Delta \\
&\leqslant m(n-1) + \frac{m(m-1)}{2} c_3 - mn + [\phi n] + 1 + (m-1) + p_1 \\
&\leqslant [\phi n] + \frac{m(m-1)}{2} c_3 + p_1 \\
&\leqslant [\phi n] + n_1,
\end{aligned}$$

这里

$$n_1 = \frac{m(m-1)}{2} c_3 + p_1.$$

设 t 是使 $\Delta^{(t)}(\alpha) \neq 0$ 的最小正整数,显然 $0 \leqslant t \leqslant \delta$,对式(6.2.15)作用 t 次微分算子 D,然后取 $z = \alpha$,则有

$$T(\alpha)^t \Delta^{(t)}(\alpha) y_i(\alpha)$$
$$= \sum_{h=1}^{m+t} \Big(\sum_{j=1}^{m} P_{hj}(\alpha) y_j(\alpha) \Big) W_{ih} \quad (i = 1, \cdots, m),$$

这里注意到 $y_i'(z)$ 用微分方程组(6.2.1)代入,还有 $\Delta^{(v)}(\alpha) = 0 (0 \leqslant v < t)$,$W_{ih}$ 为 $\Delta_{hi}(\alpha)$ 的元素和 $T(\alpha)$ 以及它们的微商的线性组合. 由于

$$T^t(\alpha) \Delta^{(t)}(\alpha) \neq 0,$$

则 $y_1(\alpha), \cdots, y_m(\alpha)$ 可以表示成 $m + t$ 个线性型

$$\sum_{j=1}^{m} P_{hj}(\alpha) y_j(\alpha) \quad (h = 1, \cdots, m + t)$$

的线性组合, 而矩阵

$$\begin{pmatrix} P_{11}(\alpha) & \cdots & P_{1m}(\alpha) \\ \vdots & & \vdots \\ P_{m+t,1}(\alpha) & \cdots & P_{m+t,m}(\alpha) \end{pmatrix}$$

的秩为 m, 并有

$$m + t \leqslant m + [\phi n] + n_1,$$

从而存在一个行列式

$$\begin{vmatrix} P_{h_1,1}(\alpha) & \cdots & P_{h_1,m}(\alpha) \\ \vdots & & \vdots \\ P_{h_m,1}(\alpha) & \cdots & P_{h_m,m}(\alpha) \end{vmatrix} \neq 0,$$

这里 $1 \leqslant h_1 < h_2 < \cdots < h_m \leqslant m + [\phi n] + n_1$. □

6.3 Siegel-Shidlovskii 定理

本节记 $\mathbb{K}$ 为一个代数数域, $h = [\mathbb{K} : \mathbb{Q}]$. 先给出 Siegel 关于 E 函数的定义: 一个解析函数

$$f(z) = \sum_{n=0}^{\infty} C_n z^n / n! \tag{6.3.1}$$

如果满足下面条件, 则称为 $\mathbb{K}$ 上的 E 函数:

(1) $C_n \in \mathbb{K} \, (n = 0, 1, \cdots)$;

(2) 对任意给定 $\varepsilon > 0$, 有

$$\overline{|C_n|} = O(n^{\varepsilon n}) \quad (\text{当 } n \to \infty \text{ 时}); \tag{6.3.2}$$

(3) 存在一自然数序列 $\{q_n\}_{n=1}^{\infty}$, 使得

$$q_n C_k \in \mathbb{Z}_{\mathbb{K}} \quad (k = 0, 1, \cdots, n; n = 1, 2, \cdots)$$

和

$$q_n = O(n^{\varepsilon n}) \quad (\text{当 } n \to \infty \text{ 时}) \tag{6.3.3}$$

成立.

最简单的 E 函数的例子是 $e^z, \sin z, \cos z$ 及具有代数系数的多项式等. E 函数具有下面一些性质:

(1) E 函数的导数还是 E 函数;

(2) 如果 $f(z)$ 是 E 函数,那么 $\int_0^z f(t)\mathrm{d}t$ 是 E 函数;

(3) 如果 $f(z)$ 是 E 函数, $\lambda \in \mathbb{K}$,那么 $f(\lambda z)$ 是 E 函数;

(4) 有限多个 E 函数的和或者乘积还是一个 E 函数.

上述性质说明 E 函数构成一个函数环,并且在微分、积分和变量变换(z 变到 λz)的运算下是闭的.

下面分别定义齐次和非齐次线性微分方程组,

$$S: y_i'(z) = \sum_{j=1}^m q_{ij}(z) y_j(z) \quad (i = 1, \cdots, m), \tag{6.3.4}$$

$$S': y_i'(z) = q_{i0}(z) + \sum_{j=1}^m q_{ij}(z) y_j(z) \quad (i = 1, \cdots, m). \tag{6.3.4'}$$

上面两组方程中,对所有 i, j ,设 $q_{ij}(z) \in \mathbb{K}(z)$,并设 $T(z) \in \mathbb{K}[z]$ 是所有 $q_{ij}(z)$ 的最小公分母.

本节主要目的是证明下列 C. L. Siegel 和 A. B. Shidlovskii 所建立的基本结果:

定理 6.3.1(Siegel-Shidlovskii 定理,文献[201]) 设 $y_1(z), \cdots, y_m(z)$ 是上面定义的 $\mathbb{K}$ 上的一组 E 函数,并满足非齐次线性微分方程组 S'. 还假设 $y_1(z), \cdots, y_m(z)$ 在 $\mathbb{K}(z)$ 上代数无关. 若 $\alpha \in \mathbb{K}$, $\alpha T(\alpha) \neq 0$,则 $y_1(\alpha), \cdots, y_m(\alpha)$ 在 $\mathbb{K}$ 上代数无关.

在证明定理 6.3.1 之前,需要下面一些引理.

引理 6.3.1 令 $m \geqslant 2, y_1(z), \cdots, y_m(z)$ 满足齐次线性微分方程组 S ,并是一组 $\mathbb{K}$ 上的 E 函数,还设 $0 < \varepsilon < 1, 0 < \phi < 1$,令

$$p = mn - [\phi n] - 1,$$

n 为充分大的自然数,则有:

(1) 存在一组不全为零的多项式 $P_i(z) \in \mathbb{Z}_{\mathbb{K}}[z] (1 \leqslant i \leqslant m)$,它们可表示为

$$P_i(z) = \sum_{j=0}^{n-1} G_{ij} z^j \quad (i = 1, \cdots, m), \tag{6.3.5}$$

并有

$$\overline{|G_{ij}|} = O(n^{(1+\varepsilon)n}) \quad (1 \leqslant i \leqslant m; 1 \leqslant j \leqslant n-1). \tag{6.3.6}$$

（2）线性型 $\lambda(Y)$ 满足

$$\lambda(Y) = \sum_{i=1}^{m} P_i(z)y_i(z) = \sum_{\nu=p}^{\infty} a_\nu z^\nu / \nu!, \qquad (6.3.7)$$

其中

$$|a_\nu| = n^n O(\nu^{\varepsilon\nu}) \quad (当 \nu \geqslant p \text{ 时}). \qquad (6.3.8)$$

证 令

$$P_i(z) = (n-1)! \sum_{j=0}^{n-1} g_{ij} z^j / j! \quad (i = 1, \cdots, m),$$

$$y_i(z) = \sum_{l=0}^{\infty} f_{il} z^l / l! \quad (i = 1, \cdots, m),$$

将它们代入线性型(6.3.7)中,则有

$$a_\nu = (n-1)! \sum_{i=1}^{m} \sum_{\rho=0}^{\min(\nu,n-1)} \binom{\nu}{\rho} g_{i\rho} f_{i,\nu-\rho},$$

由式(6.3.7)知, $a_\nu = 0 (0 \leqslant \nu < p = mn - [\phi n] - 1)$. 这样我们有关于未知数为 $g_{i\rho}$ 的 p 个线性方程,而未知数的个数为 $q = mn$. 将方程组 $a_\nu = 0 (\nu = 0, \cdots, p-1)$ 分别乘上 $d_{p-1}/(n-1)!$,这里 d_{p-1} 是 $f_{ij}(1 \leqslant i \leqslant m; 0 \leqslant j < p)$ 的公分母,这些新的方程的系数为

$$a_{i,\nu,\rho} = d_{p-1} \binom{\nu}{\rho} f_{i,\nu-\rho} \quad (0 \leqslant \rho \leqslant \nu \leqslant p-1),$$

于是有

$$A = \max_{i,\nu,\rho} \overline{|a_{i,\nu,\rho}|} \leqslant 2^{mn} d_{p-1} \overline{|f_{i,\nu-\rho}|}$$

$$\leqslant 2^{mn} O((p-1)^{\varepsilon(p-1)}) O((p-1)^{\varepsilon(p-1)})$$

$$\leqslant O((mn)^{3\varepsilon mn}) = O(n^{\varepsilon n}).$$

由引理 1.3.2 知,存在不全为零的 $g_{ij} \in \mathbb{Z}_{\mathbb{K}}$,使得 $a_\nu = 0 (0 \leqslant \nu \leqslant p-1)$,并满足

$$\max_{i,j} \overline{|g_{ij}|} \leqslant c(cqA)^{\frac{p}{q-p}} \leqslant c(cmnO(n^{\varepsilon n}))^{\frac{m}{\phi}}$$

$$= O(n^{2\varepsilon nm/\phi}) = O(n^{\varepsilon n}),$$

又有

$$G_{ij} = \frac{(n-1)!}{j!} g_{ij},$$

所以

$$\overline{|G_{ij}|} = O(n^{(1+\varepsilon)n}).$$

当 $\nu \geqslant p > n$ 时,有

$$O(n^{\varepsilon n}) = O(\nu^{\varepsilon \nu}),$$

于是有

$$|a_\nu| \leqslant n^n m 2^\nu O(\nu^{\varepsilon \nu}) O(\nu^{\varepsilon \nu})$$
$$\leqslant n^n O(\nu^{\varepsilon \nu}). \qquad \square$$

记微分算子

$$D = T(z) \frac{\mathrm{d}}{\mathrm{d}z},$$

定义

$$\lambda_{h+1}(Y) = D\lambda_h(Y),$$

如果设

$$\lambda(Y) = \sum_{i=1}^m P_i(z) y_i(z) = \sum_{i=1}^m P_{1i}(z) y_i(z) = \lambda_1(Y),$$

则有

$$\lambda_h(Y) = \sum_{i=1}^m P_{hi}(z) y_i(z),$$

其中

$$P_{h+1,i}(z) = T(z)\Big(P'_{hi}(z) + \sum_{j=1}^m P_{hj} q_{ji}(z)\Big) \quad (i = 1, \cdots, m).$$

令 $c_3 = \max(\deg T(z), \deg T(z) q_{ji}(z))$(记号 c_3 同引理 6.2.4 中的记号),

$$T = \max_{i,j}(\overline{|T(z)|}, \overline{|T(z) q_{ji}(z)|}).$$

设 $u = \sum_{i=0}^\infty u_i z^i$ 和 $v = \sum_{i=0}^\infty v_i z^i (v_i \geqslant 0)$ 是两个 $\mathbb{K}$ 上的幂级数,我们定义:$u \ll v$,如果对所有的 i,有 $|u_i| \leqslant v_i$;$u \lll v$,如果对所有的 i,有 $\overline{|u_i|} \leqslant v_i$. 显然有

$$T(z) \lll T(1+z)^{c_3}$$

和

$$T(z) q_{ji}(z) \lll T(1+z)^{c_3}.$$

引理 6.3.2 在引理 6.3.1 的假设下,设 $\alpha \in \mathbb{K}$,$\alpha T(\alpha) \neq 0$,则有

$$\overline{|P_{hi}(\alpha)|} = O(n^{(1+\phi+\varepsilon)n}) \quad (1 \leqslant h \leqslant [\phi n] + m + n_1; i = 1, \cdots, m) \quad (6.3.9)$$

和

$$\left| \lambda_h(Y(\alpha)) \right| = O(n^{-(m-1-7\phi)n}) \quad (1 \leqslant h \leqslant [\phi n] + m + n_1), \quad (6.3.10)$$

这里常数 n_1 是引理 6.2.5 中的常数,式(6.3.9)和式(6.3.10)均在 n 很大时成立.

证 用归纳法可以证明

$$P_{hi}(z) \lll O(n^{(1+\varepsilon)n}) T^{h-1}(1+z)^{n-1+(h-1)c_3}$$
$$\cdot \prod_{\nu=0}^{h-2} (\nu c_3 + m + n - 1) \quad (i = 1, \cdots, m). \quad (6.3.11)$$

当 $h = 1$ 时,由引理 6.3.9 立刻得到

$$P_{1i}(z) = P_i(z) \lll O(n^{(1+\varepsilon)n})(1+z)^{n-1} \quad (i = 1, \cdots, m),$$

设式(6.3.11)对下标 h 成立,现证明它对下标 $h+1$ 也成立.

$$P_{h+1,i}(z) = T(z)\left(P'_{hi}(z) + \sum_{j=1}^{m} P_{hj}(z) q_{ji}(z) \right)$$
$$\lll T(1+z)^{c_3} O(n^{(1+\varepsilon)n}) T^{h-1} \prod_{\nu=0}^{h-2} (\nu c_3 + m + n - 1)\left(m + \frac{\mathrm{d}}{\mathrm{d}z} \right)$$
$$\cdot (1+z)^{(n-1)+(h-1)c_3}$$
$$\lll O(n^{(1+\varepsilon)n}) T^h (1+z)^{n-1+hc_3} \prod_{\nu=0}^{h-1} (\nu c_3 + m + n - 1),$$

这就证明了式(6.3.11).由于 $h \leqslant [\phi n] + m + n_1$,当 n 很大时

$$T^{h-1}\left| (1+\alpha)^{n-1+(h-1)c_3} \right| \leqslant O(n^{\varepsilon n}),$$

同样,当 n 很大时

$$\prod_{\nu=0}^{h-2} (\nu c_3 + m + n - 1) = O(n^{\phi n + \varepsilon n}),$$

由式(6.3.11),最后有

$$\left| P_{hi}(\alpha) \right| = O(n^{(1+\varepsilon)n}) O(n^{\varepsilon n}) O(n^{(\phi+\varepsilon)n})$$
$$= O(n^{(1+\varepsilon+\phi)n}).$$

令

$$L(z) = \sum_{\nu=p}^{\infty} \left| a_\nu \right| z^\nu / \nu!,$$

由引理 6.3.1 知

$$\lambda_1(Y) = \lambda(Y) = \sum_{\nu=p}^{\infty} a_\nu z^\nu / \nu! \ll L(z).$$

用归纳法可以证明

$$\lambda_h(Y) \ll T^{h-1}(1+z)^{(h-1)c_3}\Big(\prod_{v=0}^{h-2}\Big(vc_3+\frac{\mathrm{d}}{\mathrm{d}z}\Big)\Big)L(z),$$

而

$$\Big(\prod_{v=0}^{h-2}\Big(vc_3+\frac{\mathrm{d}}{\mathrm{d}z}\Big)\Big)L(z) \ll \Big(\prod_{v=0}^{h-2}vc_3\Big)\Big(1+\frac{\mathrm{d}}{\mathrm{d}z}\Big)^{h-1}L(z)$$

$$\ll (hc_3)^h\sum_{\eta=0}^{h}\begin{bmatrix}h\\\eta\end{bmatrix}\frac{\mathrm{d}^\eta}{\mathrm{d}z^\eta}L(z),$$

对 $0 \leqslant \eta \leqslant h$ 有

$$\frac{\mathrm{d}^\eta}{\mathrm{d}z^\eta}L(z) \ll n^n\frac{\mathrm{d}^\eta}{\mathrm{d}z^\eta}\sum_{v=p}^{\infty}O(v^{\varepsilon v})z^v/v!$$

$$\ll n^n\sum_{v=p-h}^{\infty}O((v+h)^{\varepsilon(v+h)})z^v/v!,$$

于是有

$$\lambda_h(Y(z)) \ll T^{h-1}(1+z)^{(h-1)c_3}(2hc_3)^h n^n$$

$$\cdot\sum_{v=p-h}^{\infty}O((v+h)^{\varepsilon(v+h)})z^v/v!,$$

由于 $p-h \geqslant mn-2[\phi n]-m-n_1-1 \geqslant (m-3\phi)n \geqslant 2\phi n \geqslant h$(这里取 $\phi<\min(1,m/5)$),以及 $v \geqslant p-h \geqslant h$,所以

$$(v+h)^{\varepsilon(v+h)} \leqslant (2v)^{2\varepsilon v}, \quad v! \geqslant v^v\mathrm{e}^{-v},$$

因而

$$\sum_{v=p-h}^{\infty}(v+h)^{\varepsilon(v+h)}|\alpha|^v/v! \leqslant \sum_{v\geqslant(m-3\phi)n}\frac{(2v)^{2\varepsilon v}|\alpha|^v\mathrm{e}^v}{v^v}$$

$$\leqslant \sum_{v\geqslant(m-3\phi)n}\frac{(2^{2\varepsilon}|\alpha|\mathrm{e})^v}{v^{(1-2\varepsilon)v}},$$

于是

$$\sum_{v=p-h}^{\infty}O((v+h)^{\varepsilon(v+h)})|\alpha|^v/v! = O(n^{-(1-3\varepsilon)(m-3\phi)n}),$$

最后有

$$|\lambda_h(Y(\alpha))| < T^{2\phi n}(1+|\alpha|)^{2\phi c_3 n}(2\phi c_3 n)^{2\phi n}n^n$$

$$\cdot O(n^{-(1-3\varepsilon)(m-3\phi)n})$$

$$= O(n^{(1+3\phi)n-(1-3\varepsilon)(m-3\phi)n}).$$

由于 $(1-3\varepsilon)(m-3\phi) \geqslant m-4\phi$($\varepsilon$ 充分小),故得

$$\left| \lambda_h(Y(\alpha)) \right| = O(n^{-(m-1-7\phi)n}). \qquad \square$$

引理 6.3.3 在引理 6.3.2 的假设下, 还设 $y_1(z), \cdots, y_m(z)$ 在 $\mathbb{K}(z)$ 上线性无关. 设 $\rho(\alpha)$ 是 $y_1(\alpha), \cdots, y_m(\alpha)$ 中在 $\mathbb{K}$ 上最大线性无关元的个数, 那么

$$\rho = \rho(\alpha) \geqslant \begin{cases} m/h, & \text{当 } \mathbb{K} \text{ 为实代数数域}, \\ 2m/h, & \text{当 } \mathbb{K} \text{ 为复代数数域}, \end{cases}$$

这里 $h = [\mathbb{K} : \mathbb{Q}]$. 特别地, 如果 $\mathbb{K}$ 为有理数域或虚二次域, 则有 $\rho = m$.

证 由于 $T(\alpha) \neq 0$, α 不是微分方程组 S 的奇异点, 所以 $y_1(\alpha), \cdots, y_m(\alpha)$ 中某些不为零. 如果 $\rho = m$, 引理已得证. 现设 $1 \leqslant \rho < m$, 那么 $y_1(\alpha), \cdots, y_m(\alpha)$ 在 $\mathbb{K}$ 上有 $m - \rho$ 个线性无关的齐次线性关系:

$$L_k = S_{k1} y_1(\alpha) + \cdots + S_{km} y_m(\alpha) = 0 \quad (k = 1, \cdots, m - \rho), \qquad (6.3.12)$$

可设 $S_{ki} \in \mathbb{Z}_{\mathbb{K}}$. 由引理 6.3.1 知, 存在一组不全为零的多项式 $P_1(z), \cdots, P_m(z)$ 和线性型

$$\lambda(Y) = \sum_{i=1}^{m} P_i(z) y_i(z),$$

它们满足

$$\deg P_i(z) \leqslant n - 1$$

和

$$\mathrm{Ord}_{z=0} \lambda(Y) \geqslant p = mn - [\phi n] - 1.$$

再由引理 6.2.5, 当 $n \geqslant n_0$ 时, 存在

$$1 \leqslant h_1 < h_2 < \cdots < h_m \leqslant [\phi n] + m + n_1,$$

使得 $\lambda_{h_1}(Y(\alpha)), \cdots, \lambda_{h_m}(Y(\alpha))$ 线性无关. 结合式 (6.3.12), 那么存在指标 $j_1, \cdots, j_\rho$ 使得行列式

$$\Delta = \begin{vmatrix} P_{j_1 1}(\alpha) & \cdots & P_{j_1 m}(\alpha) \\ \vdots & & \vdots \\ P_{j_\rho 1}(\alpha) & \cdots & P_{j_\rho m}(\alpha) \\ S_{11} & \cdots & S_{1m} \\ \vdots & & \vdots \\ S_{m-\rho,1} & \cdots & S_{m-\rho,m} \end{vmatrix} \neq 0,$$

于是有

$$\Delta y_k(\alpha) = \sum_{i=1}^{\rho} \Delta_{ik} \lambda_{j_i}(Y(\alpha)) \quad (k = 1, \cdots, m), \qquad (6.3.13)$$

这里 Δ_{ik} 为 Δ 的第 i 行、第 k 列的代数余子式. 由引理 6.3.2, 可得

$$\boxed{\Delta} = O(n^{(1+\phi+\varepsilon)n\rho})$$

和

$$\boxed{\Delta_{ik}} = O(n^{(1+\phi+\varepsilon)n(\rho-1)}).$$

由本章第 2 节中的推导知

$$\deg(P_{j_ik}(z)) \leqslant (n-1) + (j_i-1)c_3 \quad (k = 1,\cdots,m),$$

而

$$j_i \leqslant [\phi n] + m + n_1,$$

于是 Δ 作为 α 的多项式, 它的次数 $\leqslant \rho((1+\phi c_3)n + o(1)) \leqslant [1+2\phi c_3]n\rho$ (这里同样假设 n 充分大). 设

$$a = \operatorname{den}(\alpha),$$

令

$$R = a^{[1+2\phi c_3]n\rho}\Delta,$$

记 $R^{(1)} = R, R^{(2)}, \cdots, R^{(h)}$ 为 R 的共轭, 则有 $R \in \mathbb{Z}_{\mathbb{K}}, |RR^{(2)}\cdots R^{(h)}| \geqslant 1$, 于是

$$\begin{aligned}
|\Delta|^{-1} &\leqslant a^{h[1+2\phi c_3]n\rho} |\Delta^{(2)}\cdots\Delta^{(h)}| \\
&\leqslant e^{O(n)}(O(n^{(1+\phi+\varepsilon)n\rho}))^{h-1} \\
&= O(n^{(1+2\phi)n\rho(h-1)}),
\end{aligned} \tag{6.3.14}$$

这里 $\Delta^{(2)}, \cdots, \Delta^{(h)}$ 为 Δ 的共轭, 并且取 ε 充分小.

另一方面, 由于 $y_1(\alpha), \cdots, y_m(\alpha)$ 不全为零, 可设 $y_k(\alpha) \neq 0$, 于是由式 (6.3.13) 得

$$|\Delta| \leqslant y_k^{-1}(\alpha)\rho O(n^{(1+\phi+\varepsilon)n(\rho-1)}) \cdot O(n^{-(m-1-7\phi)n}). \tag{6.3.15}$$

结合式 (6.3.14) 和式 (6.3.15), 当 n 充分大时, 有

$$1 = O(n^{(1+2\phi)n\rho(h-1)})O(n^{(1+\phi+\varepsilon)n(\rho-1)})O(n^{-(m-1-7\phi)n}),$$

于是

$$(1+2\phi)\rho(h-1) + (1+\phi+\varepsilon)(\rho-1) - (m-1-7\phi) \geqslant 0,$$

取 ϕ 和 ε 充分小, 则有

$$\rho(h-1) + (\rho-1) - (m-1) \geqslant 0,$$

于是, 当 $\mathbb{K}$ 为实代数数域时, 有

$$\rho \geqslant m/h.$$

如果 $\mathbb{K}$ 为复代数数域，设

$$\Delta^{(1)} = \overline{\Delta^{(2)}},$$

于是

$$|\Delta|^{-2} \leqslant a^{h[1+2\ell c_3]n\rho} |\Delta^{(3)} \cdots \Delta^{(h)}|,$$

类似上面的推导，可得出

$$\rho h - 2m \geqslant 0 \quad 和 \quad \rho \geqslant 2m/h.$$

当 $\mathbb{K}$ 为有理数域或虚二次域时，引理的结论显然成立. $\qquad\square$

设 $\mathbb{L}$ 为特征是零的域，多项式

$$P(z_1, \cdots, z_m) = \sum_{(h_1, \cdots, h_m)} c_{h_1, \cdots, h_m} z_1^{h_1} \cdots z_m^{h_m} \not\equiv 0,$$

其中 $c_{h_1, \cdots, h_m} \in \mathbb{L}$. 如果对所有

$$c_{h_1, \cdots, h_m} \neq 0,$$

有 $h_1 + \cdots + h_m = \deg P$（此处 $\deg P$ 表示多元多项式 P 的全次数），我们称 $P(z_1, \cdots, z_m)$ 为齐次多项式. 设 $x_1, \cdots, x_m$ 为 $\mathbb{L}$ 中有限个元素，如果它们对任何非零多项式

$$P(z_1, \cdots, z_m) \in \mathbb{L}[z_1, \cdots, z_m],$$

都有 $P(x_1, \cdots, x_m) \neq 0$，称它们在 $\mathbb{L}$ 上代数无关. 同样，如果它们对任意非零齐次多项式

$$P(z_1, \cdots, z_m) \in \mathbb{L}[z_1, \cdots, z_m]$$

有 $P(x_1, \cdots, x_m) \neq 0$，称它们在 $\mathbb{L}$ 上齐次代数无关. 如果上述条件不满足，我们分别称 $x_1, \cdots, x_m$ 在 $\mathbb{L}$ 上代数相关或齐次代数相关. 如果 $P(z_1, \cdots, z_m)$ 是 $\mathbb{L}[z_1, \cdots, z_m]$ 中的任意多项式，并且

$$\deg P = n,$$

那么

$$P^*(z_1, \cdots, z_m) = z_1^n P(z_2/z_1, \cdots, z_m/z_1)$$

是一个齐次多项式，并且有

$$P^*(1, z_1, \cdots, z_{m-1}) = P(z_1, \cdots, z_{m-1}).$$

于是我们得到下列引理.

引理 6.3.4 如果 $x_1 \neq 0$，令

$$y_k = x_{k+1}/x_1 \quad (k = 1, \cdots, m-1),$$

则 $x_1, \cdots, x_m$ 在 $\mathbb{L}$ 上齐次代数无关的充分必要条件为 $y_1, \cdots, y_{m-1}$ 在 $\mathbb{L}$ 上代数无关.

引理 6.3.5 设 $y_1(z), \cdots, y_m(z)$ 满足齐次线性微分方程组 S, 它们是一组 $\mathbb{K}$ 上的 E 函数, 并假设 $y_1(z), \cdots, y_m(z)$ 在 $\mathbb{K}(z)$ 上齐次代数无关. 如果 $\alpha \in \mathbb{K}$, $\alpha T(\alpha) \neq 0$ ($T(z)$ 为本节开始所定义的), 那么 $y_1(\alpha), \cdots, y_m(\alpha)$ 在 $\mathbb{K}$ 上齐次代数无关.

证 用反证法, 假设 $y_1(\alpha), \cdots, y_m(\alpha)$ 在 $\mathbb{K}$ 上齐次代数相关, 那么存在一个非零齐次多项式

$$P(z_1, \cdots, z_m) \in \mathbb{K}[z_1, \cdots, z_m]$$

使

$$P(y_1(\alpha), \cdots, y_m(\alpha)) = 0.$$

设

$$\deg P = k,$$

且 N 为任意自然数, 考虑 $\mu_{N-k,m}$ 个关系式

$$y_1^{k_1}(\alpha) \cdots y_m^{k_m}(\alpha) P(y_1(\alpha), \cdots, y_m(\alpha)) = 0 \quad (k_1 + \cdots + k_m = N - k),$$
$$(6.3.16)$$

这些关系式的左边是关于单项式 $y_1^{k_1}(\alpha) \cdots y_m^{k_m}(\alpha)(k_1 + \cdots + k_m = N)$ 的线性型, 这些单项式的总个数记为 $\mu_{N,m}$, 那么我们有

$$\mu_{N-k,m} = \binom{N-k+m-1}{m-1}, \quad \mu_{N,m} = \binom{N+m-1}{m-1}.$$

由假设, $y_1(z), \cdots, y_m(z)$ 是 E 函数, 所以 $E_i(z) = y_1^{k_1}(z) \cdots y_m^{k_m}(z)(k_1 + \cdots + k_m = N;$ $i = 1, \cdots, \mu_{N,m})$ 都是 E 函数, 并且它们满足形式为 S 的齐次线性微分方程组, 这个线性方程组的系数是 S 的系数的线性组合, 它们的最小公分母还是 $T(z)$. 由假设, $y_1(z), \cdots,$ $y_m(z)$ 齐次代数无关, 所以 $E_i(z)(i = 1, \cdots, \mu_{N,m})$ 线性无关. 设 ρ 为 $E_i(\alpha)(i = 1, \cdots,$ $\mu_{N,m})$ 中最大线性无关元的个数, 由引理 6.3.3 知

$$\rho \geqslant \mu_{N,m}/h,$$

但另一方面, 由式 (6.3.16) 知, $E_i(\alpha)$ 满足 $\mu_{N-k,m}$ 个线性关系, 于是

$$\rho \leqslant \mu_{N,m} - \mu_{N-k,m},$$

这就意味着

$$\mu_{N,m} - \mu_{N-k,m} \geqslant \mu_{N,m}/h \quad 或 \quad \geqslant 2\mu_{N,m}/h. \quad (6.3.17)$$

由于

$$\mu_{N,m} = \frac{(N+m-1)!}{N!(m-1)!} = \frac{1}{(m-1)!} N^{m-1} + O(N^{m-2})$$

以及

$$\mu_{N-k,m} = \frac{(N-k+m-1)!}{(N-k)!(m-1)!} = \frac{1}{(m-1)!}(N-k)^{m-1} + O(N^{m-2}),$$

所以当 N 充分大时，有

$$\mu_{N,m} - \mu_{N-k,m} = O(N^{m-2}),$$

这与式(6.3.17)相矛盾,于是证明了 $y_1(\alpha),\cdots,y_m(\alpha)$ 是齐次代数无关. □

在文献[205]中引理 6.3.5 称为 Shidlovskii 第一基本定理.

定理 6.3.1 的证明 令 $y_0(z)\equiv 1$,由定理的假设,$y_0(z),y_1(z),\cdots,y_m(z)$ 满足下面齐次线性微分方程组：

$$y'_i(z) = \sum_{j=0}^{m} q_{ij}(z)y_j(z) \quad (i=0,1,\cdots,m),$$

这里

$$q_{0j}(z) = 0 \quad (j=0,1,\cdots,m),$$

由于 $y_1(z),\cdots,y_m(z)$ 在 $\mathbb{K}(z)$ 上代数无关,所以由引理 6.3.4 知,$y_0(z),\cdots,y_m(z)$ 在 $\mathbb{K}(z)$ 上齐次代数无关.由引理 6.3.5 知,$y_0(\alpha),\cdots,y_m(\alpha)$ 在 $\mathbb{K}$ 上齐次代数无关,由于

$$y_0(\alpha) \equiv 1,$$

再由引理 6.3.4 知,$y_1(\alpha),\cdots,y_m(\alpha)$ 在 $\mathbb{K}$ 上代数无关,这就完成了定理 6.3.1 的证明.

□

在文献[205]中定理 6.3.1 也称为 Shidlovskii 第二基本定理.

6.4 超几何 E 函数

本节给出 Siegel-Shidlovskii 定理的一些应用.

超几何函数定义如下：

$$f(z) = \sum_{n=0}^{\infty} \frac{[a_1,n]\cdots[a_l,n]}{[b_1,n]\cdots[b_m,n]}(z/t)^m, \tag{6.4.1}$$

这里 $a_i,b_i \in \mathbb{C}$;$[\alpha,n]=\alpha(\alpha+1)\cdots(\alpha+n-1),[\alpha,0]=1;m,l\in\mathbb{N};a_i,b_i\neq 0,-1,-2,\cdots;t=m-l>0$.

引理 6.4.1 函数 $f(z)$ 满足 m 阶线性微分方程

$$Q_m y^{(m)} + Q_{m-1} y^{(m-1)} + \cdots + Q_0 y = (b_1 - 1) \cdots (b_m - 1), \qquad (6.4.2)$$

这里 $Q_i \in \mathbb{C}[z](i = 0, \cdots, m)$.

证 令 $\delta = \dfrac{z}{t} \dfrac{\mathrm{d}}{\mathrm{d}z}$, 则有

$$(\delta + a)\left(\frac{z}{t}\right)^{nt} = (n + a)\left(\frac{z}{t}\right)^{nt} \quad (a \in \mathbb{C}; n = 1, \cdots),$$

于是

$$(\delta + (b_m - 1)) \cdots (\delta + (b_1 - 1)) f(z)$$

$$= \sum_{n=0}^{\infty} \frac{(n + b_1 - 1) \cdots (n + b_m - 1)[a_1, n] \cdots [a_l, n]}{[b_1, n] \cdots [b_m, n]} \left(\frac{z}{t}\right)^{nt}$$

$$= (b_1 - 1) \cdots (b_m - 1) + \sum_{n=0}^{\infty} \frac{[a_1, n+1] \cdots [a_l, n+1]}{[b_1, n] \cdots [b_m, n]} \left(\frac{z}{t}\right)^{(n+1)t}. \quad (6.4.3)$$

另一方面, 类似有

$$(\delta + a_1) \cdots (\delta + a_l) f(z)$$

$$= \sum_{n=0}^{\infty} \frac{[a_1, n+1] \cdots [a_l, n+1]}{[b_1, n] \cdots [b_m, n]} \left(\frac{z}{t}\right)^{nt}, \qquad (6.4.4)$$

由式(6.4.3)和式(6.4.4)得

$$\left(\prod_{i=1}^{m} (\delta + (b_i - 1)) - \left(\frac{z}{t}\right)^t \prod_{i=1}^{l} (\delta + a_i)\right) f(z)$$

$$= (b_1 - 1) \cdots (b_m - 1). \qquad \Box$$

注 6.4.1 如果有一个 $b_i = 1$, 那么 $f(z)$ 满足齐次线性微分方程.

引理 6.4.2 如果 $a_i, b_i \in \mathbb{Q}, b_i \neq 0, -1, -2, \cdots$, 则超几何函数 $f(z)$ 满足 E 函数的定义.

证 改写 $f(z)$ 为下面形式:

$$f(z) = \sum_{\nu=0}^{\infty} f_\nu z^\nu / \nu!,$$

这里

$$f_\nu = \begin{cases} \dfrac{[a, n] \cdots [a_m, n](nt)!}{[b_1, n] \cdots [b_m, n](n!)^t t^{nt}}, & \text{当 } \nu = nt, \\[2mm] 0, & \text{当 } \nu \neq nt, \end{cases}$$

其中 $a_i = 1 (i = l + 1, \cdots, m)$. 设 a 为有理数, $a = \alpha/\beta, \alpha, \beta \in \mathbb{Z}, (\alpha, \beta) = 1, \beta > 0, a \neq 0,$ $-1, -2, \cdots$, 令 $c = |\alpha| + \beta$, 注意 $[a, 0] = 1, [a, n] = \alpha(\alpha + \beta) \cdots (\alpha + (n-1)\beta)\beta^{-n},$

$[1,n]=n!.$

我们来研究分数 $[a,n]/n!$，记

$$\beta = \prod_p p^{j_p}, \quad [a,n] = \pm \prod_p p^{m_p}, \quad n! = \prod_p p^{n_p},$$

这里 p 跑过所有素数，j_p 和 n_p 为正数或零，而 m_p 可以是正数、负数和零. 先设 $p \nmid \beta$，则 $m_p \geq 0$. 对每个正整数 t，在 $\alpha, \alpha+\beta, \alpha+2\beta, \cdots$ 中相继的 p^t 个整数中一定有一个被 p^t 整除，这样 $[a,n]$ 的分子至少有 $[n/p^t]$ 个和至多有 $[n/p^t]+1$ 个整数被 p^t 整除，假设 p^t 整除 $\alpha, \alpha+\beta, \cdots, \alpha+(n-1)\beta$ 之一，于是

$$p^t \leq \max_{0 \leq l \leq n-1} |\alpha + l\beta| = \max(|\alpha|, |\alpha+(n-1)\beta|)$$
$$\leq n|\alpha| + n\beta = nc,$$

所以

$$t \leq M_p = [\log(cn)/\log p],$$

并且 $\displaystyle\sum_{t=1}^{M_p}[n/p^t] \leq m_p \leq \sum_{t=1}^{M_p}([n/p^t]+1)$（这里 $p \nmid \beta$）. 如果 $p|\beta$，则 $p \nmid \alpha, \alpha+\beta, \cdots, \alpha+(n-1)\beta$，且 $m_p = -j_p n$. 由于 $[1,n]=n!$，同样有

$$0 \leq n_p = \sum_{t=1}^{M_p}[n/p^t] \leq \sum_{t=1}^{\infty} n/2^t = n.$$

因此，当 $p \nmid \beta$ 时，有

$$0 \leq m_p - n_p \leq \sum_{t=1}^{M_p}([n/p^t]+1) - \sum_{t=1}^{M_p}[n/p^t] \leq M_p;$$

当 $p|\beta$ 时，有

$$0 \geq m_p - n_p \geq -(j_p+1)n \geq -2j_p n.$$

令 $U_n = \displaystyle\prod_{p \nmid \beta} p^{M_p}, V_n = \beta^{2n}$，将 $[a,n]/n!$ 表示为既约分数 $[a,n]/n! = u_n/v_n, (u_n, v_n)=1, v_n>0$. 则有 $u_n|U_n, v_n|V_n$，由 U_n 和 V_n 的定义有 $U_n|U_{n+1}, V_n|V_{n+1}$，因此 $u_0, \cdots, u_n$ 的最小公倍数小于等于 $U_n, v_0, \cdots, v_n$ 的最小公倍数小于等于 V_n. 由素数定理得

$$\log U_n \leq \sum_{p \leq cn} \frac{\log(cn)}{\log p} \log p$$
$$= O\left(\frac{cn}{\log(cn)}\right)\log(cn) = O(n).$$

所以存在一个正常数 c_1，它只依赖于 a，可设 $c_1>\beta^2$，使得 $U_n \leq c_1^n$ 和 $V_n \leq c_1^n$ 成立. 如

果将 $\dfrac{[a_1,n]\cdots[a_m,n]}{[b_1,n]\cdots[b_m,n]}$ 改写成

$$\prod_{h=1}^{m} \frac{[a_h,n]}{n!} \frac{n!}{[b_h,n]} = \frac{x_n}{y_n},$$

其中 $(x_n,y_n)=1$,那么由上面的讨论,存在一个正常数 c_2,它只依赖于 a_i,b_i,使得

$$|x_n| \leqslant c_2^n$$

和

$$|y_n| \leqslant c_2^n,$$

以及 $x_0,\cdots,x_n$ 的最小公倍数 X_n 和 $y_0,\cdots,y_n$ 的最小公倍数 Y_n 也有同样的上界:

$$X_n \leqslant c_2^n, \quad Y_n \leqslant c_2^n.$$

容易验证

$$t^{nt} \geqslant \frac{(nt)!}{(n!)^t},$$

于是

$$\frac{(nt)!}{(n!)^t t^{nt}} \leqslant 1,$$

所以对所有 ν,有

$$|f_\nu| \leqslant c_2^n = O(\nu^{\varepsilon\nu}),$$

这里 ε 为任意小的正数.记 q_n 为 $f_0,\cdots,f_n$ 的分母的最小公倍数,则

$$q_n = Y_n t^{nt} \leqslant c_2^n t^{nt} \leqslant c_3^n = O(n^{\varepsilon n}),$$

这里 ε 为任意小的正数.这就证明了 $f(z)$ 满足 E 函数的定义. $\qquad\square$

由 Siegel-Shidlovskii 定理可知,如果要证明一组超几何 E 函数在代数点上的值代数无关,只需证明这组超几何 E 函数本身代数无关.但目前还找不到证明超几何 E 函数代数无关性的一般方法.这里只给出一些特殊超几何 E 函数作为 Siegel-Shidlovskii 定理应用的例子.

例 6.4.1 设 $l=0, m=1, b_1=1, f(z)=\mathrm{e}^z$,这是指数函数.如果 $\gamma_1,\cdots,\gamma_n\in\mathbb{A}$,并在 $\mathbb{Q}$ 上线性无关,可以证明 $\mathrm{e}^{\gamma_1 z},\cdots,\mathrm{e}^{\gamma_n z}$ 在 $\mathbb{C}(z)$ 上代数无关.设非零多项式

$$P(z,x_1,\cdots,x_n) = \sum_{h\in H} P_h(z) x_1^{h_1}\cdots x_n^{h_n},$$

这里 H 是不同的非负整数组 $h=(h_1,\cdots,h_n)$ 的有限集合,$P_h(z)\in\mathbb{C}[z]$,并且首项系

数 $P_h(z) \neq 0$. 由假设知 $\gamma(h) = h_1\gamma_1 + \cdots + h_n\gamma_n$ 是互异的, 记

$$P(z, \mathrm{e}^{\gamma_1 z}, \cdots, \mathrm{e}^{\gamma_n z}) = \sum_{h \in H} P_h(z) \mathrm{e}^{\gamma(h)z},$$

类似引理 2.1.3 的证明, 对 h 用归纳法, 可证明

$$P(z, \mathrm{e}^{\gamma_1 z}, \cdots, \mathrm{e}^{\gamma_n z}) \neq 0.$$

因此 $\mathrm{e}^{\gamma_1 z}, \cdots, \mathrm{e}^{\gamma_n z}$ 在 $\mathbb{C}(z)$ 上代数无关. 又因

$$\frac{\mathrm{d}}{\mathrm{d}z}\mathrm{e}^{\gamma_i z} = \gamma_i\mathrm{e}^{\gamma_i z} \quad (i = 1, \cdots, n),$$

由定理 6.3.1 立刻得到 $\mathrm{e}^{\gamma_1}, \cdots, \mathrm{e}^{\gamma_n}$ 在 $\mathbb{A}$ 上代数无关, 这又一次给出 Lindemann-Weierstrass 定理的证明.

例 6.4.2 设 $l = 0, m = 1, b_1 = \lambda + 1, \lambda \in \mathbb{Q}(\lambda \neq -1, -2, \cdots), f(z)$ 可表示成

$$\varphi_\lambda(z) = \sum_{n=0}^{\infty} \frac{1}{(\lambda + 1)\cdots(\lambda + n)}z^n,$$

它满足非齐次线性微分方程

$$y' = \lambda/z + (1 - \lambda/z)y.$$

1959 年, A. B. Shidlovskii[202] 证明了关于 $\varphi_\lambda(z)$ 的代数无关性定理: 设 $\lambda_0 \in \mathbb{Z}, \lambda_0 \neq 0$, $-1, -2, \cdots$, 而 $\lambda_1, \cdots, \lambda_n (n \geq 1)$ 是有理分数, 并满足

$$\lambda_{j_1} - \lambda_{j_2} \notin \mathbb{Z} \quad (1 \leqslant j_1 < j_2 \leqslant n).$$

还设 $\alpha_i \in \mathbb{A}(i = 1, \cdots, m)$ 并且在 $\mathbb{Q}$ 上线性无关, $\xi_i \in \mathbb{A}(i = 1, \cdots, m)$, 并且它们是互异和非零的, 则 $(n + 1)m$ 个 E 函数 $\varphi_{\lambda_0}(\alpha_i z), \varphi_{\lambda_1}(\xi_i z), \cdots, \varphi_{\lambda_n}(\xi_i z)(i = 1, \cdots, m)$ 在 $\mathbb{C}(z)$ 上代数无关. 由定理 6.3.1 立刻得出 $(n+1)m$ 个数 $\varphi_{\lambda_0}(\alpha_i), \varphi_{\lambda_j}(\xi_i)(i = 1, \cdots, m; j = 1, \cdots, n)$ 在 $\mathbb{Q}$ 上代数无关.

例 6.4.3 设 $l = 0, m = 2, b_1 = \lambda + 1, b_2 = \mu + 1, z$ 代以

$$zi(i = \sqrt{-1}),$$

$f(z)$ 可表示成

$$f(z) = \sum_{n=0}^{\infty} \frac{(-1)^n}{[\lambda + 1, n][\mu + 1, n]}\left(\frac{z}{2}\right)^{2n},$$

如果取 $\mu = 0, \lambda \neq -1, -2, \cdots, f(z)$ 又可表示成

$$K_\lambda(z) = \sum_{n=0}^{\infty} \frac{(-1)^n}{n![\lambda + 1, n]}\left(\frac{z}{2}\right)^{2n},$$

它满足二阶齐次线性微分方程

$$y'' + \frac{2\lambda + 1}{z}y' + y = 0, \tag{6.4.5}$$

而 Bessel 函数 $J_\lambda(z)$ 与它有下面关系:

$$J_\lambda(z) = \frac{1}{\Gamma(\lambda + 1)}\left(\frac{z}{2}\right)^\lambda K_\lambda(z).$$

1959 年, A. B. Shidlovskii[203] 证明了关于 $K_\lambda(z)$ 的代数无关性定理: 设 $\lambda \in \mathbb{Q}$, $\lambda \neq -1$, $-2, \cdots, \lambda \neq \dfrac{2k-1}{2}$, k 为正整数, 则 $K_\lambda(z)$ 和 $K'_\lambda(z)$ 在 $\mathbb{C}(z)$ 上代数无关.

令

$$y_1 = K_\lambda(z), \quad y_2 = K'_\lambda(z),$$

由微分方程(6.4.5)知, y_1, y_2 满足下面线性微分方程组:

$$y'_1 = y_2, \quad y'_2 = -\frac{2\lambda + 1}{z}y_2 - y_1. \tag{6.4.6}$$

由定理 6.3.1 立刻得到, 如果 $\xi \neq 0, \xi \in \mathbb{A}$, 那么 $K_\lambda(\xi)$ 和 $K'_\lambda(\xi)$ 在 $\mathbb{Q}$ 上代数无关.

原先 C. L. Siegel[213] 得到 $K_\lambda(\xi)$ 和 $K'_\lambda(\xi)$ 代数无关性结果时, 用到微分方程组 (6.4.6) 满足他所定义的"正规性"条件. 而这里只需验证 y_1 和 y_2 代数无关. 上面这些例子只给出了一些满足一、二阶线性微分方程的超几何 E 函数在代数点上值的代数无关性, 对于满足高阶微分方程的超几何 E 函数的一些结果可参见文献[31,142,189].

6.5 补充与评注

1° 定理 6.3.1 的假设是 E 函数组代数无关, 对于 E 函数组代数相关情形, 有关这组 E 函数在代数点上值的代数无关性的一些结果参见文献[205](Ch. 4).

2° 关于定理 6.3.1 的定量结果, 即 E 函数值代数无关性度量可见文献[40,76,99, 152,153,204,205]等.

3° 关于指数函数在有理点上值的有理联立逼近见文献[14,141,263]. 推广它们到 E 函数上, 见文献[68,144,255-257].

4° E 函数是一类整函数, 更广的一类函数是半纯函数. C. L. Siegel[213] 曾经指出, 他研究 E 函数的方法可以推广到一类半纯函数上, 这类函数被他称为 G 函数, 例如

$\log(1+z)$，$\sum\limits_{n=0}^{\infty} z^n/n^k$，代数函数，超几何函数 $G(z) = \sum\limits_{n=0}^{\infty} \dfrac{[a_1,n][a_2,n]}{[b_1,n][b_2,n]} z^n$ 等. 当时 Siegel 并没有给出这类函数值的超越性和代数无关性的证明. 后来一些作者沿用了 Siegel-Shidlovskii 定理的证明方法，对 G 函数做了深刻的研究，得到一系列结果，可见文献 [32,49,77,225,226] 等.

第 **7** 章

Mahler 函数值的超越性

在 20 世纪 30 年代, K. Mahler[126-128,136] 曾研究了某些满足一些类型的函数方程的函数的超越性质. 20 世纪 70 年代以来, 这个方法引起了人们的注意并被进一步研究, 从而形成了一个基本超越方法, 称为 Mahler 方法. 本章是此方法的简明引论, 并以超越性结果为主.

7.1 单变量函数方程解的超越性质

设 K 是一个代数数域, $K[[z]]$ 表示变量 z 的系数在 K 中的形式幂级数环, $d > 1$ 是一个整数. 对于两个以 $a_i(z), b_i(z) \in K[z]$ 为系数的 u 的多项式

$$\sum_{i=0}^{m} a_i(z) u^i \quad \text{和} \quad \sum_{i=0}^{m} b_i(z) u^i,$$

以 $\Delta(z)$ 表示它们的结式,特别地,若其中一个多项式与 u 无关且记作 $c(z)$,则令

$$\Delta(z) = c(z).$$

定理 7.1.1(K. Mahler[126]) 设 $f(z) \in K[[z]]$ 有收敛半径 $R > 0$,且满足函数方程

$$f(z^d) = \frac{\sum\limits_{i=0}^{m} a_i(z) f(z)^i}{\sum\limits_{i=0}^{m} b_i(z) f(z)^i} \quad (m < d; a_i, b_i \in \mathbb{Z}_K(z)). \tag{7.1.1}$$

若 $f(z)$ 在 $K(z)$ 上不是代数的,而 $\alpha \in \mathbb{A}, 0 < |\alpha| < \min(1, R)$ 且 $\Delta(\alpha^{d^k}) \neq 0$(当 $k \geqslant 0$),则 $f(\alpha)$ 是超越数.

K. Nishioka 考虑了比式(7.1.1)更一般的函数方程

$$Q_0(z, f(z)) f(z^d)^n + Q_1(z, f(z)) f(z^d)^{n-1} + \cdots + Q_n(z, f(z)) = 0, \tag{7.1.2}$$

其中 $Q_i \in K[z, u]$ 互素,并且 $Q_0 \neq 0$,视 $Q_i \in K(z)[u]$,可知存在多项式 $g_i \in K[z, u]$ 及 $g \in K[z], g \neq 0$ 适合

$$g(z) = \sum_{i=0}^{n} g_i(z, u) Q_i(z, u),$$

我们令

$$m = \max_{0 \leqslant i \leqslant n} \deg_u Q_i, \quad M = \max(d, m).$$

定理 7.1.2(K. Nishioka[163,170]) 设 $f(z) \in K[[z]]$ 有收敛半径 $R > 0$,满足函数方程(7.1.2)且不是($\mathbb{C}(z)$ 上)代数的. 若

$$Mn^2 < d^2, \tag{7.1.3}$$

而 $\alpha \in \mathbb{A}, 0 < |\alpha| < \min(1, R)$ 及 $g(\alpha^{d^k}) \neq 0$(当 $k \geqslant 0$),则 $f(\alpha)$ 是超越数.

我们将证明定理 7.1.2 并由它导出定理 7.1.1. 先给出一些辅助引理.

设

$$f(z) = \sum_{k=0}^{\infty} a_k z^k \in K[[z]]$$

且满足式(7.1.2),于是存在非零多项式 $F \in \mathbb{Z}_K[z, u, v]$ 适合

$$F(z, f(z), f(z^d)) = 0, \tag{7.1.4}$$

$$F_u(z, f(z), f(z^d)) = \sum_{k=0}^{\infty} b_k z^k \neq 0, \tag{7.1.5}$$

其中 $F_u(z, u, v)$ 表示 F 关于 u 的偏导数.用 h_0 表示使 $b_h \neq 0$ 的最小下标 h.令 $y = \{y_k\}_{k=0}^{\infty}$ 是一组变量,定义函数

$$f(y;z) = \sum_{k=0}^{\infty} y_k z^k,$$

于是

$$F(z, f(y;z), f(y;z^d)) = \sum_{k=0}^{\infty} A_k(y) z^k,$$

$$F_u(z, f(y;z), f(y;z^d)) = \sum_{k=0}^{\infty} B_k(y) z^k,$$

其中 $A_k, B_k \in \mathbb{Z}_K[y](k \geqslant 0)$. 还约定当 $k<0$ 时

$$A_k(y) = B_k(y) = 0.$$

因为当 $y = a = \{a_k\}_{k=0}^{\infty}$ 时

$$f(a;z) = f(z), \quad f(a;z^d) = f(z^d),$$

所以由式(7.1.4),(7.1.5)得

$$A_k(a) = 0, \quad B_k(a) = b_k \quad (k \geqslant 0). \tag{7.1.6}$$

引理 7.1.1　若 $h, i \geqslant 1$ 且 $h<2i$,则

$$\deg_{y_i} A_h \leqslant 1,$$

并且 $A_h(y)$ 中 y_i 的系数是 $B_{h-i}(y)$.

证　由 $A_h(y)$ 的定义,我们有

$$F\left(z, y_i z^i + \sum_{k \neq i} y_k z^k, y_i z^{di} + \sum_{k \neq i} y_k z^{dk}\right)$$

$$= A_h(\cdots, y_i, \cdots) z^h + \sum_{k \neq h} A_k(y) z^k.$$

如果 $\deg_{y_i} A_h >1$,则有 $i + di \leqslant h$. 但 $d \geqslant 2, h<2i$,故矛盾,所以

$$\deg_{y_i} A_h \leqslant 1.$$

此外,易见 $A_h(y)$ 中 y_i 的系数等于

$$\frac{\partial}{\partial y_i} \frac{1}{h!} \frac{\partial^h}{\partial z^h} F(z, f(y;z), f(y;z^d))|_{z=0} = \frac{\partial}{\partial y_i} \frac{1}{h!} \frac{\partial^h}{\partial z^h} F\left(z, \sum_{k \leqslant h} y_k z^k, \sum_{dk \leqslant h} y_k z^{dk}\right)\bigg|_{z=0}.$$

但因为 $\sum_{dk \leqslant h} y_k z^{dk}$ 中不出现 y_i,所以上式等于

$$\frac{1}{h!} \frac{\partial^h}{\partial z^h}\left(F_u\left(z, \sum_{k \leqslant h} y_k z^k, \sum_{dk \leqslant h} y_k z^{dk}\right) z^i\right)\bigg|_{z=0} = \frac{1}{h!} \frac{\partial^h}{\partial z^h}(F_u(z, f(y;z), f(y;z^d)) z^i)|_{z=0}$$

$$= B_{h-i}^{(y)}. \qquad \square$$

引理 7.1.2　存在常数 $c_1>0$ 及 $D \in \mathbb{N}$ 使当 $k \geqslant 1$ 时

$$\log\overline{|a_k|} \leqslant c_1 k\log(k+1), \quad D^k a_k \in \mathbb{Z}_{\mathbb{A}}. \tag{7.1.7}$$

证 记

$$F(z,u,v) = \sum_{j=0}^{J}\sum_{k=0}^{K}\sum_{l=0}^{L} g_{jkl}z^j u^k v^l,$$

令

$$c_2 = \max\Big(2, \sum_{j=0}^{J}\sum_{k=0}^{K}\sum_{l=0}^{L}\overline{|g_{jkl}|}, \overline{|b_{h_0}|}, \overline{|b_{h_0}^{-1}|}, \overline{|a_0|}, \cdots, \overline{|a_{h_0}|}\Big),$$

$$D_1 = \mathrm{den}(b_{h_0}, b_{h_0}^{-1}, a_0, \cdots, a_{h_0}).$$

我们对 h 用归纳法证明当 $h \geqslant 1$ 时

$$\overline{|a_{h_0+h}|} \leqslant (c_2^{2+J}(h_0+1)^{K+L})^{2h-1}(h!)^{K+L}c_2^{h(2h_0+1)}, \tag{7.1.8}$$

$$D_1^{(2h-1)(J+1)} D_1^{h(2h_0+1)} a_{h_0+h} \in \mathbb{Z}_{\mathbb{A}}. \tag{7.1.9}$$

由引理 7.1.1,得

$$A_{2h_0+h}(y) = \sum_{h_0+h \leqslant i \leqslant 2h_0+h} B_{2h_0+h-i}(y) y_i + C_{h_0+h}(y), \tag{7.1.10}$$

其中 $C_{h_0+h}(y)$ 是

$$\sum_{j=0}^{J}\sum_{k=0}^{K}\sum_{l=0}^{L} g_{jkl}z^j \Big(\sum_{i<h_0+h} y_i z^i\Big)^k \Big(\sum_{i<h_0+h} y_i z^{di}\Big)^l$$

中 z^{2h_0+h} 的系数. 在式(7.1.10)中令 $y=a$,由式(7.1.6)并注意由 h_0 的定义知,当 $i>h_0+h$ 时

$$B_{2h_0+h-i}(a) = b_{2h_0+h-i} = 0,$$

从而得

$$b_{h_0}a_{h_0+h} + C_{h_0+h}(a) = 0.$$

注意 $C_{h_0+h}(a)$ 是一些形如 $a_0^j a_{k_1}\cdots a_{k_r} a_{t_1}\cdots a_{t_s}$ 的项之线性组合,其中下标 $k_\mu > h_0$, $t_\nu \leqslant h_0$,于是

$$\overline{|a_{h_0+h}|} \leqslant c_2^{2+J}(h_0+h)^{K+L}\max\overline{|a_{k_1}\cdots a_{k_r}a_{t_1}\cdots a_{t_s}|},$$

其中 $(k_1,\cdots,k_r,t_1,\cdots,t_s)$ 是正整数组并满足

$$k_\mu = h_0 + h_\mu, \quad 1 \leqslant h_\mu \leqslant h-1; \quad 1 \leqslant t_\nu \leqslant h_0;$$
$$k_1 + \cdots + k_r + t_1 + \cdots + t_s \leqslant 2h_0 + h. \tag{7.1.11}$$

如果 $h=1$,那么 $r=0$,并且由于

$$s \leqslant t_1 + \cdots + t_s \leqslant 2h_0 + 1,$$

可得

$$\overline{|a_{t_1}\cdots a_{t_s}|} \leqslant c_2^{2h_0+1}, \quad D_1^{2h_0+1}(a_{t_1}\cdots a_{t_s}) \in \mathbb{Z}_\mathbb{A},$$

故式(7.1.8)和式(7.1.9)成立,设 $h > 1$,且式(7.1.8)和式(7.1.9)对 $a_{h_0+l}(l < h)$ 成立,那么由归纳假设可知

$$c_2^{2+J}(h_0 + h)^{K+L}\overline{|a_{k_1}\cdots a_{k_r}a_{t_1}\cdots a_{t_s}|}$$

$$\leqslant c_2^{2+J}(h_0+1)^{K+L}h^{K+L}\prod_{\mu=1}^{r}\overline{|a_{h_0+h_\mu}|}\cdot\overline{|a_{t_1}\cdots a_{t_s}|}$$

$$\leqslant c_2^{2+J}(h_0+1)^{K+L}h^{K+L}\prod_{\mu=1}^{r}\left((c_2^{2+J}(h_0+1)^{K+L})^{2h_\mu-1}\right.$$

$$\left.\cdot(h_\mu!)^{K+L}c_2^{h_\mu(2h_0+1)}\right)\cdot c_2^s$$

$$=(h_1!\cdots h_r!h)^{K+L}\cdot\left(c_2^{2+J}(h_0+1)^{K+L}\right)^{1+2(h_1+\cdots+h_r)-r}$$

$$\cdot c_2^{(h_1+\cdots+h_r)(2h_0+1)+s},$$

以及对任何 $j \leqslant J$,有

$$(D_1^J a_0^j)(D_1 b_{h_0}^{-1})(D_1^s a_{t_1}\cdots a_{t_s})\cdot\prod_{\mu=1}^{r}\left(D_1^{(2h_\mu-1)(J+1)}D_1^{h_\mu(2h_0+1)}a_{k_\mu}\right)$$

$$=D_1^{(J+1)(1+2\sum h_\mu-r)}D_1^{(2h_0+1)\sum h_\mu+s}(b_{h_0}^{-1}a_0^j a_{t_1}\cdots a_{t_s}a_{k_1}\cdots a_{k_r})\in\mathbb{Z}_\mathbb{A}.$$

因为易对 $r = 0, r = 1$ 及 $r \geqslant 2$ 诸情形借助于式(7.1.11)验证

$$h_1 + \cdots + h_r \leqslant h,$$
$$1 + 2(h_1 + \cdots + h_r) - r \leqslant 2h - 1,$$
$$h_1!\cdots h_r!h \leqslant h!,$$
$$(h_1 + \cdots + h_r)(2h_0 + 1) + s \leqslant (h_1 + \cdots + h_r)(2h_0 + 1) + t_1 + \cdots + t_s$$
$$= h(2h_0 + 1),$$

因而式(7.1.8)和式(7.1.9)此时也成立. 由此可以推知存在 c_1 和 D 使式(7.1.7)成立.

$\square$

引理 7.1.3 设 $A_0 \neq 0, A_i (i = 0, 1, \cdots, n) \in \mathbb{A}$,并且

$$A_0\beta^n + A_1\beta^{n-1} + \cdots + A_n = 0,$$

则

$$\overline{|A_0\beta|} < \sum_{k=0}^{n}\overline{|A_k|}.$$

证 设 σ 是 $\mathbb{A}$ 的任一自同构. 若 $|\beta^\sigma| < 1$,则

$$|A_0\beta^\sigma| < |A_0^\sigma| \leqslant \overline{|A_0|};$$

若 $|\beta^\sigma| \geqslant 1$, 则因

$$\Big(\sum_{k=0}^{n} A_k B^{n-k}\Big)^\sigma = 0,$$

以 $(\beta^\sigma)^{1-n}$ 乘两边, 得

$$|A_0^\sigma\beta^\sigma| = |-(A_1^\sigma + A_2^\sigma(\beta^\sigma)^{-1} + \cdots + A_n^\sigma(\beta^\sigma)^{1-n})|$$

$$\leqslant |A_1^\sigma| + |A_2^\sigma||\beta^\sigma|^{-1} + \cdots + |A_n^\sigma||\beta^\sigma|^{1-n} < \sum_{k=1}^{n}\overline{|A_k|}. \qquad \square$$

现在来证明定理 7.1.2. 设幂级数 $f(z)$ 及 α 满足定理中诸条件, 但

$$f(\alpha) \in \mathbb{A}.$$

我们不妨设 $f(\alpha) \in \mathbb{K}$ (不然用 $\mathbb{K}$ 的一个适当扩域来代替 $\mathbb{K}$), 并且诸 Q_j 有代数整系数. 由条件式 (7.1.3) 知存在正整数 $L > 1$ 使

$$Mn^2 < dd^{1/L}.$$

我们用下式定义常数 w:

$$d^{2w/L} = M^{-1}dd^{1/L}.$$

因 $M \geqslant d$, 由此式可知 $0 < w \leqslant 1/2$, 并且

$$nMd^{w/L} = ndd^{(1-w)/L} = (n^2Mdd^{1/L})^{1/2} < dd^{1/L}.$$

于是我们可选取数 q 和 θ 满足下列诸条件:

$$1 < q < d^{1/L}, \quad \theta > 1, \quad \theta nMq^w < dq, \quad ndq^{1-w} < dq. \qquad (7.1.12)$$

下文中诸常数 $c_i > 0$ 仅与上述诸数有关.

由函数方程 (7.1.2) 我们有

$$Q_0(\alpha^{d^r}, f(\alpha^{d^r}))f(\alpha^{d^{r+1}})^n + \cdots + Q_n(\alpha^{d^r}, f(\alpha^{d^r})) = 0. \qquad (7.1.13)$$

由假设条件知 $g(\alpha^{d^r}) \neq 0$, 所以

$$Q_j(\alpha^{d^r}, f(\alpha^{d^r})) \quad (j = 0, \cdots, n-1)$$

中至少有一个不为零, 我们令

$$j_r = \min\{j \mid Q_j(\alpha^{d^r}, f(\alpha^{d^r})) \neq 0\},$$

并归纳地定义

$$Y_0 = 1, \quad Y_r = Q_{j_{r-1}}(\alpha^{d^{r-1}}, f(\alpha^{d^{r-1}}))Y_{r-1}^m \quad (r \geqslant 1).$$

于是 $Y_r \neq 0 (r \geqslant 0)$.

命题 7.1.1 当 $r \geqslant 1$ 时

$$\left[K(f(\alpha^d), \cdots, f(\alpha^{d^r})) : \mathbb{Q} \right] \leqslant [K : \mathbb{Q}] n^r,$$

$$\boxed{Y_r}, \boxed{Y_r f(\alpha^{d^r})}, \mathrm{den}(Y_r), \mathrm{den}(Y_r f(\alpha^{d^r})) \leqslant c_3^{rM^r}.$$

证 众所周知,如果 $F \subset E$,且 F, E 是域 $\mathbb{Q}$ 的扩域,那么

$$[E : \mathbb{Q}] = [E : F][F : \mathbb{Q}],$$

于是第一个结论容易由方程(7.1.13)推得.

为证第二个结论,设 $\deg_z Q_i(z, u) \leqslant l$, $\boxed{\alpha}$, $\boxed{f(\alpha)} \leqslant c_4 (c_4 > 1)$, $\delta = \mathrm{den}(\alpha, f(\alpha))$,于是

$$\boxed{Q_i(\alpha, f(\alpha))} \leqslant c_5 c_4^l c_4^M, \quad \delta^l \delta^M Q_j(\alpha, f(\alpha)) \in \mathbb{Z}_{\mathbb{A}} \quad (j = 0, \cdots, n). \tag{7.1.14}$$

由 j_0 的定义从方程(7.1.13)可知

$$Q_{j_0}(\alpha, f(\alpha)) f(\alpha^d)^{n-j_0} + \cdots + Q_n(\alpha, f(\alpha)) = 0,$$

于是由式(7.1.14)及引理 7.1.3 推得

$$\boxed{Y_1} \leqslant c_5 c_4^l c_4^M, \quad \boxed{Y_1 f(\alpha^d)} \leqslant (n+1) c_5 c_4^l c_4^M,$$

$$\delta^l \delta^M Y_1, \delta^l \delta^M Y_1 f(\alpha^d) \in \mathbb{Z}_{\mathbb{A}}.$$

对 r 用归纳法容易得到

$$\boxed{Y_r} \leqslant c_5((n+1)c_5)^{M+\cdots+M^{r-1}} (c_4^l)^{rM^{r-1}} c_4^{M^r},$$

$$\boxed{Y_r f(\alpha^{\alpha^r})} \leqslant ((n+1)c_5)^{1+M+\cdots+M^{r-1}} (c_4^l)^{rM^{r-1}} c_4^{M^r},$$

$$(\delta^l)^{rM^{r-1}} \delta^{M^r} Y_r, (\delta^l)^{rM^{r-1}} \delta^{M^r} Y_r f(\alpha^{d^r}) \in \mathbb{Z}_{\mathbb{A}}.$$

由此即可得到所要的结论. $\quad\square$

命题 7.1.2 设 $k \in \mathbb{N}$, $p_1 = 2[q^{wk}]$, $p_2 = 2[q^{(1-w)k}]$,则存在 p_1 个多项式

$$P_j(z) = \sum_{i=0}^{p_2-1} b_{ji} z^i \in \mathbb{Z}_K[z] \quad (0 \leqslant j \leqslant p_1 - 1),$$

其次数 $\leqslant p_2 - 1$,且

$$\boxed{b_{ji}} \leqslant c_6^{q^{kL}},$$

使函数

$$E_k(z) = \sum_{j=0}^{p_1-1} P_j(z) f(z)^j = \sum_{h=0}^{\infty} \lambda_h z^h$$

不恒等于零, 但其所有下标 $h < p_1 p_2 / 2$ 的系数 λ_h 均为零. 此外, 当 k 充分大时

$$\overline{|\lambda_h|} \leqslant c_7^{h^L}, \quad |\lambda_h| \leqslant c_8^{q^{kL}+h},$$

$$\delta_1^h \lambda_h \in \mathbb{Z}_\mathbb{A} \quad (\delta_1 \text{ 是某个正整数}).$$

证 由引理 7.1.2 可知

$$\overline{|a_k|} \leqslant c_9 c_9^{k^L} \quad (k \geqslant 0).$$

又因为 $f(z)$ 当 $|z| < R$ 时收敛, 所以

$$|a_k| \leqslant c_{10} c_{10}^k \quad (k \geqslant 0).$$

我们记

$$f(z)^j = \sum_{h=0}^{\infty} a_{jh} z^h \quad (j \geqslant 0).$$

容易验证

$$\overline{|a_{jh}|} \leqslant c_9^j \binom{j+h-1}{j-1} c_9^{h^L} \leqslant c_{11}^{j+h^L} \quad (j, h \geqslant 0),$$

$$|a_{jh}| \leqslant c_{10}^j \binom{j+h-1}{j-1} c_{10}^h \leqslant c_{12}^{j+h} \quad (j, h \geqslant 0).$$

诸多项式 $P_j(z)$ $(0 \leqslant j \leqslant p_1 - 1)$ 总共有 $p_1 p_2$ 个系数 b_{ji}, 我们考虑以它们为未知数的下列 $p_1 p_2 / 2$ 个线性方程在环 $\mathbb{Z}_K$ 中的解:

$$\sum a_{j, h-i} b_{ji} = 0, \quad 0 < h < p_1 p_2 / 2, \tag{7.1.15}$$

其中求和展布在所有 (j, i) $(0 \leqslant j \leqslant p_1 - 1, 0 \leqslant i \leqslant \min(p_2 - 1, h))$. 由引理 7.1.2 知 $D^{p_1 + p_1 p_2 / 2} a_{j, h-i} \in \mathbb{Z}_\mathbb{A}$, 于是

$$\overline{|D^{p_1 + p_1 p_2 / 2} a_{j, h-i}|} \leqslant D^{2q^{\mathsf{w}k} + 2q^k} c_{11}^{2q^{\mathsf{w}k} + 2^L q^{Lk}} \leqslant c_{13}^{q^{Lk}}.$$

由引理 1.3.2 可知式 (7.1.15) 有非平凡解

$$b_{ji} \in \mathbb{Z}_K,$$

并且

$$\overline{|b_{ji}|} \leqslant c_6^{g^{kL}} \quad (0 \leqslant j \leqslant p_1 - 1; 0 \leqslant i \leqslant p_2 - 1).$$

因为 $f(z)$ 是超越函数, 所以由 b_{ji} 和 $f(z)$ 构造出来的函数 $E_k(z)$ 不恒等于零, 由 $E_k(z)$ 的构造可得

$$\lambda_h = \sum a_{j,h-i} b_{ji}, \tag{7.1.16}$$

其中求和范围是所有 (j,i) $(0 \leqslant j \leqslant p_1 - 1; 0 < i \leqslant \min(p_2 - 1, h))$. 为估计 λ_h, 只用设 $h \geqslant p_1 p_2 / 2$, 因为其他的 $\lambda_h = 0$. 若 k 充分大, 则

$$h \geqslant q^k,$$

因而

$$\overline{|\lambda_h|} \leqslant p_1 p_2 c_{11}^{p_1 + h^L} c_6^{q^{kL}} \leqslant c_7^{h^L}.$$

并且 D^{2h} 仍然可以作为式 (7.1.16) 中出现的所有 $a_{j,h-i}$ 的公分母, 因而令

$$\delta_1 = D^2,$$

即有 $\delta_1^h \lambda_h \in \mathbb{Z}_{\mathbb{A}}$, 最后, 仍由式 (7.1.16) 得到

$$|\lambda_h| \leqslant p_1 p_2 c_{12}^{p_1 + h} c_6^{q^{kL}} \leqslant c_8^{q^{kL + h}}.$$

于是命题得证. □

对于函数 $E_k(z)$, 我们令 H 为使 $\lambda_h \neq 0$ 的最小下标, 并用下式定义 $r(k) \in \mathbb{Z}$:

$$q^{r(k)} \leqslant H < q^{r(k)+1}.$$

当 k 充分大时 $H \geqslant p_1 p_2 / 2 \geqslant q^k$, 因而

$$r(k) \geqslant k.$$

命题 7.1.3 设 k 充分大, 则

$$\left[\mathbb{Q}\left(Y_{r(k)}^{p_1} E_k(\alpha^{d^{r(k)}}) \right) : \mathbb{Q} \right] \leqslant [K : \mathbb{Q}] n^{r(k)};$$

$$\log \overline{\left| Y_{r(k)}^{p_1} E_k(\alpha^{d^{r(k)}}) \right|}, \operatorname{logden}\left(Y_{r(k)}^{p_1} E_k(\alpha^{d^{r(k)}}) \right) \leqslant c_{14} (\max(\theta M q^w, dq^{1-w}))^{r(k)}.$$

证 第一个结论可由命题 7.1.1 推出. 为证其他结论, 应用表达式

$$Y_{r(k)}^{p_1} E_k(\alpha^{d^{r(k)}}) = \sum_{j=0}^{p_1 - 1} P_j(\alpha^{d^{r(k)}}) Y_{r(k)}^{p_1 - j} \left(Y_{r(k)} f(\alpha^{d^{r(k)}}) \right)^j,$$

由命题 7.1.1 和命题 7.1.2 可得

$$\overline{\left| Y_{r(k)}^{p_1} E_k(\alpha^{d^{r(k)}}) \right|} \leqslant p_1 p_2 c_6^{q^{kL}} c_4^{d^{r(k)} p_2} c_3^{r(k) M^{r(k)} p_1},$$

$$\operatorname{den}\left(Y_{r(k)}^{p_1} E_k(\alpha^{d^{r(k)}}) \right) \leqslant \delta^{d^{r(k)} p_2} c_3^{r(k) M^{r(k)} p_1},$$

注意式 (7.1.12) 知 $q^L < d$, 从而由上两式得到所要的结果. □

命题 7.1.4 设 k 充分大, 则

$$Y_{r(k)}^{p_1} E_k(\alpha^{d^{r(k)}}) \neq 0,$$

且

$$\log \big| Y_{r(k)}^{p_1} E_k(\alpha^{d^{r(k)}}) \big| \leqslant \frac{1}{2} d^{r(k)} q^{r(k)} \log |\alpha|.$$

证 我们有表达式

$$E_k(\alpha^{d^{r(k)}}) = \lambda_H (\alpha^{d^{r(k)}})^H \Big(1 + \frac{\lambda_{H+1}}{\lambda_H} \alpha^{d^{r(k)}} + \frac{\lambda_{H+2}}{\lambda_H} (\alpha^{d^{r(k)}})^2 + \cdots \Big).$$

由命题 7.1.2, 并对 λ_H 应用引理 1.1.2, 我们可得

$$\Big| \frac{\lambda_{H+h}}{\lambda_H} (\alpha^{d^{r(k)}})^h \Big| \leqslant c_8^{q^{kL}+H+h} c_{15}^{H^L} |\alpha|^{d^{r(k)}h}$$

$$\leqslant c_{16}^{q^{Lr(k)}} (c_8 |\alpha|^{d^{r(k)}})^h \quad (h \geqslant 1).$$

当 k 充分大时

$$c_8 |\alpha|^{d^{r(k)}} < 1/2,$$

并注意由式 (7.1.12) 知 $q^L < d$, 因此可得

$$\sum_{h=1}^{\infty} \Big| \frac{\lambda_{H+h}}{\lambda_H} \alpha^{d^{r(k)}h} \Big| \leqslant c_{16}^{q^{Lr(k)}} c_8 |\alpha|^{d^{r(k)}} < 1.$$

因此当 k 充分大时 $E_k(\alpha^{d^{r(k)}}) \neq 0$, 并且

$$\big| Y_{r(k)}^{p_1} E_k(\alpha^{d^{r(k)}}) \big| \leqslant c_3^{r(k)M^{r(k)}p_1} c_8^{q^{kL}+H} |\alpha|^{d^{r(k)}H}$$

$$\leqslant c_3^{2(\theta M q^w)^{r(k)}} c_{17}^{d^{r(k)}} |\alpha|^{(dq)^{r(k)}},$$

由此式及式 (7.1.12) 即可得到所要的估值. □

现在来完成定理 7.1.2 的证明, 将引理 1.1.2 应用于代数数 $Y_{r(k)}^{p_1} E_k(\alpha^{d^{r(k)}})$, 由命题 7.1.3 和命题 7.1.4 可得当 k 充分大时

$$\frac{1}{2} d^{r(k)} q^{r(k)} \log |\alpha| \geqslant -2[K : \mathbb{Q}] n^{r(k)} c_{14} (\max(\theta M q^w, dq^{1-w}))^{r(k)}.$$

但 $\log |\alpha| < 0, r(k) \geqslant k$, 因而上式与式 (7.1.12) 矛盾, 于是定理得证. □

现证定理 7.1.1. 先给出一个辅助结果.

引理 7.1.4 函数 $f(z) \in K[[z]]$ 在 $K(z)$ 上是代数的, 当且仅当它在 $\mathbb{C}(z)$ 上是代数的.

证 设 $f(z)$ 在 $\mathbb{C}(z)$ 上是代数的, 于是有

$$a_i \in \mathbb{C}(z), \quad a_n(z) \neq 0,$$

使

$$a_n(z) f(z)^n + a_{n-1}(z) f(z)^{n-1} + \cdots + a_0(z) = 0. \tag{7.1.17}$$

设 $\{\theta_1,\cdots,\theta_m\}$ 是 $a_0(z),\cdots,a_n(z)$ 的所有系数组成的集合中在 K 上线性无关的元素组成的极大子集,那么 $a_i(z)$ 的系数都可表示成 $\theta_1,\cdots,\theta_m$ 的在 K 上的线性组合,从而我们有表达式

$$a_i(z) = \sum_{j=1}^m a_{ij}(z)\theta_j, \quad a_{ij}(z) \in K[z], \tag{7.1.18}$$

将它们代入式(7.1.17)得到

$$\sum_{j=1}^m (a_{nj}(z)f(z)^n + \cdots + a_{0j}(z))\theta_j = 0.$$

令

$$a_{nj}(z)f(z)^n + \cdots + a_{0j}(z) = \sum_{k=0}^\infty \sigma_{kj}z^k \quad (\sigma_{kj} \in K).$$

由上式得

$$\sum_{k=0}^\infty \Big(\sum_{j=1}^m \sigma_{kj}\theta_j\Big)z^k = 0,$$

从而

$$\sum_{j=1}^m \sigma_{kj}\theta_j = 0 \quad (k = 0,1,\cdots).$$

但因 $\theta_1,\cdots,\theta_m$ 是在 K 上线性无关的,故一切 $\sigma_{kj}=0$,于是

$$a_{nj}(z)f(z)^n + \cdots + a_{0j}(z) = 0 \quad (j = 1,\cdots,m).$$

因 $a_n(z)\neq 0$,由式(7.1.18)知 $a_{nj}(z)(j=1,\cdots,m)$ 中至少有一个不为零,于是从上式(某个 j)可知 $f(z)$ 在 $K(z)$ 上是代数的.另外,逆命题显然成立,故引理得证. □

因为方程(7.1.1)是方程(7.1.2)的特殊情形,并且由结式性质,存在多项式 $S,T\in \mathbb{Z}_K[z,u]$ 使

$$\Delta(z) = S(z,u)\sum_{i=0}^n a_i(z)u^i + T(z,u)\sum_{i=0}^m b_i(z)u^i,$$

因此定理 7.1.2 中的各项条件均在定理 7.1.1 中成立,所以由定理 7.1.2 推出定理 7.1.1.特别地,定理 7.1.1 中的条件 $m<d$ 可以代以 $m<d^2$.

满足我们所研究的函数方程的函数 $f(z)$,通常称为 Mahler 函数(或 Mahler 型函数).关于 Mahler 函数的存在性,可以参考文献[170]的 §1.7,现在给出一个具体例子.

定理 7.1.3 设 $d>1$ 是一个整数,$\alpha\in\mathbb{A}$,$0<|\alpha|<1$,则 $\sum_{k=0}^\infty \alpha^{d^k}$ 是超越数.

证 令

$$f(z) = \sum_{k=0}^\infty z^{d^k},$$

那么它有收敛半径 $R=1$. 易见它满足函数方程

$$f(z^d) = f(z) - z.$$

我们证明 $f(z)$ 在 $\mathbb{C}(z)$ 上不是代数的. 设不然, 它满足不可约方程

$$f(z)^n + a_{n-1}(z)f(z)^{n-1} + \cdots + a_0(z) = 0. \qquad (7.1.19)$$

用 z^d 代替 z, 得到

$$f(z^d)^n + a_{n-1}(z^d)f(z^d)^{n-1} + \cdots + a_0(z^d) = 0.$$

因

$$f(z^d) = f(z) - z,$$

代入上式可得

$$f(z)^n + (-nz + a_{n-1}(z^d))f(z)^{n-1} + \cdots = 0. \qquad (7.1.20)$$

作为 $f(z)$ 的多项式, 式 (7.1.19) 与式 (7.1.20) 左边应相同, 所以

$$a_{n-1}(z) = -nz + a_{n-1}(z^d).$$

令

$$a_{n-1}(z) = a(z)/b(z),$$

其中 $a(z), b(z)$ 是互素多项式, 由上式得

$$a(z)b(z^d) = -nzb(z)b(z^d) + a(z^d)b(z). \qquad (7.1.21)$$

因 $a(z^d)$ 与 $b(z^d)$ 互素, 故 $b(z^d)$ 整除 $b(z)$, 从而

$$\deg b(z) = 0,$$

即 $b(z) = \lambda$ (常数). 由式 (7.1.21) 得到

$$a(z) = -nz + a(z^d).$$

比较两边 z 的次数, 推出 $a(z) \in \mathbb{C}$, 故

$$-nz = 0,$$

此不可能. 于是 $f(z)$ 是超越的, 并且由定理 7.1.1 (或定理 7.1.2) 即得 $f(\alpha)$ 的超越性. □

注 7.1.1 K. Nishioka (见文献 [170], §1.3) 给出 $f(z) \in K[[z]]$ 超越性的一些条件. 基于这些结果并应用定理 7.1.2, 可以证明一些数的超越性. 例如

$$\gamma = \sum_{k=0}^{\infty} \frac{1}{F_{2^k+1}}$$

是超越的,其中 F_n 是第 n 个 Fibonacci 数.另一方面,可以证明

$$\sum_{k=0}^{\infty} \frac{1}{F_{2^k}} = \frac{7-\sqrt{5}}{2}.$$

7.2　多变量函数方程解的超越性质

设 $\Omega = (\omega_{ij})$ 是非负整数元素的 n 阶方阵,且

$$z = (z_1, \cdots, z_n) \in \mathbb{C}^n.$$

定义变换 $\Omega : \mathbb{C}^n \to \mathbb{C}^n$ 为

$$\Omega z = \left(\prod_{j=1}^{n} z_j^{\omega_{1j}}, \cdots, \prod_{j=1}^{n} z_j^{\omega_{nj}} \right). \tag{7.2.1}$$

我们设方阵 Ω 及代数点 $\boldsymbol{\alpha} = (\alpha_1, \cdots, \alpha_n) \in \mathbb{A}^n$(其中诸 $\alpha_i \neq 0$)具有下列性质:

(ⅰ) Ω 非奇异,没有一个特征值是单位根;

(ⅱ) 用 ρ 表示 Ω 的特征值绝对值的最大值,当 $k \to \infty$ 时 Ω^k 的每个元素是 $O(\rho^k)$;

(ⅲ) 若记 $\Omega^k \boldsymbol{\alpha} = (\alpha_1^{(k)}, \cdots, \alpha_n^{(k)})$,则当 k 充分大时

$$\log |\alpha_i^{(k)}| \leqslant -\sigma \rho^k \quad (1 \leqslant i \leqslant n),$$

其中 $\sigma > 0$ 是常数;

(ⅳ) 设 $f(z)$ 是 n 个变量 $z = (z_1, \cdots, z_n)$ 的复系数幂级数,在原点的某个邻域内收敛,则存在无穷多个正整数 k 使 $f(\Omega^k \boldsymbol{\alpha}) \neq 0$.

因为 Ω 的特征多项式有整系数且首项系数为 1,所以性质(ⅰ)蕴含 $\rho > 1$,而且由非负矩阵谱的性质(见文献[79],p101)可知 ρ 是 Ω 的一个特征值.另外,应用矩阵插值公式(见文献[79],p66)我们容易证明:如果 Ω 的每个绝对值为 ρ 的特征值都是 Ω 的极小多项式的单根,那么性质(ⅱ)成立.

对于式(7.2.1)中的变换 Ω,设

$$z = (z_1, \cdots, z_n), \quad I = (i_1, \cdots, i_n) \in \mathbb{Z}^n,$$

我们记

$$z^I = z_1^{i_1} \cdots z_n^{i_n},$$

那么容易验证

$$(\Omega z)^I = z^{I\Omega}.$$

此外，若记

$$\Omega z = (\widetilde{z_1}, \cdots, \widetilde{z_n}),$$

设 $z_i > 0$，则

$$\Omega(\log z_1, \cdots, \log z_n)' = (\log \widetilde{z_1}, \cdots, \log \widetilde{z_n})',$$

此处符号"$'$"表示转置，并且上式左边的运算是通常的矩阵乘法.

用

$$K[[z]] = K[[z_1, \cdots, z_n]]$$

表示变量 $z = (z_1, \cdots, z_n)$ 的系数在代数数域 K 中的形式幂级数环. 设 $f(z) \in K[[z]]$ 在一个包围原点的 n 维多圆柱 U 中收敛并满足函数方程

$$f(\Omega z) = \frac{\sum\limits_{i=0}^{m} a_i(z)f(z)^i}{\sum\limits_{i=0}^{m} b_i(z)f(z)^i} \quad (m < \rho; a_i(z), b_i(z) \in \mathbb{Z}_K[z]). \quad (7.2.2)$$

用 $\Delta(z)$ 表示 $\sum\limits_{i=0}^{m} a_i(z)u^i$ 和 $\sum\limits_{i=0}^{m} b_i(z)u^i$（作为 u 的多项式）的结式，如果这两个多项式之一与 u 无关且等于 $c(z)$，则令

$$\Delta(z) = c(z).$$

定理 7.2.1（K. Mahler[126]） 设 Ω 和 $\boldsymbol{\alpha}$ 具有上述性质（ⅰ）～（ⅳ），$f(z)$ 如上述且在 $K(z_1, \cdots, z_n)$ 上是超越的，如果对所有 $k \geqslant 0, \Omega^k \boldsymbol{\alpha} \in U$ 且 $\Delta(\Omega^k \boldsymbol{\alpha}) \neq 0$，那么 $f(\boldsymbol{\alpha})$ 是超越的.

证 设 $f(\boldsymbol{\alpha})$ 是代数数，不妨认为所有 α_i 及 $f(\boldsymbol{\alpha}) \in K$（不然用 K 的适当扩域代替 K）. 令 p 为一正整数，我们先构造 $p+1$ 个多项式

$$P_0, \cdots, P_p \in \mathbb{Z}_K[z_1, \cdots, z_n],$$

且

$$\deg_{z_j} P_i \leqslant p \quad (i = 0, \cdots, p; j = 1, \cdots, n),$$

使辅助函数

$$E_p(z) = \sum_{j=0}^{p} P_j(z)f(z)^j = \sum_{\boldsymbol{h}} \sigma_{\boldsymbol{h}} z_1^{h_1} \cdots z_n^{h_n} \quad (\text{此处 } \boldsymbol{h} = (h_1, \cdots, h_n))$$

不恒等于零，且所有下标满足

$$|\boldsymbol{h}| = h_1 + \cdots + h_n < p^{1+1/n}$$

的系数 $\sigma_{\boldsymbol{h}} = 0.$ 为此我们要解至多 $([p^{1+1/n}]+1)^n$ 个含有 $(p+1)^{n+1}$ 个未知数的线性齐次方程. 因为

$$([p^{1+1/n}]+1)^n \leqslant (p^{1+1/n}+1)^n \leqslant p(p+1)^n < (p+1)^{n+1},$$

所以由引理 1.3.2 可知它们在 $\mathbb{Z}_K$ 中有非平凡解. 因为所构造的 $E_p(z)$ 在 U 中收敛, 所以

$$|\sigma_{\boldsymbol{h}}| \leqslant c_1(p)c_2^{|\boldsymbol{h}|}.$$

按性质 (iii), 当 $k > c_3$ 时

$$|\sigma_{\boldsymbol{h}}(\alpha_1^k)^{h_1}\cdots(\alpha_n^k)^{h_n}| \leqslant c_1(p)c_2^{|\boldsymbol{h}|}e^{-\sigma|\boldsymbol{h}|\rho k}$$
$$= c_1(p)(c_2 e^{-\sigma\rho k})^{|\boldsymbol{h}|}.$$

如果 $k > c_4$, 那么

$$c_2 e^{-\sigma\rho k} < 1,$$

因而

$$\begin{aligned}
|E_p(\Omega^k\boldsymbol{\alpha})| &\leqslant c_1(p)\sum_{|\boldsymbol{h}|>p^{1+1/n}}(c_2 e^{-\sigma\rho k})^{|\boldsymbol{h}|}\\
&\leqslant c_1(p)\sum_{i=1}^{n}\sum_{h_i>(1/n)p^{1+1/n}}(c_2 e^{-\sigma\rho k})^{|\boldsymbol{h}|}\\
&\leqslant c_1(p)n\Big(\sum_{h=0}^{\infty}(c_2 e^{-\sigma\rho k})^h\Big)^{n-1}\sum_{h>(1/n)p^{1+1/n}}(c_2 e^{-\sigma\rho k})^h\\
&\leqslant c_1(p)nc_5(c_2 e^{-\sigma\rho k})^{(1/n)p^{1+1/n}}\\
&\leqslant c_6(p)e^{-c_7\rho k\,p^{1+1/n}}.
\end{aligned} \qquad (7.2.3)$$

由结式性质, 存在多项式 $S(z,u), T(z,u) \in \mathbb{Z}_K[z,u]$ 使

$$\Delta(z) = S(z,u)\sum_{i=0}^{m}a_i(z)u^i + T(z,u)\sum_{i=0}^{m}b_i(z)u^i,$$

于是

$$\Delta(\boldsymbol{\alpha}) = S(\boldsymbol{\alpha},f(\boldsymbol{\alpha}))\sum_{i=0}^{m}a_i(\boldsymbol{\alpha})f(\boldsymbol{\alpha})^i + T(\boldsymbol{\alpha},f(\boldsymbol{\alpha}))\sum_{i=0}^{m}b_i(\boldsymbol{\alpha})f(\boldsymbol{\alpha})^i.$$

如果

$$\sum_{i=0}^{m}b_i(\boldsymbol{\alpha})f(\boldsymbol{\alpha})^i = 0,$$

那么由方程 (7.2.2) 推出

$$\sum_{i=0}^{m} a_i(\boldsymbol{\alpha}) f(\boldsymbol{\alpha})^i = 0,$$

因而 $\Delta(\boldsymbol{\alpha}) = 0$，这与假设矛盾，因此

$$\sum_{i=0}^{m} b_i(\boldsymbol{\alpha}) f(\boldsymbol{\alpha})^i \neq 0, \quad f(\Omega\boldsymbol{\alpha}) \in K.$$

继续这个推理可知

$$\sum_{i=0}^{m} b_i(\Omega^k\boldsymbol{\alpha}) f(\Omega^k\boldsymbol{\alpha})^i \neq 0, \quad f(\Omega^k\boldsymbol{\alpha}) \in K \quad (k \geqslant 0), \tag{7.2.4}$$

因此

$$E_p(\Omega^k\boldsymbol{\alpha}) \in K \quad (k \geqslant 1).$$

为估计 $E_p(\Omega^k\boldsymbol{\alpha})$ 的下界，归纳地定义 $Z_k(k \geqslant 1)$ 如下：

$$Z_1 = \sum_{i=0}^{m} b_i(\boldsymbol{\alpha}) f(\boldsymbol{\alpha})^i,$$

$$Z_{k+1} = Z_k^m \sum_{i=0}^{m} b_i(\Omega^k\boldsymbol{\alpha}) f(\Omega^k\boldsymbol{\alpha})^i \quad (k \geqslant 1).$$

那么 $Z_k \in K, Z_k \neq 0 (k \geqslant 1)$. 由性质(ⅱ)及式(7.2.1)可得

$$\log \overline{|\alpha_i^{(k)}|} \leqslant c_8 \rho_k, \quad \delta^{\lceil c_9 \rho k \rceil} \alpha_i^{(k)} \in \mathbb{Z}_{\mathbb{A}} \quad (k \geqslant 0; i = 1, \cdots, n),$$

其中

$$\delta = \mathrm{den}(\alpha_1, \cdots, \alpha_n, f(\boldsymbol{\alpha})).$$

由此可得

$$\overline{|Z_1|} \leqslant \sum_{i=0}^{m} \overline{|b_i(\boldsymbol{\alpha})|} \, \overline{|f(\boldsymbol{\alpha})|}^i \leqslant c_{10} c_{11}^l c_{11}^m,$$

$$\overline{|Z_1 f(\Omega\boldsymbol{\alpha})|} \leqslant \sum_{i=0}^{m} \overline{|a_i(\boldsymbol{\alpha})|} \, \overline{|f(\boldsymbol{\alpha})|}^i \leqslant c_{10} c_{11}^l c_{11}^m,$$

其中

$$l = \max_{i,j} (\deg_{z_i} a_j(z), \deg_{z_i} b_j(z)),$$

并且

$$\delta^{nl+m} Z_1, \delta^{nl+m}(z_1 f(\Omega\boldsymbol{\alpha})) \in \mathbb{Z}_{\mathbb{A}}.$$

因为

$$Z_2 = Z_1^m \sum_{i=0}^{m} b_i(\Omega\boldsymbol{\alpha}) f(\Omega\boldsymbol{\alpha})^i,$$

$$Z_2 f(\Omega^2 \boldsymbol{\alpha}) = z_1^m \sum_{i=0}^{m} a_i(\Omega\boldsymbol{\alpha}) f(\Omega\boldsymbol{\alpha})^i,$$

所以有

$$\overline{|Z_2|}, \overline{|Z_2 f(\Omega^2 \boldsymbol{\alpha})|} \leqslant c_{10}(c_{10} c_{11}^{l+m})^m (\mathrm{e}^{c_9 \rho})^{nl},$$

$$(\delta^{nl+m})^m \cdot \delta^{\lceil c_9 \rho \rceil nl} \cdot Z_2, (\delta^{nl+m})^m \cdot \delta^{\lceil c_9 \rho \rceil nl} \cdot (Z_2 f(\Omega^2 \boldsymbol{\alpha})) \in \mathbb{Z}_{\mathbb{A}},$$

继续上述推证，一般地，有

$$\overline{|Z_k|}, \overline{|Z_k f(\Omega^k \boldsymbol{\alpha})|} \leqslant c_{10}^{1+m+\cdots+m^{k-1}} c_{11}^{(l+m)m^{k-1}} \cdot \mathrm{e}^{\tau},$$

$$\delta^{(nl+m)m^{k-1}} \delta^{\tau_1} \cdot Z_k, \delta^{(nl+m)m^{k-1}} \delta^{\tau_1} (Z_k f(\Omega^k \boldsymbol{\alpha})) \in \mathbb{Z}_{\mathbb{A}},$$

其中

$$\tau = c_9 nl(\rho m^{k-2} + \rho^2 m^{k-3} + \cdots + \rho^{k-1}),$$

$$\tau_1 = nl(\lceil c_9 \rho \rceil m^{k-2} + \lceil c_9 \rho^2 \rceil m^{k-3} + \cdots + \lceil c_9 \rho^{k-1} \rceil).$$

因为 $m < \rho$，所以易见

$$\tau, \tau_1 \ \text{及} \ 1 + m + \cdots + m^{k-1} \leqslant c_{12} \rho^{k-1}, \quad (l+m)m^{k-1} \leqslant c_{13} \rho^k,$$

从而得

$$\overline{|Z_k|}, \overline{|Z_k f(\Omega^k \boldsymbol{\alpha})|} \leqslant c_{14}^{\rho^k}. \tag{7.2.5}$$

于是我们有估值

$$\overline{|Z_k^p E_p(\Omega^k \boldsymbol{\alpha})|} \leqslant c_{15}(p) c_{14}^{\rho^k p}, \tag{7.2.6}$$

并且易见

$$\mathrm{den}(Z_k^p E_p(\Omega^k \boldsymbol{\alpha})) \leqslant c_{16}^{\rho^k p}. \tag{7.2.7}$$

另外，由性质 (ⅳ)，存在无穷多个 k 使

$$E_p(\Omega^k \boldsymbol{\alpha}) \neq 0,$$

于是由式 (7.2.4) 知对这些 k，有

$$Z_k^p E_p(\Omega^k \boldsymbol{\alpha}) \neq 0.$$

将引理 1.1.2 应用于 $Z_k^p E_p(\Omega^k \boldsymbol{\alpha})$，由式 (7.2.6) 和式 (7.2.7) 得到

$$\log |Z_k^p E_p(\Omega^k \boldsymbol{\alpha})| \geqslant -2[K : \mathbb{Q}](\log c_{15}(p) + \rho^k p \log c_{14} + \rho^k p \log c_{16}).$$

由式 (7.2.3) 和式 (7.2.5) 以及上式得知对无穷多个 k，有

$$\rho^k p \log c_{14} + \log c_6(p) - c_7 \rho^k p^{1+1/n}$$

$$\geqslant -2[K : \mathbb{Q}](\log c_{15}(p) + \rho^k p \log c_{14} + \rho^k p \log c_{16}).$$

两边除以 ρ^k 并令 $k \to \infty$，得到

$$c_7 p^{1+1/n} \leqslant (2[K : \mathbb{Q}](\log c_{14} + \log c_{16}) - \log c_{14})p,$$

当 p 充分大时这不可能. 因此定理得证.

从上面的证明可以看出性质（ⅳ）中的条件是很关键的. Mahler 曾给出使性质（ⅳ）成立的充分条件. 与性质（ⅳ）有关的一类结果通称"消没定理".

定理 7.2.2（Mahler 消没定理[126]） 设 n 阶非负矩阵 Ω 的特征多项式在 $\mathbb{Q}$ 上不可约，并且 Ω 有一特征值 ρ 大于所有其他特征值的绝对值. 用 A_{ij} 记矩阵 $\Omega - \rho E$（E 为 n 阶单位阵）的 (i,j) 余子式，那么 $A_{i1} \neq 0 (i = 1, \cdots, n)$，并且当

$$\sum_{i=1}^{n} |A_{i1}| \log |\alpha_i| < 0$$

时 Ω 和 $\boldsymbol{\alpha} = (\alpha_1, \cdots, \alpha_n) \in \mathbb{A}^n$ 具有性质（ⅰ）～（ⅳ）.

证 由矩阵性质易知 Ω 满足条件（ⅰ），现令

$$\Phi(X) = \det(XE - \Omega) = \prod_{l=1}^{n}(X - \rho_l), \quad \rho_1 = \rho,$$

以及

$$\Phi_l(X) = \frac{\Phi(X)}{X - \rho_l} \quad (l = 1, \cdots, n).$$

注意

$$\Phi_l(X) = \prod_{j \neq l}(X - \rho_j),$$

$n - 1$ 次多项式

$$\sum_{l=1}^{n} \Phi_l(\rho_l)^{-1} \Phi_l(X) - 1 = \sum_{l=1}^{n} \frac{\prod\limits_{j \neq l}(X - \rho_j)}{\prod\limits_{j \neq l}(\rho_l - \rho_j)} - 1$$

有 n 个零点 $\rho_1, \cdots, \rho_n$，因此

$$\sum_{l=1}^{n} \Phi_l(\rho_l)^{-1} \Phi_l(X) = 1,$$

从而

$$\sum_{l=1}^{n} \Phi_l(\rho_l)^{-1} \Phi_l(\Omega) = E. \tag{7.2.8}$$

因为

$$(\Omega - \rho_l E)\Phi_l(\Omega) = \Phi(\Omega) = 0,$$

所以
$$\Omega\Phi_l(\Omega) = \rho_l\Phi_l(\Omega),$$
因而
$$\Omega^k\Phi_l(\Omega) = \Omega^{k-1}(\Omega\Phi_l(\Omega)) = \rho_l\Omega^{k-1}\Phi_l(\Omega) = \cdots = \rho_l^k\Phi_l(\Omega),$$
于是由式(7.2.8),得
$$\Omega^k = \sum_{l=1}^n \rho_l^k\Phi_l(\rho_l)^{-1}\Phi_l(\Omega) = \sum_{l=1}^n \rho_l^k\Gamma_l, \qquad (7.2.9)$$
其中已记
$$\Gamma_l = \Phi_l(\rho_l)^{-1}\Phi_l(\Omega) \quad (l = 1,\cdots,n).$$
因为 $\Phi(X)$ 是 Ω 的极小多项式,所以
$$\Gamma_l \neq 0 \quad (l = 1,\cdots,n).$$
由式(7.2.9)知条件(ii)满足.

令
$$(a_{ij}^{(l)}) = \Omega - \rho_l E,$$
用 $(A_{ij}^{(l)})$ 记 $(a_{ij}^{(l)})$ 的各元素的余子式组成的矩阵. 由 Ω 的特征多项式的不可约性知
$$[\mathbb{Q}(\rho_l) : \mathbb{Q}] = n,$$
所以
$$A_{11}^{(l)} \neq 0 \quad (l = 1,\cdots,n).$$
由于
$$\mathrm{rank}(\Omega - \rho_l E) = n - 1,$$
$$(A_{ij}^{(l)})'(\Omega - \rho_l E) = \det(\Omega - \rho_l E)E = 0,$$
$$\Gamma_l(\Omega - \rho_l E) = \Phi_l(\rho_l)^{-1}\Phi_l(\Omega)(\Omega - \rho_l E) = \Phi_l(\rho_l)^{-1}\Phi(\Omega) = 0,$$
因此 Γ_l' 的各列均与 $(A_{ij}^{(l)})$ 的首列线性相关,因而
$$\Gamma_l = \begin{pmatrix} e_1 A_{11}^{(l)} & e_1 A_{21}^{(l)} & \cdots & e_1 A_{n1}^{(l)} \\ e_2 A_{11}^{(l)} & e_2 A_{21}^{(l)} & \cdots & e_2 A_{n1}^{(l)} \\ \vdots & \vdots & & \vdots \\ e_n A_{11}^{(l)} & e_n A_{21}^{(l)} & \cdots & e_n A_{n1}^{(l)} \end{pmatrix} \quad (e_i = e_i(l) \in \mathbb{C}). \quad (7.2.10)$$
但因为

$$(\Omega - \rho_l E)(A_{ij}^{(l)})' = (\Omega - \rho_l E)\Gamma_l = 0,$$

所以 Γ_l 的首列与 $(A_{ij}^{(l)})'$ 的首列线性相关,所以

$$(e_1, e_2, \cdots, e_n)' = \gamma_l (A_{11}^{(l)}, A_{12}^{(l)}, \cdots, A_{1n}^{(l)})' \quad (\gamma_l \neq 0), \tag{7.2.11}$$

于是

$$\Gamma_l = \gamma_l (A_{1i}^{(l)} A_{j1}^{(l)}) \quad (l = 1, \cdots, n). \tag{7.2.12}$$

为简单计,令

$$a_{ij} = a_{ij}^{(1)}, \quad A_{ij} = A_{ij}^{(1)}.$$

我们断言 $A_{11}, A_{12}, \cdots, A_{1n}$ 是 $\mathbb{Q}$ 线性无关的. 设不然,则有

$$\sum_{i=1}^n \xi_i A_{1i} = 0 \quad (\xi_i \in \mathbb{Q} (i = 1, \cdots, n) \text{ 不全为零}),$$

于是

$$\begin{vmatrix} \xi_1 & \xi_2 & \cdots & \xi_n \\ a_{11} & a_{12} & \cdots & a_{1n} \\ \vdots & \vdots & & \vdots \\ a_{j-1,1} & a_{j-1,2} & \cdots & a_{j-1,n} \\ a_{j+1,1} & a_{j+1,2} & \cdots & a_{j+1,n} \\ \vdots & \vdots & & \vdots \\ a_{n1} & a_{n2} & \cdots & a_{nn} \end{vmatrix} \begin{pmatrix} A_{11} \\ A_{12} \\ \vdots \\ \vdots \\ \vdots \\ A_{1n} \end{pmatrix} = 0, \tag{7.2.13}$$

由此可知

$$\det H_n = \pm \xi_j \rho^{n-1} + \cdots = 0,$$

其中 H_n 是式(7.2.13)左边第一个矩阵,这与 ρ 是 n 次代数数相矛盾(因 Ω 的特征多项式在 $\mathbb{Q}$ 上不可约). 因此 $A_{11}, A_{12}, \cdots, A_{1n}$ 在 $\mathbb{Q}$ 上线性无关,类似地,可证 $A_{11}, A_{21}, \cdots, A_{n1}$ 也在 $\mathbb{Q}$ 上线性无关. 特别地,这些数均不为零,于是由式(7.2.10),(7.2.11)可知 Γ_1 的每个元素均不为零. 但由式(7.2.9)有

$$\Omega^k = \rho^k \Gamma_1 + o(\rho^k),$$

且 Ω^k 是非负矩阵,所以 Γ_1 的元素都是正的,于是由式(7.2.12)得到

$$\Gamma_1 = |\gamma_1|(|A_{1i}||A_{j1}|). \tag{7.2.14}$$

对于非负整数 $h_1, \cdots, h_n$,我们由式(7.2.9)和式(7.2.10)得

$$\log |(\alpha_1^{(k)})^{h_1} \cdots (\alpha_n^{(k)})^{h_n}|$$
$$= (h_1, \cdots, h_n)\Omega^k (\log|\alpha_1|, \cdots, \log|\alpha_n|)'$$
$$= \rho^k (h_1, \cdots, h_n)\Gamma_1 (\log|\alpha_1|, \cdots, \log|\alpha_n|)' + o(\rho^k)$$

$$= \rho^k \mid \gamma_1 \mid (h_1, \cdots, h_n) \Big(\mid A_{11} \mid \sum_{j=1}^{n} \mid A_{j1} \mid \log \mid \alpha_j \mid, \cdots,$$

$$\mid A_{1n} \mid \sum_{j=1}^{n} \mid A_{j1} \mid \log \mid \alpha_j \mid \Big)' + o(\rho^k)$$

$$= \rho^k \mid \gamma_1 \mid \Big(\sum_{i=1}^{n} \mid A_{1i} \mid h_i \Big) \Big(\sum_{j=1}^{n} \mid A_{j1} \mid \log \mid \alpha_j \mid \Big) + o(\rho^k), \qquad (7.2.15)$$

取 $h_i = 1, h_j = 0 (j \neq i)$，得到

$$\log \mid \alpha_i^{(k)} \mid = \rho^k \mid \gamma_1 \mid \mid A_{1i} \mid \sum_{j=1}^{n} \mid A_{j1} \mid \log \mid \alpha_j \mid + o(\rho^k).$$

由定理的假设，有

$$\sum_{j=1}^{n} \mid A_{j1} \mid \log \mid \alpha_j \mid < 0,$$

所以性质(iii)成立.

现在令

$$f(z) = \sum_{h_1, \cdots, h_n \geqslant 0} b_{h_1 \cdots h_n} z_1^{h_1} \cdots z_n^{h_n}$$

是 n 变量复系数幂级数，并在原点的某个邻域内收敛. 如果 $(h_1, \cdots, h_n)$ 和 $(h_1', \cdots, h_n')$ 是两个不同的非负整数组，那么由 $\mid A_{11} \mid, \cdots, \mid A_{1n} \mid$ 的 $\mathbb{Q}$ 线性无关性得

$$\sum_{j=1}^{n} \mid A_{1j} \mid h_j \neq \sum_{j=1}^{n} \mid A_{1j} \mid h_j'.$$

令

$$H = \min \Big\{ \sum_{j=1}^{n} \mid A_{1j} \mid h_j \mid b_{h_1 \cdots h_n} \neq 0 \Big\} = \sum_{j=1}^{n} \mid A_{1j} \mid H_j.$$

若 $(h_1, \cdots, h_n) \neq (H_1, \cdots, H_n)$，且 $b_{h_1 \cdots h_n} \neq 0$，则由式(7.2.15)得

$$\log \left| \frac{(\alpha_1^{(k)})^{h_1} \cdots (\alpha_n^{(k)})^{h_n}}{(\alpha_1^{(k)})^{H_1} \cdots (\alpha_n^{(k)})^{H_n}} \right|$$

$$= \rho^k \mid \gamma_1 \mid \Big(\sum_{j=1}^{n} \mid A_{1j} \mid (h_j - H_j) \Big) \Big(\sum_{j=1}^{n} \mid A_{j1} \mid \log \mid \alpha_j \mid \Big) + o(\rho^k)$$

$$\rightarrow - \infty (k \rightarrow \infty).$$

因此

$$\sum_{\mid A_{1j} \mid h_j \leqslant H (j=1, \cdots, n)} b_{h_1 \cdots h_n} \frac{(\alpha_1^{(k)})^{h_1} \cdots (\alpha_n^{(k)})^{h_n}}{(\alpha_1^{(k)})^{H_1} \cdots (\alpha_n^{(k)})^{H_n}} \rightarrow b_{H_1 \cdots H_n} (\neq 0) \quad (h \rightarrow \infty).$$

$$(7.2.16)$$

另一方面，因性质（ⅲ）成立，当 k 充分大时有

$$\sum_{|A_{1j}|h_j>H(对某个j)} |b_{h_1\cdots h_n}(\alpha_1^{(k)})^{h_1}\cdots(\alpha_n^{(k)})^{h_n}|$$

$$\leqslant \sum_{j=1}^n \sum_{h_j>H/|A_{1j}|} c_{17}^{h_1+\cdots+h_n}|\alpha_1^{(k)}|^{h_1}\cdots|\alpha_n^{(k)}|^{h_n}$$

$$= \sum_{j=1}^n \sum_{h_j>H/|A_{1j}|} (c_{17}|\alpha_1^{(k)}|)^{h_1}\cdots(c_{17}|\alpha_n^{(k)}|)^{h_n}$$

$$\leqslant \sum_{j=1}^n \left(\prod_{\substack{i=1\\i\neq j}}^n \sum_{h=0}^\infty (c_{17}|\alpha_i^{(k)}|)^h\right)\left(\sum_{h>H/|A_{1j}|}(c_{17}|\alpha_j^{(k)}|)^h\right)$$

$$\leqslant c_{18}\sum_{j=1}^n (c_{17}|\alpha_j^{(k)}|)^{[H/|A_{1j}|]+1}.$$

因为由式(7.2.15)有

$$\log\left|\frac{(\alpha_j^{(k)})^{[H/|A_{1j}|]+1}}{(\alpha_1^{(k)})^{H_1}\cdots(\alpha_n^{(k)})^{H_n}}\right|$$

$$= \rho^k|\gamma_1|\left(([H/|A_{1j}|]+1)|A_{1j}|-H\right)\left(\sum_{j=1}^n|A_{j1}|\log|\alpha_j|\right)+o(\rho^k)$$

$$\to -\infty \quad (k\to\infty) \qquad (j=1,\cdots,n),$$

所以

$$\frac{\sum_{|A_{1j}|h_j>H(对某个j)} b_{h_1\cdots h_n}(\alpha_1^{(k)})^{h_1}\cdots(\alpha_n^{(k)})^{h_n}}{(\alpha_1^{(k)})^{H_1}\cdots(\alpha_n^{(k)})^{H_n}}\to 0 \quad (k\to\infty). \tag{7.2.17}$$

最后由式(7.2.16)和式(7.2.17)得到

$$\frac{f(\Omega^k\boldsymbol{\alpha})}{(\alpha_1^{(k)})^{H_1}\cdots(\alpha_n^{(k)})^{H_n}}\to b_{H_1\cdots H_n}(\neq 0) \quad (k\to\infty),$$

这表明性质（ⅳ）成立. □

现在给出定理 7.2.1 和定理 7.2.2 的一些应用. 为此先给出几个辅助引理.

引理 7.2.1 设 $\mathbb{F}$ 是一个域（特征为零），且

$$f(z_1,\cdots,z_n)\in\mathbb{F}[[z_1,\cdots,z_n]].$$

如果 $f(z_1,\cdots,z_n)$ 在 $\mathbb{F}(z_1,\cdots,z_n)$ 上是代数的，且 $f(z_1,\cdots,z_{n-1},1)$ 有定义，那么 $f(z_1,\cdots,z_{n-1},1)$ 在 $\mathbb{F}(z_1,\cdots,z_{n-1})$ 上是代数的.

证 由引理假设，我们有

$$a_m(z_1,\cdots,z_n)f(z_1,\cdots,z_n)^m+\cdots+a_0(z_1,\cdots,z_n)=0,$$

其中 $a_i(z_1,\cdots,z_n)\in\mathbb{F}[z_1,\cdots,z_n](i=0,\cdots,m)$ 互素，且

$$a_m(z_1, \cdots, z_n) \neq 0.$$

于是

$$a_m(z_1, \cdots, z_{n-1}, 1) f(z_1, \cdots, z_{n-1}, 1)^m + \cdots + a_0(z_1, \cdots, z_{n-1}, 1) = 0.$$

由于 $a_i(z_1, \cdots, z_n)(i = 0, \cdots, m)$ 互素,所以 $z_n - 1$ 必不能整除某个 $a_{i_0}(z_1, \cdots, z_n)$. 注意,若 $a_j(z_1, \cdots, z_{n-1}, 1) \equiv 0 (j = 1, \cdots, m)$,则有

$$a_0(z_1, \cdots, z_{n-1}, 1) \equiv 0,$$

因此上述下标 $i_0 > 0$,因而 $f(z_1, \cdots, z_{n-1}, 1)$ 在 $\mathbb{F}(z_1, \cdots, z_{n-1})$ 上是代数的. □

引理 7.2.2 设 $\mathbb{F}$ 是一个域(特征为零),且

$$\omega = f(z) \in \mathbb{F}[[z]]$$

在 $\mathbb{F}(z)$ 上是代数的且次数 $n \geqslant 2$,则 ω 满足一个阶数至多为 $n-1$ 且系数属于 $\mathbb{F}(z)$ 的线性微分方程.

证 设 ω 满足 $\mathbb{F}(z)$ 上不可约多项式

$$F(X) = X^n + a_{n-1} X^{n-1} + \cdots + a_0,$$

其中 $a_i \in \mathbb{F}(z)$ 不全为零,于是有

$$F(\omega) = 0. \tag{7.2.18}$$

对式(7.2.18)按 z 微分可得

$$F_1(\omega) \omega' + G_0(\omega) = 0, \tag{7.2.19}$$

其中 $F_1 = \dfrac{\partial}{\partial X} F$ 及 G_0 是系数属于 $\mathbb{F}(z)$ 的多项式. 因 $F_1(X)$ 不恒等于零,而 $F(X)$ 不可约,故它们互素,于是有 $\mathbb{F}(z)$ 上多项式 $a(X), b(X)$ 使

$$a(X) F(X) + b(X) F_1(X) = 1.$$

由式(7.2.18)得

$$b(\omega) F_1(\omega) = 1.$$

以 $b(\omega)$ 乘式(7.2.19)两边,得到

$$\omega' = G_1(\omega), \tag{7.2.20}$$

其中 $G_1(X)$ 是系数 $\in \mathbb{F}(z)$ 的多项式. 不妨认为 G_1 的次数 $\leqslant n-1$(不然取 $\widetilde{G_1} \equiv G_1 (\bmod F)$ 代替 G_1). 将式(7.2.20)对 z 微分得到

$$\omega'' = G_2(\omega),$$

其中 $G_2(X)$ 是 $\mathbb{F}(z)$ 上的多项式,且次数 $\leqslant n-1$. 继续这个过程,得到方程组

$$\omega^{(k)} = G_k(\omega) \quad (k = 1, 2, \cdots, n-1). \tag{7.2.21}$$

其中 $G_k(1 \leqslant k \leqslant n-1)$ 是 $\mathbb{F}(z)$ 上次数至多为 $n-1$ 的多项式. 将式(7.2.21)改写成

$$R_{i1}\omega + R_{i2}\omega^2 + \cdots + R_{i,n-1}\omega^{n-1} = \omega^{(i)} - R_i \quad (i = 1, 2, \cdots, n-1),$$
$$(7.2.22)$$

其中 R_{ij} 和 $R_i \in \mathbb{F}(z)$.

如果

$$\det(R_{ij}) \not\equiv 0,$$

那么由式(7.2.22)解出 $\omega, \omega^2, \cdots, \omega^{n-1}$, 特别有

$$\omega = l_0 + l_1\omega' + \cdots + l_{n-1}\omega^{(n-1)}, \quad (7.2.23)$$

其中 $l_i \in \mathbb{F}(z)$.

如果

$$\det(R_{ij}) \equiv 0,$$

那么式(7.2.22)左边各式在 $\mathbb{F}(z)$ 上线性相关, 因而存在不全为零的 $l_i \in \mathbb{F}(z)(i=1, \cdots, n-1)$ 使

$$l_1(\omega' - R_1) + l_2(\omega'' - R_2) + \cdots + l_{n-1}(\omega^{(n-1)} - R_{n-1}) = 0. \quad (7.2.24)$$

式(7.2.23)和式(7.2.24)表明 ω 满足一个在 $\mathbb{F}(z)$ 上的阶至多为 $n-1$ 的线性微分方程. $\qquad \square$

$f(z) = \sum_{h=0}^{\infty} f_h z^h \in \mathbb{F}[[z]]$ 称为缺项级数, 如果存在两个无穷正整序列 $\{s_1, s_2, \cdots\}$ 和 $\{t_0, t_1, \cdots\}$, 适合

$$0 = t_0 \leqslant s_1 < t_1 \leqslant s_2 < t_2 \leqslant \cdots,$$
$$\lim_{r \to \infty}(t_r - s_r) = \infty \quad (\text{或} \lim_{r \to \infty} t_r / s_r = \infty),$$
$$f_{s_r} \neq 0, \quad f_{t_r} \neq 0 \quad \text{但} \quad f_h = 0 \quad (\text{当} s_r < h < t_r \text{时}; r = 1, 2, \cdots).$$

引理 7.2.3 设 $\mathbb{F}$ 为特征为零的域, 则 $\mathbb{F}$ 上的缺项级数在 $\mathbb{F}(z)$ 上是超越的.

证 设

$$\omega = \sum_{h=0}^{\infty} f_h z^h \quad (7.2.25)$$

是缺项级数且在 $\mathbb{F}(z)$ 上是代数的, 于是由引理 7.2.2, 它适合线性微分方程

$$S_{n-1}\omega^{(n-1)} + S_{n-2}\omega^{(n-2)} + \cdots + S_1\omega' + S_0\omega + S = 0, \quad (7.2.26)$$

其中 S_i 和 $S \in \mathbb{F}(z)$, 不全恒等于零. 将式(7.2.26)两边乘以 S_i 和 S 的最小公分母, 然后将式(7.2.25)代入, 并比较两边 $z^h(h = 0, 1, 2, \cdots)$ 的系数, 可得 f_h 的线性递推关系式

$$P_m(h)f_{h+m} + P_{m-1}(h)f_{h+m-1} + \cdots + P_1(h)f_{h+1}$$
$$+ P_0(h)f_h = 0 \quad (h \geqslant h_0),$$

其中 $P_m, \cdots, P_0 \in \mathbb{F}(z), m, h_0$ 是固定的整数, $P_m \not\equiv 0$. 于是

$$P_m(h) \neq 0 \quad (h \geqslant h_0).$$

若 m 个相继系数 $f_h, f_{h+1}, \cdots, f_{h+m-1}(h \geqslant h_0$ 充分大)全为零, 则其后所有系数 f_h 全为零, 这不可能. □

现在设 $a_0, \cdots, a_{n-1}$ 及 $\beta_1, \cdots, \beta_n$ 是非负整数, 用下式定义数列 $\{a_k\}_{k=0}^\infty$:

$$a_{k+n} = \beta_1 a_{k+n-1} + \beta_2 a_{k+n-2} + \cdots + \beta_n a_k \quad (k \geqslant 0). \tag{7.2.27}$$

还令

$$\Psi(X) = X^n - \beta_1 X^{n-1} - \beta_2 X^{n-2} - \cdots - \beta_n.$$

定理 7.2.3 设 $a_0, \cdots, a_{n-1}$ 及 $\beta_1, \cdots, \beta_{n-1}$ 是非负整数, $a_0, \cdots, a_{n-1}$ 不全为零, $\Psi(X)$ 在 $\mathbb{Q}$ 上不可约且它的根 $\rho_1, \cdots, \rho_n$ 满足条件

$$\rho_1 > \max(1, |\rho_2|, \cdots, |\rho_n|). \tag{7.2.28}$$

还设 $\alpha \in \mathbb{A}, 0 < |\alpha| < 1$, 则 $\sum\limits_{k=0}^\infty \alpha^{a_k}$ 是超越数.

证 令

$$\Omega = \begin{pmatrix} \beta_1 & 1 & 0 & \cdots & 0 \\ & & & \ddots & \vdots \\ \beta_2 & 0 & 1 & & 0 \\ & & & \ddots & \ddots \\ \vdots & \vdots & & \ddots & 1 \\ \beta_n & 0 & \cdots & & 0 \end{pmatrix},$$

对每个 $i(0 \leqslant i \leqslant n-1)$, 用下式定义数列 $\{a_k^{(i)}\}_{k=0}^\infty$:

$$a_0^{(i)} = 0, \quad \cdots, \quad a_{i-1}^{(i)} = 0, \quad a_i^{(i)} = 1, \quad a_{i+1}^{(i)} = 0, \quad \cdots, \quad a_{n-1}^{(i)} = 0,$$
$$a_{k+n}^{(i)} = \beta_1 a_{k+n-1}^{(i)} + \beta_2 a_{k+n-2}^{(i)} + \cdots + \beta_n a_k^{(i)} \quad (k \geqslant 0).$$

于是由式(7.2.27)可得

$$\Omega^k = \begin{pmatrix} a_{k+n-1}^{(n-1)} & \cdots & a_{k+1}^{(n-1)} & a_k^{(n-1)} \\ \vdots & & \vdots & \vdots \\ a_{k+n-1}^{(1)} & \cdots & a_{k+1}^{(1)} & a_k^{(1)} \\ a_{k+n-1}^{(0)} & \cdots & a_{k+1}^{(0)} & a_k^{(0)} \end{pmatrix} \quad (k \geqslant 0),$$

及

$$a_k = a_0 a_k^{(0)} + a_1 a_k^{(1)} + \cdots + a_{n-1} a_k^{(n-1)} \quad (k \geqslant 0).$$

定义

$$f(z) = f(z_1, \cdots, z_n) = \sum_{k=0}^{\infty} z_1^{a_{k+n-1}} z_2^{a_{k+n-2}} \cdots z_n^{a_k}.$$

因为

$$(a_{k+n-1}, a_{k+n-2}, \cdots, a_k)\Omega = (a_{k+n}, a_{k+n-1}, \cdots, a_{k+1}),$$

所以 $f(z)$ 满足函数方程

$$f(z) = f(\Omega z) + z_1^{a_{n-1}} z_2^{a_{n-2}} \cdots z_n^{a_0}.$$

由线性递推数列性质（例如，文献[211]）及式(7.2.28)，我们有

$$a_k = \sum_{i=1}^{n} b_i \rho_i^k = b_1 \rho_1^k + o(\rho_1^k),$$

其中 b_i 是常数，$b_1 \neq 0$. 另外，因 $a_k \geqslant 0, b_1 > 0$，故 $a_{k+1} - a_k \to \infty \; (k \to \infty)$，于是由引理 7.2.3 知

$$f(1, \cdots, 1, z) = \sum_{k=0}^{\infty} z^{a_k}$$

在 $\mathbb{C}(z)$ 上是超越的，从而由引理 7.2.1 推知 $f(z_1, \cdots, z_n)$ 在 $\mathbb{C}(z_1, \cdots, z_n)$ 上也是超越的. 最后，容易看出 Ω 和点 $(1, \cdots, 1, \alpha)$ 满足定理 7.2.3 的条件，因此由定理 7.2.2 得到

$$f(1, \cdots, 1, \alpha) = \sum_{k=0}^{\infty} \alpha^{a_k}$$

的超越性. □

特别地，由定理 7.2.3 可知数 $\sum_{k=0}^{\infty} \alpha^{F_k}$ 是超越数，此处 F_k 是第 k 个 Fibonacci 数.

另一个有趣的应用例子是下列 Hecke-Mahler 级数值的超越性：

$$F_\omega(z_1, z_2) = \sum_{h_1=1}^{\infty} \sum_{h_2=1}^{[h_1\omega]} z_1^{h_1} z_2^{h_2},$$

其中 $\omega > 0$ 是无理数. 用定理 7.2.2 和定理 7.2.3 可以证明：若 $\omega > 0$ 是二次无理数，$\alpha_1, \alpha_2 \in \mathbb{A}, 0 < |\alpha_1|, |\alpha_1||\alpha_2|^\omega < 1$，则 $F_\omega(\alpha_1, \alpha_2)$ 是超越数. 特别地，当 $\alpha \in \mathbb{A}, 0 < |\alpha| < 1$ 时，$\sum_{h=1}^{\infty} [h\omega] \alpha^h$ 是超越数（见文献[126]）.

在文献[170]中我们还可找到其他 Mahler 函数在代数点上值的超越性的具体例子，它们与递推序列关系密切.

7.3 补充与评注

1° Mahler 方法代数无关性情形比超越性情形要复杂得多,其基础是 Mahler 函数的代数无关性,对此可参见文献[97,124,168]等.关于 Mahler 方法的较完整的论述及文献目录,可见文献[170].较近期的文献还有文献[45,171,224]等.有关消元法理论在 Mahler 方法中的应用可见文献[155,162,166,223]等.

2° 消没定理本质上是零点估计.D. W. Masser[147]给出了一个新的消没定理,还可见文献[97,167,169]等.

3° Hecke-Mahler 级数的研究除文献[74,126]外,还可参见文献[148,170]等.在文献[44,165,268,269]中给出了相应的逼近方法.

4° M. Amou[8]研究了 Mahler 函数在超越点上值的代数无关性,A. I. Galochkin[78]研究了 Mahler 函数值的线性无关性,S. M. Molchanov[150]给出某些 Mahler 函数值的 p-adic 超越性度量,这些问题值得继续研究.

5° 关于 Mahler 方法在分形几何中的应用,可见文献[28,75,170]等.另一重要应用即应用 Mahler 方法研究自动机理论中的某些问题,可见文献[27,53,54,122,123,125,180,199]等.

第**8**章

数 的 分 类

1931 年,K. Mahler[129] 对超越数给出一个互不相交的完整分类,分别称为 S 数、T 数和 U 数. 本章介绍 Mahler 关于数的分类,并给出各类数的一些性质. 最后还介绍了 J. F. Koksma[96] 于 1939 年给出的类似于 Mahler 的关于超越数的分类.

8.1　Mahler 分类

令多项式集合

$$\wp(n,H) = \{P(z) \mid P(z) \in \mathbb{Z}[z], \deg P \leqslant n, H(P) \leqslant H\}.$$

设 $\xi \in \mathbb{C}$,当 n 和 H 给定后,定义

$$\omega_n(H,\xi) = \min_{\substack{P(z)\in \wp(n,H) \\ P(\xi)\neq 0}} |P(\xi)|. \tag{8.1.1}$$

当 $n\geqslant 1$ 和 $H\geqslant 1$ 时,由定义式(8.1.1)知 $\omega_n(H,\xi)$ 至多为1,且当 $P(z)\equiv 1$ 时

$$P(\xi) = 1,$$

于是

$$\omega_n(H,\xi) \leqslant 1.$$

当 n,H 增加时,$\omega_n(H,\xi)$ 不增加. 又定义

$$\omega_n = \omega_n(\xi) = \varlimsup_{H\to\infty}\left(-\frac{\log\omega_n(H,\xi)}{\log H}\right) \quad (n = 1,2,\cdots) \tag{8.1.2}$$

和

$$\omega = \omega(\xi) = \varlimsup_{H\to\infty}\frac{\omega_n(\xi)}{n}, \tag{8.1.3}$$

即

$$\omega = \varlimsup_{n\to\infty}\varlimsup_{H\to\infty}\left(-\frac{\log\omega_n(H,\xi)}{n\log H}\right). \tag{8.1.4}$$

从上面定义容易看出 $0\leqslant\omega_n\leqslant\infty$ 及 $0\leqslant\omega\leqslant\infty$. 事实上,由于

$$\omega_{n+1}(H,\xi) \leqslant \omega_n(H,\xi),$$

于是

$$-\log\omega_{n+1}(H,\xi) \geqslant -\log\omega_n(H,\xi),$$

故有

$$\omega_{n+1}(\xi) \geqslant \omega_n(\xi),$$

即 $\omega_n(\xi)$ 关于 n 是非降的,因此 ω 是非负有限数或者是正无穷. 还定义自然数 μ 如下:

$$\mu = \begin{cases} \text{使 } \omega_\mu = \infty \text{ 的最小指标 } \mu \quad (\text{即当 } n\geqslant\mu \text{ 时,} \\ \quad \omega_n = \infty;\text{而当 } n < \mu \text{ 时,} \omega_n \neq \infty); \\ \infty \quad (\text{当上述指标不存在时}). \end{cases}$$

此处定义的 μ 是唯一确定的,特别地,当 $\mu<\infty$ 时,有 $\omega = \infty$,这是由于当 $n\geqslant\mu$ 时,$\omega_n = \infty$,于是

$$\frac{\omega_n}{n} = \infty,$$

显然

$$\omega = \infty.$$

又由 μ 的定义可知，对任意 $\xi \in \mathbb{C}$，μ 和 ω 不可能都取有限值. 按照上面的定义，Mahler 给出数的分类：

A 数： $\omega = 0, \mu = \infty$；

S 数： $0 < \omega < \infty, \mu = \infty$；

T 数： $\omega = \infty, \mu = \infty$；

U 数： $\omega = \infty, \mu < \infty$.

我们首先证明代数数全体与 A 数集合相同.

定理 8.1.1 $\mathbb{A} = A$ 数的全体.

证 先设 $\xi \in \mathbb{A}$，那么对任意多项式

$$P(z) \in \wp(n, H),$$

并且

$$P(\xi) \neq 0,$$

由引理 1.1.10 有

$$|P(\xi)| > \frac{c}{H(P)^{\deg \xi - 1}},$$

这里 c 是依赖于 ξ, n 的正常数，故有

$$-\log \omega_n(H, \xi) < -\log c + (\deg \xi - 1) \log H,$$
$$\omega_n(\xi) = \deg \xi - 1, \quad \omega(\xi) = 0,$$

这就证明了 ξ 是 A 数.

反之，设 ξ 是 A 数，如果 $\xi \notin \mathbb{A}$，先设 $\xi \in \mathbb{R}$，记

$$Q(\xi) = a_0 \xi^n + a_1 \xi^{n-1} + \cdots + a_n, \quad \sum_{i=0}^{n} a_i^2 \neq 0,$$

于是对每个次数不超过 n、高不超过 h 的非零多项式 $Q(z)$，有一个值 $Q(\xi)$ 与之对应. 显然满足条件 $0 \leqslant a_i \leqslant h (0 \leqslant i \leqslant n)$ 的非零多项式共有 $(h+1)^{n+1} - 1$ 个，而与 $Q(z)$ 对应的 $Q(\xi)$ 满足

$$|Q(\xi)| \leqslant h \max(1, |\xi|^n)(n+1) \leqslant ch,$$

这里 c 是只依赖于 ξ, n 的正常数，显然 $c \geqslant n+1$. 将 $[-ch, ch]$ 区间分成长度为 $2ch^{-n}$ 个互不相交的小区间，共有 h^{n+1} 个. 显然当 n, h 很大时

$$h^{n+1} < (h+1)^{n+1} - 1.$$

由抽屉原理，至少有两个不同的 $Q_i(z)(i=1,2)$ 对应的值 $Q_i(\xi)(i=1,2)$ 落入上面的长

度为 $2ch^{-n}$ 的同一小区间中,于是有

$$| Q_1(\xi) - Q_2(\xi) | \leqslant 2ch^{-n}.$$

令

$$P(z) = Q_1(z) - Q_2(z),$$

则有

$$\deg P \leqslant n, \quad H(P) \leqslant 2h,$$

而

$$| P(\xi) | \leqslant 2ch^{-n},$$

与 ξ 相应的 $\omega_n(\xi) \geqslant n$,则有

$$\omega(\xi) \geqslant 1,$$

这与 ξ 是 A 数相矛盾,于是 ξ 应是代数数. 如果 $\xi \in \mathbb{C}$,则 $Q(\xi)$ 对应的复数点落入正方形 $[-c'h, c'h] \times [-c'h, c'h]$ 中,此处 c' 是只依赖于 ξ, n 的正常数. 将正方形的每边各分成长度为 $2c'h^{-\frac{n-1}{2}}$ 的小区间,每边共有 $h^{\frac{n+1}{2}}$ 个小区间,可构成 h^{n+1} 个小正方形. 同样用抽屉原理,有两个不同的 $Q_1(z)$ 和 $Q_2(z)$,对应的 $Q_1(\xi)$ 和 $Q_2(\xi)$ 落入同一个小正方形中,并且对应的 $Q_1(\xi)$ 和 $Q_2(\xi)$ 满足

$$| P(\xi) | = | Q_1(\xi) - Q_2(\xi) | \leqslant 2\sqrt{2}c'h^{-\frac{n-1}{2}},$$

于是

$$\omega_n(\xi) \geqslant \frac{n-1}{2}, \quad \omega(\xi) \geqslant \frac{1}{2},$$

这与 ξ 是 A 数相矛盾,同样证明了 $\xi \in \mathbb{A}$. $\square$

8.2 关于 S 数、U 数和 T 数

本节首先证明在 Lebesque 测度定义下,几乎所有的超越数都是 S 数. 在证明它之前,先给出 S 数的一些性质和两个引理.

定理 8.2.1 若 ξ 是 S 数,则存在 $\theta_0 > 0$,对任意 $\varepsilon > 0$,有与 H 无关的常数 $c_n = c(\xi, n, \theta_0, \varepsilon)$ 存在,使得

$$\omega_n(H,\xi) > c_n H^{-(\theta_0+\varepsilon)n} \quad (n=1,2,\cdots; H=1,2,\cdots) \tag{8.2.1}$$

成立. 反之, 若 ξ 满足式(8.2.1), 则 ξ 是 S 数.

证 设 ξ 是 S 数, 由定义

$$\varlimsup_{n\to\infty} \frac{\omega_n(\xi)}{n} = \omega_n(\xi) < \infty,$$

故 $\dfrac{\omega_n(\xi)}{n}$ 有界, 从而存在 $\theta_0 > 0$, 使得

$$\omega_n(\xi) = \varlimsup_{n\to\infty}\left(-\frac{\log\omega_n(H,\xi)}{\log H}\right) < \theta_0 n \quad (n=1,2,\cdots)$$

成立, 故对任意 $\varepsilon > 0$, 存在 $H_0(n,\theta_0,\varepsilon)$, 使得当 $H > H_0(n,\theta_0,\varepsilon)$ 时, 有

$$-\frac{\log\omega_n(H,\xi)}{\log H} < (\theta_0+\varepsilon)n$$

和

$$\omega_n(H,\xi) > H^{-(\theta_0+\varepsilon)n}. \tag{8.2.2}$$

现在令

$$c_n = c(\xi,n,\theta_0,\varepsilon) = \min_{1\leqslant H\leqslant H_0(n,\theta_0,\varepsilon)}\left(\frac{1}{2}\omega_n(H,\xi)H^{(\theta_0+\varepsilon)n},1\right),$$

则 $c_n \leqslant 1$, 故由式(8.2.2), 当 $H > H_0(n,\theta_0,\varepsilon)$ 时, 式(8.2.1)成立. 而当 $H \leqslant H_0(n,\theta_0,\varepsilon)$ 时, 由 c_n 的定义, 有

$$c_n < \frac{1}{2}\omega_n(H,\xi)H^{(\theta_0+\varepsilon)n},$$

从而有

$$\begin{aligned}
\omega_n(H,\xi) &= \omega_n(H,\xi)H^{(\theta_0+\varepsilon)n}H^{-(\theta_0+\varepsilon)n}\\
&> \frac{1}{2}\omega_n(H,\xi)H^{(\theta_0+\varepsilon)n}H^{-(\theta_0+\varepsilon)n}\\
&> c_n H^{-(\theta_0+\varepsilon)n},
\end{aligned}$$

易验证

$$\omega(\xi) = \theta_0,$$

并且 $\mu = \infty$, 故 ξ 是 S 数. □

根据定理 8.2.1, 我们定义式(8.2.1)中指数 $\theta_0 + \varepsilon$ 的下界:

$$\theta = \inf\{\theta_1 \mid \text{对一切 } n, \text{存在 } c_n, \text{使得}$$

$$\omega_n(H,\xi) > c_n H^{-\theta_1 n} \ (H = 1,2,\cdots)\}, \tag{8.2.3}$$

θ 称为 S 数 ξ 的型.

定理 8.2.2 如果 ξ 是 S 数,则 ξ 的型为

$$\theta = \sup_n \left(\frac{\omega_n(\xi)}{n} \right). \tag{8.2.4}$$

证 设 θ_1 适合 $\omega_n(H,\xi) > c_n H^{-\theta_1 n} (H=1,2,\cdots)$,则有

$$-\frac{\log \omega_n(H,\xi)}{\log H} < -\frac{\log c_n}{\log H} + \theta_1 n,$$

故有

$$\omega_n(\xi) \leqslant \theta_1 n,$$

则对所有的 n 有

$$\frac{\omega_n(\xi)}{n} \leqslant \theta_1,$$

即有

$$\sup_n \left(\frac{\omega_n(\xi)}{n} \right) \leqslant \theta_1,$$

从而有

$$\sup_n \left(\frac{\omega_n(\xi)}{n} \right) \leqslant \inf \theta_1 = \theta.$$

现证明等号成立. 如不然

$$\theta - \sup_n \left(\frac{\omega_n(\xi)}{n} \right) > 0,$$

故可取 $\delta > 0$,使得

$$\theta - \delta \geqslant \sup_n \left(\frac{\omega_n(\xi)}{n} \right)$$

成立,从而有 $\dfrac{\omega_n(\xi)}{n} \leqslant \theta - \delta$(对所有 n). 与定理 8.2.1 的证明完全类似,存在正常数 c_n 和任意小 $\varepsilon > 0$,使得

$$\omega_n(H,\xi) > c_n H^{-(\theta-\delta+\varepsilon)n} \quad (H = 1,2,\cdots)$$

成立,但是 $\theta - \delta + \varepsilon < \theta$,这与 θ 是 ξ 的型的定义相矛盾,这样证明了等号成立,即式(8.2.4)成立. □

引理 8.2.1 设

$$Q(z) = q_0 z^n + q_1 z^{n-1} + \cdots + q_n$$

为整系数多项式，β 为任意复数，$\alpha_1, \cdots, \alpha_n$ 为 $Q(z)$ 的零点，则有

$$|q_0(\beta - \alpha_3)\cdots(\beta - \alpha_n)| \leqslant n(n-1)L(Q)\max(1, |\beta|)^{n-2}\prod_{j=1}^{2}\max(1, |\alpha_j|)^{-1}.$$

证 设

$$P(z) = q_0(z - d_3)\cdots(z - d_n),$$

则有

$$|P(\beta)| \leqslant L(P)\max(1, |\beta|)^{n-2}$$

和

$$L(P) \leqslant |q_0|\sum_{m=0}^{n-2}|\sigma_m(\alpha_3, \cdots, \alpha_n)|,$$

这里 $\sigma_m(\alpha_3, \cdots, \alpha_n)$ 为 $\alpha_3, \cdots, \alpha_n$ 的 m 阶初等对称函数.

设 $m \geqslant 0$，$\sigma_m(x_1, \cdots, x_n)$ 为 $x_1, \cdots, x_n$ 的 m 阶初等对称函数，由

$$\sigma_{m+1}(x_{i+2}, \cdots, x_n) = \sigma_{m+1}(x_{i+1}, \cdots, x_n) - x_{i+1} \cdot \sigma_m(x_{i+2}, \cdots, x_n),$$

立刻得到（由归纳法）

$$\sigma_m(\alpha_{i+2}, \cdots, \alpha_n) = \sum_{j=0}^{m}(-1)^{m-j}\alpha_{i+1}^{m-j}\sigma_j(\alpha_{i+1}, \cdots, \alpha_n) \tag{8.2.5}$$

和

$$\sigma_m(\alpha_{i+2}, \cdots, \alpha_n) = \sum_{j=m+1}^{n-i}(-1)^{m+1-j}\alpha_{i+1}^{m-j}\sigma_j(\alpha_{i+1}, \cdots, \alpha_n), \tag{8.2.6}$$

注意 $\sigma_j(\alpha_1, \cdots, \alpha_n) = (-1)^j q_j/q_0 (j = 1, \cdots, n)$，现在在式(8.2.5)和式(8.2.6)中取 $i = 0$，当 $|\alpha_1| \leqslant 1$ 时，我们用式(8.2.5)，当 $|\alpha_1| > 1$ 时，我们用式(8.2.6)，最后有

$$|q_0\sigma_m(\alpha_2, \cdots, \alpha_n)| \leqslant L(Q)\max(1, |\alpha_1|)^{-1}. \tag{8.2.7}$$

若在式(8.2.5)和式(8.2.6)中取 $i = 1$，并用式(8.2.7)，则有

$$|q_0\sigma_m(\alpha_3, \cdots, \alpha_n)|$$

$$\leqslant \begin{cases} (m+1)L(Q)\max(1, |\alpha_1|)^{-1}, & \text{当} |\alpha_2| \leqslant 1 \text{时}, \\ (n-m-2)L(Q)\max(1, |\alpha_1|)^{-1}\max(1, |\alpha_2|)^{-1}, & \text{当} |\alpha_2| > 1 \text{时}. \end{cases}$$

上式统一写成

$$|q_0\sigma_m(\alpha_3, \cdots, \alpha_n)| \leqslant nL(Q)\prod_{j=1}^{2}\max(1, |\alpha_j|)^{-1},$$

则有

$$L(P) \leqslant n(n-1)L(Q) \prod_{j=1}^{2} \max(1, |\alpha_j|)^{-1},$$

最后有

$$|q_0(\beta-\alpha_3)\cdots(\beta-\alpha_n)| \leqslant n(n-1)L(Q)\max(1, |\beta|)^{n-2} \prod_{j=1}^{2} \max(1, |\alpha_j|)^{-1}. \quad \square$$

注 8.2.1 由对称性可类似地证明

$$\left| q_0 \prod_{j=2}^{n} (\beta-\alpha_j)/(\beta-\alpha_i) \right| \leqslant n(n-1)L(Q)\max(1, |\beta|)^{n-2}\max(1, |\alpha_1|)^{-1}$$

$$\cdot \max(1, |\alpha_i|)^{-1} \quad (i=2,3,\cdots,n).$$

引理 8.2.2 设 $Q(z)$ 是不可约整系数多项式, 且

$$\deg Q = n \quad (n \geqslant 2), \quad H(Q) = h,$$

α 为 $Q(z)$ 的零点, 则有

$$|Q'(\alpha)| \geqslant c_1(n)h^{-n},$$

这里 $c_1(n)$ 是依赖于 n 的常数, 并有

$$c_1(n) < 1.$$

证 设

$$Q(z) = q(z-\alpha_1)\cdots(z-\alpha_n),$$

这里 $\alpha_1 = \alpha$, $D(Q)$ 表示多项式 $Q(z)$ 的判别式 (即结式 $R(Q, Q')$). 由于 $Q(z)$ 是不可约的, 所以 $D(Q) \neq 0$, 且

$$|D(Q)| = |q|^{n-1} \left| \prod_{i=1}^{n} Q'(\alpha_i) \right|$$

$$= |q|^{2n-1} \prod_{1 \leqslant i < j \leqslant n} |(\alpha_i - \alpha_j)^2|$$

$$= |q|^{2n-3} |Q'(\alpha)|^2 \prod_{\substack{i=2 \\ i \neq j}}^{n} \prod_{j=2}^{n} |\alpha_i - \alpha_j|$$

$$= |Q'(\alpha)|^2 |q|^{n-2} \prod_{i=2}^{n} |q| \prod_{\substack{j=2 \\ j \neq i}}^{n} |\alpha_i - \alpha_j|.$$

由注 8.2.1, 则有

$$|q| \prod_{\substack{j=2 \\ j \neq i \\ i \neq 1}}^{n} |\alpha_i - \alpha_j| \leqslant n(n-1)L(Q)\max(1, |\alpha_i|)^{n-2}\max(1, |\alpha|)^{-1}\max(1, |\alpha_i|)^{-1},$$

于是

$$|D(Q)| \leqslant |Q'(\alpha)|^2 q^{n-2} (n(n-1))^{n-1} (L(Q))^{n-1} \max(1, |\alpha|)^{-n+1}$$
$$\cdot \prod_{i=2}^{n} \max(1, |\alpha_i|)^{n-2}$$
$$\leqslant |Q'(\alpha)|^2 M(\alpha)^{n-2} (L(Q))^{n-1} (n(n-1))^{n-1} \max(1, |\alpha|)^{-2n+3}$$
$$\leqslant |Q'(\alpha)|^2 (n(n-1))^{n-1} (L(Q))^{2n-3} \max(1, |\alpha|)^{-2n+3}$$
$$\leqslant |Q'(\alpha)|^2 (n(n-1))^{n-1} ((n+1)h)^{2n-3}.$$

由于

$$|D(Q)| \geqslant 1,$$

于是有

$$|Q'(\alpha)| \geqslant c_1(n) h^{-n},$$

这里

$$c_1(n) = (n(n-1))^{-\frac{n-1}{2}} (n+1)^{-n},$$

显然 $c_1(n) < 1 (n \geqslant 2)$. $\qquad\square$

定理 8.2.3 在 Lebesque 测度意义下，几乎所有的数都是 S 数.

证 由于 A 数集合就是代数数全体，所以它的 Lebesque 测度为零. 下面我们只需证明，全体 T 数和全体 U 数构成的集合的 Lebesque 测度为零.

设 ξ 为任意复数，$P(z)$ 是不可约整系数多项式，且

$$\deg P \leqslant n, \quad H(P) \leqslant H.$$

用 a 表示与 ξ 有最小距离的 $P(z)$ 的零点，则对 $P(z)$ 的任意其他零点 a'，有

$$|a - a'| \leqslant |\xi - a| + |\xi - a'| \leqslant 2|\xi - a'|,$$

于是 $P'(a) = p_n(a - a_2)\cdots(a - a_n)$（这里设 $\deg P = n$，p_n 为 $P(z)$ 的首项系数），因此

$$|P'(a)| \leqslant 2^{n-1} |p_n| |\xi - a_2| \cdots |\xi - a_n|$$
$$\leqslant 2^{n-1} |P(\xi)| / |\xi - a|,$$

则有

$$|\xi - a| \leqslant 2^n |P(\xi)| |P'(a)|. \tag{8.2.8}$$

由引理 8.2.2，则存在一个与 n 有关的正常数 $c_1(n)$，使得

$$|P'(a)|^{-1} \leqslant c_1(n)^{-1} h^n. \tag{8.2.9}$$

但在 $n = 1$ 时，由于

$$|P'(a)|^{-1} \leqslant 1,$$

显然有

$$|P'(a)|^{-1} \leqslant c_1(2)^{-1}h.$$

对任意给定的数 $\varepsilon(0<\varepsilon<1)$，设 ξ 为 T 数或者 U 数. 首先证明，对自然数 n 和 h，存在一个次数为 n 和高为 h 的不可约整系数多项式 $P(z)$，使得

$$|P(\xi)| < \frac{\varepsilon c_1(n)}{n^3 6^{n+1}} h^{-6n} \tag{8.2.10}$$

成立. 事实上，由 T 数和 U 数的定义知，存在次数为 n 和高为 h 的整系数多项式 $P(z)$，使得

$$|P(\xi)| < \left(\frac{\varepsilon c_1(n)}{n^3 6^{n+1}}\right)^n e^{-12n^2} h^{-6n} \tag{8.2.11}$$

成立. 如果 $P(z)$ 为不可约，由式(8.2.11)立刻得出式(8.2.10)成立. 如果 $P(z)$ 可分解为 k 个不可约多项式的乘积，即

$$P(z) = P_1(z) \cdots P_k(z),$$

设 $H(P_i) = h_i$，$\deg P_i = n_i$，则有

$$n_1 + \cdots + n_k = n,$$

并由引理 3.1.2 知

$$h_1 \cdots h_k \leqslant e^n h.$$

如果对 $1 \leqslant j \leqslant k$，都有

$$|P_j(\xi)| \geqslant \left(\frac{\varepsilon c_1(n_j)}{n_j^3 6^{n_j+1}}\right) h_j^{-6n_j},$$

由引理 8.2.2 的 $c_1(n)$ 的定义，有

$$c_1(n_j) \geqslant c_1(n) \quad (j = 1, \cdots, k),$$

则有

$$|P(\xi)| = \prod_{j=1}^{k} |P_j(\xi)| > \left(\frac{\varepsilon c_1(n)}{n^3 6^{n+1}}\right)^k (h_1 \cdots h_k)^{-6n}$$

$$\geqslant \left(\frac{\varepsilon c_1(n)}{n^3 6^{n+1}}\right)^n e^{-12n^2} h^{-6n},$$

这与式(8.2.11)矛盾，故至少有一个 $P_i(z)$ 满足式(8.2.10). 由式(8.2.8)～(8.2.10)，在不可约多项式 $P(z)$ 的诸零点中，若 a 与 ξ 有最小距离，则有

$$| \xi - a | \leqslant 2^n \frac{\varepsilon c_1(n)}{n^3 6^{n+1}} h^{-6n} c_1^{-1}(n) h^n$$

$$= 2^n \frac{\varepsilon}{n^3 6^{n+1}} h^{-5n} < \frac{\varepsilon}{n^3 3^{n+1}} h^{-5n}.$$

以 $P(z)$ 的每个零点为圆心,作一个半径为 $\dfrac{\varepsilon}{n^3 3^{n+1}} h^{-5n}$ 的圆. 记这些圆的和集为 $S(P, n, h)$,并记

$$M(n, h) = \bigcup_{P(z)} S(P, n, h),$$

这里 $P(z)$ 经过所有次数为 n 和高为 h 的不可约整系数多项式,它们最多有 $(2h + 1)^{n+1}$ 个,这样所有 T 数和 U 数都包含在数集 $M = \bigcup_{n=1}^{\infty} \bigcup_{h=1}^{\infty} M(n, h)$ 中. 而 $M(n, h)$ 的 Lebesque 测度不超过

$$n(2h + 1)^{n+1} \pi \left(\frac{\varepsilon}{n^3 3^{n+1}} h^{-5n} \right)^2 \leqslant n \cdot 3^{n+1} h^{n+1} \pi \frac{\varepsilon}{n^3 3^{n+1}} h^{-5n} \leqslant \frac{\varepsilon \pi}{n^2 h^3}.$$

因此 M 的 Lebesque 测度不超过

$$\sum_{n=1}^{\infty} \sum_{h=1}^{\infty} \frac{\pi \varepsilon}{n^2 h^3} \leqslant c_2 \varepsilon,$$

这里 c_2 是一个绝对常数,ε 为任意小,这就完成了定理的证明. □

注 8.2.2 K. Mahler 给出了 S 数的型的定义后,他还证明了:存在 θ_0 和 σ_0,使得几乎所有的实数是型为 θ 的 S 数(θ 满足 $1 \leqslant \theta \leqslant \theta_0$),几乎所有的复数是型为 σ 的 S 数(σ 满足 $1/2 \leqslant \sigma \leqslant \sigma_0$). 1932 年,K. Mahler[130] 证明了 $\theta_0 = 4$ 和 $\sigma_0 = \dfrac{7}{4}$,并猜想:$\theta_0 = 1$ 和 $\sigma_0 = \dfrac{1}{2}$. 1953 年,W. J. LeVeque[117] 证明了 $\theta_0 = 2$ 和 $\sigma_0 = \dfrac{5}{3}$. 1965 年,V. G. Sprindzhuk[214] 完全解决了 Mahler 猜想,即证明了 $\theta_0 = 1$ 和 $\sigma_0 = \dfrac{1}{2}$.

注 8.2.3 由定理 8.2.3,人们自然希望能确定一些熟知的超越数,如 e, π, e^π 和 $\log \alpha (\alpha \neq 0, 1, \alpha \in \mathbb{A})$ 等是否为 S 数,但至今所知甚少,例如,1929 年,J. Popken[181] 证明了 e 是型为 1 的 S 数. 另外还知道,$\pi, \sum_{n=1}^{\infty} 2^{-3^n}$ 和 $0.12345678910\cdots$(Mahler 十进小数)等是 S 数或 T 数.

关于 U 数,有下面一些结果.

定理 8.2.4 ξ 为 U 数的充分必要条件为:存在 $\mu < \infty$,使当任意固定的 $n \geqslant \mu$ 时,对任意 $\theta > 0$,存在无穷序列 $\{H_\lambda\}_{\lambda=1}^{\infty}$,满足 $\lim_{\lambda \to \infty} H_\lambda = \infty$,而且对每个 H_λ,都有次数 $\leqslant n$ 的整系数多项式 $P_n(z)$ 满足

$$0 < |P_n(\xi)| < H_\lambda^{-\theta n}, \quad H(P_n) \leqslant H_\lambda. \tag{8.2.12}$$

证 设 ξ 是 U 数,于是存在

$$\mu = \mu(\xi) < \infty,$$

使得当 $n \geqslant \mu$ 时

$$\omega_n(\xi) = \infty,$$

即

$$\varlimsup_{H \to \infty} \left(-\frac{\log \omega_n(H, \xi)}{\log H} \right) = \infty,$$

于是对每个固定的 $\theta > 0$ 和固定的 $n \geqslant \mu$,有一个无穷序列 H_λ,满足 $\lim\limits_{\lambda \to \infty} H_\lambda = \infty$(实际上,$H_\lambda$ 是 H 的子序列),同时

$$-\frac{\log \omega_n(H_\lambda, \xi)}{\log H_\lambda} > \theta n,$$

再由 $\omega_n(H_\lambda, \xi)$ 的定义,对每个 H_λ(对固定的 $\theta > 0$ 和固定的 $n \geqslant \mu$)有 $P_n(z) \in \mathbb{Z}[z]$ 和 $\deg P_n \leqslant n$,并满足

$$0 < |P_n(\xi)| < H_\lambda^{-\theta n} \quad \text{和} \quad H(P_n(z)) \leqslant H_\lambda,$$

因此式(8.2.12)成立.

反之,由式(8.2.12)知

$$\omega_n(H_\lambda, \xi) < H_\lambda^{-\theta n},$$

故有

$$-\frac{\log \omega_n(H_\lambda, \xi)}{\log H_\lambda} > \theta n,$$

因而有

$$\varlimsup_{H \to \infty} \left(-\frac{\log \omega_n(H, \xi)}{\log H} \right) \geqslant \varlimsup_{H_\lambda \to \infty} \left(-\frac{\log \omega_n(H_\lambda, \xi)}{\log H_\lambda} \right) > \theta n,$$

则有 $\omega_n(\xi) > \theta n$ 和 $\dfrac{\omega_n(\xi)}{n} > \theta$(当 $n \geqslant \mu$ 时),θ 为任给固定的数,故有

$$\varlimsup_{n \to \infty} \frac{\omega_n(\xi)}{n} = \infty,$$

即 ξ 是 U 数. $\qquad\qquad\qquad\qquad\qquad\qquad\qquad\qquad$ □

定理 8.2.5 Liouville 数是 U 数,并且 $\mu = 1$.

证 设 α 是 Liouville 数，由定义，对任意 $\theta > 0$，仍在无穷序列 $\{p_{\lambda_n}/q_{\lambda_n}\}_{n=1}^{\infty}$ 满足

$$0 < \left| \alpha - p_{\lambda_n}/q_{\lambda_n} \right| < q_{\lambda_n}^{-\theta n - 1} \quad (n \geqslant 1),$$

令

$$P_n(z) = q_{\lambda_n} z - p_{\lambda_n}.$$

设 $q_{\lambda_n} > 0, \left| p_{\lambda_n} \right| \leqslant q_{\lambda_n}, H_{\lambda_n} = \max(\left| p_{\lambda_n} \right|, q_{\lambda_n})$，于是有

$$0 \neq \left| P_n(\alpha) \right| < H_{\lambda_n}^{-\theta n},$$

由定理 8.2.4 知 α 是 U 数，并且 $\mu = 1$. $\qquad\square$

现在证明下面一个重要定理：

定理 8.2.6 代数相关的数属于同一个类.

证 由于与代数数代数相关的数还是代数数，并且代数数都是 A 数，故我们只需证明两个代数相关的超越数属于同一分类即可. 设 ξ 和 η 为两个超越数，它们在 $\mathbb{Q}$ 上代数相关，即存在非零有理整系数多项式 $Q(x, y)$，使得

$$Q(\xi, \eta) = 0.$$

还可假设 $Q(x, \eta)$ 的零点 $\xi = \xi_1, \xi_2, \cdots, \xi_k$ 都是超越数，因为如其中有一个是代数数，设它的极小多项式为 $q(x)$，则可用 $Q(x, y)/q(x)$ 代替 $Q(x, y)$. 这可保证 $Q(x, \eta)$ 的零点都是超越数. 令

$$Q(x, \eta) = \sum_{\sigma=0}^{k} \sum_{\tau=0}^{t} P_{\sigma\tau} x^{\sigma} \eta^{\tau} = \sum_{\sigma=0}^{k} F_{k-\sigma}(\eta) X^{\sigma}, \tag{8.2.13}$$

这里

$$F_{k-\sigma}(\eta) = \sum_{\tau=0}^{t} P_{\sigma\tau} \eta^{\tau} \quad (\sigma = 0, 1, \cdots, k).$$

令

$$\begin{aligned} F(x) &= Q(x, \eta) \\ &= F_0(\eta) x^k + F_1(\eta) x^{k-1} + \cdots + F_k(\eta), \end{aligned} \tag{8.2.14}$$

这里

$$F_0(\eta) \neq 0.$$

设 $P(z) \in \wp(n, H)$，则有

$$P(\xi_i) \neq 0 \quad (i = 1, \cdots, k).$$

令

$$P_0(\xi_1,\cdots,\xi_k) = \prod_{i=1}^k P(\xi_i) \neq 0. \tag{8.2.15}$$

而每个 $P(\xi_i)$ 的估计如下:

$$|P(\xi_i)| \leqslant (n+1)H(P)\max(1,|\xi_i|)^n \leqslant c_1 H \quad (i=1,\cdots,k),$$

这里 c_1（以及下面的 $c_2,c_3,\cdots$）是只与 n,k,t,ξ_i,η 和 P_σ 有关的正常数. 令

$$P_0(x_1,\cdots,x_k) = \sum_{l_1,\cdots,l_k} b_{l_1,\cdots,l_k} x_1^{l_1}\cdots x_k^{l_k},$$

则有

$$H(P_0) \leqslant H^k. \tag{8.2.16}$$

又由于 $P_0(\xi_1,\cdots,\xi_k)$ 关于 $\xi_1,\cdots,\xi_k$ 对称, 因此若 $\sigma_1,\cdots,\sigma_k$ 为 $\xi_1,\cdots,\xi_k$ 的初等对称函数, 则有

$$P_0(\xi_1,\cdots,\xi_k) = P^*(\sigma_1,\cdots,\sigma_k), \tag{8.2.17}$$

这里

$$P^*(\sigma_1,\cdots,\sigma_k) = \sum_{\lambda_1=0}^n \cdots \sum_{\lambda_k=0}^n p(\lambda_1,\cdots,\lambda_k)\sigma_1^{\lambda_1}\cdots\sigma_k^{\lambda_k},$$

其中 $p(\lambda_1,\cdots,\lambda_k)\in\mathbb{Z}$, 并有

$$H(P^*) \leqslant c_2 H^k.$$

由于 $\xi=\xi_1,\xi_2,\cdots,\xi_k$ 为 $F(x)$ 的零点, 所以 $\sigma_1,\cdots,\sigma_k$ 可以用 $F(X)$ 的系数表示, 即

$$\sigma_i = (-1)^i \frac{F_i(\eta)}{F_0(\eta)} \quad (i=1,\cdots,k). \tag{8.2.18}$$

将 σ_i 代入式 (8.2.17), 则有

$$P_0(\xi_1,\cdots,\xi_k) = Q(\eta)/F_0(\eta)^m, \tag{8.2.19}$$

这里

$$m = \deg P^* \leqslant n,$$

而 $Q(\eta)$ 为

$$Q(\eta) = F_0^m(\eta) \cdot P^*(-F_1(\eta)/F_0(\eta),\cdots,(-1)^k F_k(\eta)/F_0(\eta)),$$

并且 $F_0(\eta)$ 和 $Q(\eta)\in\mathbb{Z}[\eta]$. 由式 (8.2.15) 和式 (8.2.19) 有

$$P(\xi) = P_0(\xi_1,\cdots,\xi_k)\Big(\prod_{i=2}^k P(\xi_i)\Big)^{-1}$$

$$= Q(\eta)F_0(\eta)^{-m}\Big(\prod_{i=2}^k P(\xi_i)\Big)^{-1}. \tag{8.2.20}$$

注意到 $m \leqslant n$，则有

$$\left| F_0(\eta)^m \prod_{i=2}^k P(\xi_i) \right| \leqslant (t+1)^m (\max|P_{\sigma\tau}|)^n \max(1,|\eta|)^{tn}$$

$$\cdot ((n+1)H\max(1,|\xi_i|)^n)^{k-1} \leqslant c_3 H^{k-1}. \quad (8.2.21)$$

下面证明 $Q(\eta)$ 关于 η 的次数 $\leqslant nt$，由于

$$F_i(\eta) = \sum_{\tau=0}^t P_{k-i,\tau}\eta^\tau \quad (i=1,\cdots,k),$$

将式 (8.2.18) 代入式 (8.2.17)，则有

$$P^*(\sigma_1,\cdots,\sigma_k) = \sum_{\substack{\lambda_1,\cdots,\lambda_k \\ 0 \leqslant \lambda_1+\cdots+\lambda_k \leqslant n}} p(\lambda_1,\cdots,\lambda_k) \frac{\prod_{i=1}^k \left((-1)^i \sum_{\tau=0}^t P_{k-i,\tau}\eta^\tau\right)^{\lambda_i}}{\left(\sum_{\tau=0}^t P_{k\tau}\eta^\tau\right)^{\sum_{i=1}^k \lambda_i}}$$

$$= F_0^{-m}(\eta) \sum_{\substack{\lambda_1,\cdots,\lambda_k \\ 0 \leqslant \lambda_1+\cdots+\lambda_k \leqslant n}} p(\lambda_1,\cdots,\lambda_k) \prod_{i=1}^k \left((-1)^i \sum_{\tau=0}^t P_{k-i,\tau}\eta^\tau\right)^{\lambda_i}$$

$$\cdot \left(\sum_{\tau=0}^t P_{k\tau}\eta^\tau\right)^{m-\sum_{i=1}^k \lambda_i},$$

从而

$$Q(\eta) = \sum_{\substack{\lambda_1,\cdots,\lambda_k \\ 0 \leqslant \lambda_1+\cdots+\lambda_k \leqslant n}} p(\lambda_1,\cdots,\lambda_k) \prod_{i=1}^k \left((-1)^i \sum_{\tau=0}^t P_{k-i,\tau}\eta^\tau\right)^{\lambda_i}$$

$$\cdot \left(\sum_{\tau=0}^t P_{k\tau}\eta^\tau\right)^{m-\sum_{i=1}^k \lambda_i}.$$

于是

$$\deg Q(\eta) \leqslant tm \leqslant tn,$$

而且

$$H(Q(\eta)) \leqslant (n+1)^k ((t+1)\max|P_{\sigma\tau}|)^{\sum_{i=1}^k \lambda_i} \max|p(\lambda_1,\cdots,\lambda_k)|$$

$$\cdot ((t+1)\max|P_{\sigma\tau}|)^{n-\sum_{i=1}^k \lambda_i} \leqslant c_4 H^k.$$

由 $\omega_n(H,\eta)$ 的定义有

$$|Q(\eta)| \geqslant \omega_{nt}(c_4 H^k,\eta),$$

由式 (8.2.20) 和式 (8.2.21) 有

$$|P(\xi)| \geqslant \omega_{nt}(c_4 H^k, \eta)(c_3 H)^{-(k-1)},$$

此式对任意 $P(z) \in \wp(n, H)$ 都成立，故有

$$\omega_n(H, \xi) > \omega_{nt}(c_4 H^k, \eta) c_5^{-1} H^{1-k},$$

于是有

$$\omega_n(\xi) \leqslant k - 1 + k\omega_{nt}(\eta). \tag{8.2.22}$$

由于 ξ 和 η 是对称的，同样有

$$\omega_n(\eta) \leqslant t - 1 + t\omega_{nk}(\xi). \tag{8.2.23}$$

最后得

$$\omega(\xi) \leqslant kt\,\omega(\eta) \tag{8.2.24}$$

和

$$\omega(\eta) \leqslant kt\,\omega(\xi). \tag{8.2.25}$$

由式(8.2.24)和式(8.2.25)可以看出 $\omega(\xi)$ 和 $\omega(\eta)$ 同时为有限或者同时为无限，故 ξ 和 η 同时为 S 数或者同时不为 S 数。如果 ξ 和 η 同时不为 S 数，式(8.2.22)和式(8.2.23)可看出 $\mu(\xi)$ 和 $\mu(\eta)$ 同时为有限或者同时为无限。这样得出 ξ 和 η 同时为 U 数或者同时为 T 数。□

注 8.2.4 由定理 8.2.6，我们可以判断一些数代数无关。由定理 8.2.5 知，Liouville 数是 U 数，而由注 8.2.3 知，e, π，Mahler 十进小数和 $\sum\limits_{n=1}^{\infty} 2^{-3^n}$ 等都不是 U 数，因此 Liouville 数与它们每个都代数无关。

最后我们来研究 T 数。长期以来，人们不知道 T 数是否存在。1968 年，W. M. Schmidt[192] 证明了 T 数存在。这里我们只给出 T 数的一个必要条件。

定理 8.2.7 设 ξ 是 T 数，则存在序列 $\{\theta_n\}$，满足 $\varlimsup\limits_{n \to \infty} \theta_n = \infty$ 和存在正常数

$$c_n = c(\theta_n, \xi, n),$$

使得

$$\omega_n(H, \xi) > c_n H^{-\theta_n n} \quad (n = 1, 2, \cdots) \tag{8.2.26}$$

成立。

证 设 ξ 是 T 数，则 ξ 不是 U 数，由定理 8.2.4 知，ξ 不满足定理 8.2.4 的条件式(8.2.12)，即存在适当 $\theta_n(\xi, n) > 0$ 和适当的正常数

$$c_n = c(\xi, n, \theta_n),$$

使得

$$\omega_n(H,\xi) > c_n H^{-\theta_n n} \quad (n = 1, 2, \cdots)$$

成立,这里 c_n 和 θ_n 与 H 无关,这是由式(8.2.12)指出的.另一方面,如果 $\varlimsup\limits_{n\to\infty}\theta_n < \infty$,则 $0 < \omega(\xi) < \infty$,从而得出 ξ 是 S 数,此不可能,故有

$$\varlimsup_{n\to\infty}\theta_n = \infty. \qquad\qquad \square$$

8.3 Koksma 分类

1939 年,J. F. Koksma[96] 给出了类似于 Mahler 关于数的分类,它实际上是对超越数进行分类,本节介绍这一分类.

令 ξ 为任意复数,$\alpha \in \mathbb{A}$,定义下面一些关系式:

$$\omega_n^*(H,\xi) = \min_{\substack{\deg\alpha\leqslant n \\ H(\alpha)\leqslant H}} |\xi - \alpha|,$$

$$\omega_n^* = \omega_n^*(\xi) = \varlimsup_{H\to\infty}\left(-\frac{\log(H \cdot \omega_n^*(H,\xi))}{\log H}\right),$$

$$\omega^* = \omega^*(\xi) = \varlimsup_{n\to\infty}\frac{\omega_n^*(\xi)}{n}.$$

又令 μ^* 为使 $\omega_{\mu^*} = \infty$ 的最小下标,若此正整数不存在,定义 $\mu^* = \infty$.下面是 Koksma 关于超越数的分类:

S^* 数: $0 < \omega^* < \infty$,$\mu^* = \infty$;

T^* 数: $\omega^* = \infty$,$\mu^* = \infty$;

U^* 数: $\omega^* = \infty$,$\mu^* < \infty$.

对 ξ 是 S^* 数,存在适当的正常数

$$C_n^* = C_n^*(\xi),$$

使得

$$\omega_n^*(H,\xi) > C_n^* H^{-\theta_1^* n} \quad (n = 1, 2, \cdots; H = 1, 2, \cdots)$$

成立.令 $\theta^* = \inf\theta_1^*$,称 θ^* 为 S^* 数 ξ 的型.

Koksma 的分类同 Mahler 的分类完全一样,可以证明 $S^* = S$,$T^* = T$,$U^* = U$(见文献[197]).

8.4 补充与评注

1° Mahler 关于数的分类是超越数论的度量理论的中心内容,关于它的历史、现状和展望,请参见文献[215].

2° Yu K. R.[260] 和 P. Philippon[174] 分别研究了 Mahler 数的分类的多变量推广.

3° G. Wüstholz[252] 研究过关于 U 数的对数线性型,还可见文献[264].

4° 关于数的分类的一些新的研究工作,见文献[3-5,42,60,151]等.

参考文献

[1] Adams W W. Transcendental numbers in the p-adic domain[J]. Amer. J. Math. , 1966, 88: 279-308.

[2] Akhiezer N I. Elements of the theory of elliptic functions[M]. Providence: AMS, 1990.

[3] Alniacik K. On U_m-numbers[J]. Proc. Amer. Math. Soc. , 1982, 83: 499-505.

[4] Alniacik K. On Mahler's U-numbers[J]. Amer. J. Math. , 1983, 105: 1347-1356.

[5] Alniacik K. On T-numbers[J]. Glasnik Mathematicki, 1986, 21: 271-282.

[6] Amoroso F. On the distribution of complex numbers according to their transcendence types[J]. Ann. Mat. Pura Appl. , 1988, 151: 359-368.

[7] Amoroso F. Values of polynomials with integer coefficients and distance to their common zeros [J]. Acta Arith. , 1994, 68: 101-112.

[8] Amou M. Algebraic independence of the values of certain functions at a transcendental number [J]. Acta Arith. , 1991, 59: 71-82.

[9] Amou M. On the proof of Mahler Manin conjecture[M]//Transcendental number theory and related topics. Korea: Kyungnam Univ. Press, 1998: 1-20.

[10] Amou M. Introduction to transcendental numbers: proof of the Mahler Manin conjecture[J]. Sem. on Math. Sci. , 1998.

[11] Amou M. On algebraic independence of certain functions related to the elliptic modular func-

tion[M]//Number theory and its applications. London:Kluwer, 1999:25-34.

[12] Apéry R. Irrationalité de ζ(2) et ζ(3)[J]. Astérisque, 1979, 61:11-13.

[13] Ax J. On Schanuel's conjectures[J]. Ann. Math., 1971, 93:252-267.

[14] Baker A. On some Diophantine inequalities involving the exponential function[J]. Canadian J. Math., 1965, 17:616-626.

[15] Baker A. Linear forms in the logarithms of algebraic numbers(Ⅰ, Ⅱ, Ⅲ, Ⅳ)[J]. Mathematika, 1966, 13:204-216;1967, 14:102-107, 202-228;1968, 15:204-216.

[16] Baker A. Contributions to the theory of Diophantine equations(Ⅰ, Ⅱ)[J]. Philos. Trans. R. Soc. Lond., Ser. A, 1968, 263:173-191, 193-208.

[17] Baker A. A Sharpening of the bounds for linear forms in logarithms(Ⅰ, Ⅱ, Ⅲ) [J]. Acta Arith., 1972, 21:117-129;1973, 24:33-36;1975, 27:247-252.

[18] Baker A. A central theorem in transcendence theory[M]//Diophantine approximation and its applications. London:Academic Press, 1973, 123.

[19] Baker A. Transcendental number theory [M]. 2nd ed. Cambridge: Cambridge Univ. Press, 1990.

[20] Baker A. The theory of linear forms in logarithms[M]//Transcendence theory:advances and applications. London: Academic Press, 1977, 127.

[21] Baker A. Logarithmic forms and the abc-conjecture[M]//Number theory, diophantine, computational and algebraic aspects. Berlin :Walter de Gruyter, 1998, 37-44.

[22] Baker A, Wüstholz G. Logarithmic forms and group varieties[J]. J. Reine Angew. Math., 1993, 442:19-62.

[23] Barré K. Mesure de transcendance pour l'invariant modulaire[J]. C. R. Acad. Sci. Paris, Sér. I, 1996, 323:447-452.

[24] Barré K. Mesures d'approximation simultanée de q et J(q)[J]. J. Number Theory, 1997, 66: 102-128.

[25] Barré-Sirieix K, Diaz G, Gramain F, et al. Une preuve de la conjecture de Mahler-Manin[J]. Invent. Math., 1996, 124:1-9.

[26] Beckenbach E F, Bellman R. Inequalities[M]. Berlin:Springer, 1961.

[27] Becker P G. k-regular power series and Mahler-type functional equations[J]. J. Number Theory, 1994, 49:269-286.

[28] Becker P G, Bergweiler W. Transcendency of local conjugacies in complex dynamics and transcend dency of their values[J]. Manu. Math., 1993, 81:329-338.

[29] Bertrand D. Fonctions modulaires, courbes de Tate et indépendance algébrique, Sém. DPP (Théorie de Nombres), 19e année, 1977/78:n°36, 11pp.

[30] Bertrand D. Theta functions and transcendence[J]. Ramanujan J. Math., 1997, 1:339-350.

[31] Beukers F, Brownawell W D, Heckman G. Siegel normality[J]. Ann Math., Ser. Ⅱ, 1988, 127:279-308.

[32] Bombieri E. On G functions[M]//Recent progress in analytic number theory(Vol. 2). London:Academic Press, 1981, 168.

[33] Borwein J M, Borwein P B. Pi and the AGM[M]. New York：John Wiley & Sons，1987.

[34] Brownawell W D. Some transcendence results for the exponential function[J]. Norske Vid. Selsk. Skr. , 1972, 11：1-2.

[35] Brownawell W D. Sequences of diophantine approximations[J]. J. Number Theory, 1974, 6：11-21.

[36] Brownawell W D. The algebraic independence of certain numbers related by the exponential function [J]. J. Number Theory, 1974, 6：22-31.

[37] Brownawell W D. Gelfond's method for algebraic independence[J]. Trans. of Am. Math. Soc. , 1975, 210：1-26.

[38] Brownawell W D. Some remarks on semi resultants[M]//Transcendence theory：advances and applications . London：Academic Press, 1977, 205-210.

[39] Brownawell W D. On the Gelfond Feldman measure of algebraic independence[J]. Compos. Math. , 1979, 38：355-368.

[40] Brownawell W D. Effectivity in independence measures for the values of E functions[J]. J. Austral. Math. Soc. , 1985, 39：227-240.

[41] Cantor G. Über eine Eigenschaft des Inbegriffs aller reellen algebraischen Zahlen[J]. J. Reine Angew. Math. , 1874, 77：258-262.

[42] Caveny D M. U-numbers and T-numbers：some elementary transcendence and algebraic independence results[M]//Number theory with an emphasis on the Markoff spectrum. New York：Marcel Dekker, 1993：43-52.

[43] Caveny D M. Commutative algebraic groups and refinements of the Gelfond Feldman measure [J]. Rocky Mountain J. Math. , 1996, 26：889-935.

[44] Chen Y G, Zhu Y C. Algebraic independence of certain numbers[J]. Acta Math. Sinica(English Ser), 1999, 15：507-514.

[45] Chirskii V G. On the algebraic independence of the values of functions satisfying systems of functional equations[J]. Tr. Mat. Inst. imeni V. A. Steklova, 1997, 218：433-438.

[46] Chudnovsky G V. The Gelfond Baker method in problems of Diophantine approximation[M]//Topics in number theory. Amsterdam：North Holland Publishing Company, 1976：19-30.

[47] Chudnovsky G V. Algebraic independence of the values of elliptic functions at algebraic points. Elliptic analogue of the Lindemann-Weierstrass theorem [J]. Invent. Math. , 1980, 61：267-290.

[48] Chudnovsky G V. Contributions to the theory of transcendental numbers[M]. Providence：AMS, 1984.

[49] Chudnovsky G V. On applications of Diophantine approximations[J]. Proc. Natl. Acad. Sci. USA, 1984, 81：7261-7265.

[50] Cijsouw P L. Transcendence measures[D]. Amsterdam：Univ. Amsterdam, 1972.

[51] Cijsouw P L. On the approximability of the logarithms of algebraic numbers. Sém. DPP (Théorie de Nombres), 16e année, 1974/75：Fasc. 1, n°19, 6pp.

[52] Cijsouw P L, Tijdeman R. On the transcendence of certain power series of algebraic numbers

[J]. Acta Arith. , 1973, 23:301-305.

[53] Cobham A. On the base dependence of sets of numbers recognizable by finite automata[J]. Math. Systems Theory, 1969, 3:182-192.

[54] Cobham A. Uniform tag sequences[J]. Math. Systems Theory, 1972, 6:164-192.

[55] Cohen H. Démonstration de l'irrationalité de ζ(3)(d'après R. Apéry), Sém. Théor. Nombres Grenoble, 1978:9.

[56] Diaz G. Grands degrés de transcendance pour des familles d'exponentielles[J]. C. R. Acad. Sci. Paris(Sér. A), 1987, 305:159-162.

[57] Diaz G. Grands degrés de transcendance pour des familles d'exponentielles[J]. J. Number Theory, 1989, 31:1-23.

[58] Diaz G. Une nouvelle mesure d'independance algebrique pour (α^β, α^{β^2})[J]. Acta Arith. , 1990, 56:25-32.

[59] Dobrowolski E. On a question of Lehmer and the number of irreducible factors of a polynomial [J]. Acta Arith. , 1979, 34:391-401.

[60] Dubois E. On Mahler's classification in Laurent series fields[J]. Rocky Mantain J. of Math. , 1996, 26:1003-1016.

[61] Duverney D, Nishioka Ke, Nishioka Ku, et al. Transcendence of Jacobi's theta series[J]. Proc. Japan Acad. , 1996, 72A:202-203.

[62] Duverney D, Nishioka Ke, Nishioka Ku, et al. Transcendence of Rogers Ramanujan Continued fraction and reciprocal sums of Fibonacci numbers[J]. Proc. Japan Acad. , 1997, 73A: 140-142.

[63] Duverney D, Nishioka Ke, Nishioka Ku, et al. Transcendence of Jacobi's theta series and related results[M]//Number theory, diophantine, computational and algebraic aspects. Berlin: Walter de Gruyter , 1998: 157-168.

[64] Dvornicich R. A criterion for the algebraic dependence of two complex numbers[J]. Boll. Unione Mat. Ital. , 1978, A15:678-687.

[65] Einsèdler M. A generalisation of Mahler measure and its application in algebraic dynamical systems[J]. Acta Arith. , 1999, 88:15-29.

[66] Fel'dman N I. Approximation of certain transcendental numbers, I. the approximation of logarithms of algebraic numbers[J]. Izv. Akad. Nauk SSSR, 1951, 15:53-74.

[67] Fel'dman N I. On the approximation by algebraic numbers of the logarithms of algebraic numbers[J]. Izv. Akad. Nauk SSSR, 1960, 24:475-492.

[68] Fel'dman N I. Lower bound for certain linear forms[J]. Vestn. Mosk. Univ. , 1967, 22(2): 63-72.

[69] Fel'dman N I. Improved estimate for a linear forms of the logarithms of algebraic numbers[J]. Mat. Sbor. , 1968, 77:423-436.

[70] Fel'dman N I. An effective refinement of the exponent in Liouville's theorem[J]. Izv. Akad. Nauk SSSR, 1971, 35:973-990.

[71] Fel'dman N I. Approximation of algebraic numbers[M]. Moscow:Izd. Mosk. Univ. , 1981.

［72］ Fel'dman N I. Hilbert's seventh problem［M］. Moscow：Izd. Mosk. Univ. , 1982.

［73］ Fel'dman N I, Nesterenko Yu V. Transcendental numbers［M］. Berlin：Springer, 1998.

［74］ Flicker Y Z. Algebraic independence by a method of Mahler［M］. J. Austral. Math. Soc.（Ser. A）, 1979, 27：173-188.

［75］ Franklin J N, Golomb S W. A function theoretic approach to the study of nonlinear recurring sequences［J］. Pac. J. Math. , 1975, 56：455-468.

［76］ Galochkin A I. Estimate of the conjugate transcendence measure for the values of E-functions ［J］. Mat. Zametki, 1968, 3：377-386.

［77］ Galochkin A I. Estimate from below of polynomials in the values of analytic functions of a certain class［J］. Mat. Sb. , 1974, 95：396-417.

［78］ Galochkin A I. On the linear independence of the values of functions satisfying Mahler's functional equations［J］. Vestn. Mosk. Univ.（Ser. Mat. ）, 1997, 52(5)：14-17.

［79］ Gantmacher F R. The theory of matrices［M］. New York：Chelsea Publishing Company, 1959.

［80］ Geijsel J M. Transcendence in fields of positive characteristic［M］. Amsterdam：Mathematisch Centrum, 1979.

［81］ Gelfond A O. Sur les nombres transcendantes［J］. C. R. Acad. Sci. Paris(Sér. A), 1929, 189：1224-1228.

［82］ Gelfond A O. On Hilbert's seventh problem［J］. Dokl. Akad. Nauk SSSR, 1934, 2：1-6.

［83］ Gelfond A O. Sur le septième problème de Hilbert［J］. Izv. Akad. Nauk SSSR(Ser. Mat.), 1934, 7：623-630.

［84］ Gelfond A O. On the approximation of transcendental numbers by algebraic numbers［J］. Dokl. Akad. Nauk SSSR, 1935, 2：177-182.

［85］ Gelfond A O. On the approximation by algebraic numbers of the ratio of the logarithms of two algebraic numbers［J］. Izv. Akad. Nauk SSSR(Ser. Mat.), 1939, 56：509-518.

［86］ Gelfond A O. Approximation of algebraic numbers by algebraic numbers, and transcendental number theory［J］. Usp. Mat. Nauk, 1949, 4(4)：19-49.

［87］ Gelfond A O. On the algebraic independence of transcendental numbers of certain classes［J］. Usp. Mat. Nauk, 1949, 4(5)：14-48.

［88］ Gelfond A O. On algebraic independence of algebraic powers of algebraic numbers［J］. Dokl. Akad. Nauk SSSR, 1949, 64：277-280.

［89］ Gelfond A O. Transcendental and algebraic numbers［M］. New York：Dover, 1960.

［90］ Gelfond A O. Selected works［M］. Moscow：Izd. Nauka, 1973：41-42.

［91］ Gelfond A O, Fel'dman N I. On the relative transcendence measure of certain numbers［J］. Izv. Akad. Nauk SSSR(Ser. Mat.), 1950, 14：493-500.

［92］ Goss D. Basic structures of function field arithmetic［M］. Berlin：Springer, 1998.

［93］ Hata M. Legendre type polynomials and irrationality measures［J］. J. Reine Angew. Math. , 1990, 407：99-125.

［94］ Hata M. A new irrationality measure for $\zeta(3)$ ［J］. Acta Arith. , 2000, 92：47-57.

［95］ Hermite Ch. Sur la fonction exponentielle［J］. C. R. Acad. Sci. Paris(Sér. A), 1873, 77：18-24.

［96］ Koksma J F. Über die Mahlersche Klasseneinteilung der transzendenten Zahlen und die Approximation Komplexer Zahlen durch algebraische Zahlen［J］. Monatsh. Math. Phys. , 1939, 48:176-189.

［97］ Kubota K K. On the algebraic independence of holomorphic solutions of certain functional equations and their values［J］. Math. Ann. , 1977, 227:9-50.

［98］ Kuz'min R O. On a new class of transcendental numbers［J］. Izv. Akad. Nauk SSSR, 1930, 3:585-597.

［99］ Lang S. A transcendence measure for E-functions［J］. Mathematika, 1962, 9:157 -161.

［100］ Lang S. Report on diophantine approximations［J］. Bull. Soc. Math. Fr. , 1965, 93:177-192.

［101］ Lang S. Algebraic values of mermorphic functions(Ⅰ , Ⅱ)［J］. Topology, 1965, 3:183-191; 1966, 5:363-370.

［102］ Lang S. Introduction to transcendental numbers［M］. Reading, Mass. : Addison Wesley, 1966.

［103］ Lang S. Introduction to modular forms［M］. Berlin:Springer, 1976.

［104］ Lang S. Elliptic curves:diophantine analysis［M］. Berlin:Springer, 1978.

［105］ Lang S. Fundamentals of diophantine geometry［M］. Berlin:Springer, 1983.

［106］ Lang S. Elliptic functions［M］. 2nd ed. Berlin:Springer, 1987.

［107］ Lang S. Algebra, Revised［M］. 3rd ed. Berlin:Springer, 2002.

［108］ Laurent M. Sur quelques résultats récents de transcendance［J］. Astérisque, 1991:198-200; 209-230.

［109］ Laurent M. Heuteur de matrices d'interpolation, In:Diophantine approximations and transcendental numbers(Luminy 1990) ［M］. Berlin :Walter de Gruyter, 1992:215-238.

［110］ Laurent M. Linear forms in two logarithms and interpolation determinants［J］. Acta Arith. , 1994, 66:181-199.

［111］ Laurent M, Mignotte M, Nesterenko Yu V. Formes linéaires en deux logarithmes et déterminants d'interpolation［J］. J. Number Theory, 1995, 55:285-321.

［112］ Laurent M, Roy D. Criteria of algebraic independence with multiplicities and interpolation determinants［J］. Trans. Amer. Math. Soc. , 1999, 351:1845-1870.

［113］ Laurent M, Roy D. Sur l'approximation algébrique en degré de transcendance un［J］. Ann. Inst. Fourier, 1999, 49:27-55.

［114］ Lawden D F. Elliptic functions and applications［M］. Berlin:Springer, 1989.

［115］ Le M H. Applications of Gel'fond-Baker's methods to Diophantine equations［M］. Beijing: Science Press, 1998.

［116］ Lehmer D H. Factorization of certain cyclotomic functions［J］. Ann. Math. , 1933, 34: 461-479.

［117］ LeVeque W J. Note on S numbers［J］. Proc. Amer. Math. Soc. , 1953, 4:189-190.

［118］ Lin F C. Schanuel's conjecture implies Ritt's conjecture［J］. Chinese J. Math. , 1983, 11: 41-50.

［119］ Lindemann F. Über die Zahl π［J］. Math. Ann. , 1882, 20:213-225.

［120］ Lindemann F. Über die Ludolph'sche Zahl[J]. Sitzungsber. Preuss. Akad. Wiss. , 1882：679-682.

［121］ Liouville J. Sur des classes très-étendues de quantités dont la valeur n'est ni algébrique, ni même reductible à des irrationnelles algébrique[J]. C. R. Acad. Sci. Paris, 1844, 18：910-911；J. Math. pures appl. , 1851, 16：133-142.

［122］ Loxton J H. Automata and transcendence[M]//New advances in transcendence theory. Cambridge：Cambridge Univ. Press, 1988：215-228.

［123］ Loxton J H. Spectral studies of automata[M]//Irregularities of partitions. Berlin ：Springer, 1989：115-128.

［124］ Loxton J H, van der Poorten A J. A class of hypertranscendental functions[J]. Aequations Math. , 1977, 16：93-106.

［125］ Loxton J H, van der Poorten A J. Arithmetic properties of automata：regular sequences[J]. J. Reine Angew. Math. , 1988, 392：57-69.

［126］ Mahler K. Arithmetische Eigenschaften der Lösungen einer Klasse von Funktionalgleichungen [J]. Math. Ann. , 1929, 101：342-366.

［127］ Mahler K. Über das Verschwinden von Potenzreihen mehrerer VeRänderlichen in speziellen Punktfolgen[J]. Math. Ann. , 1930, 103：573-587.

［128］ Mahler K. Arithmetische Eigenschaften einer Klasse transzendental-transzendenter Funktionen[J]. Math. Z. , 1930, 32：545-585.

［129］ Mahler K. Zur Approximation der Exponentialfunktion und des Logarithmus(I , II)[J]. J. Reine Angew. Math. , 1932, 166：118-136, 137-150.

［130］ Mahler K. Über das Mass der Menge aller S-Zahlen[J]. Math. Ann. , 1932, 106：131-139.

［131］ Mahler K. Über transzendente P-adische Zahlen[J]. Compos. Math. , 1935, 2：259-275.

［132］ Mahler K. Arithmetisch Eigenschaften einer Klasse von Dezimalbrüchen[J]. Proc. Akad. v. Wetensch. , Amsterdam, 1937, 40：421-428.

［133］ Mahler K. On the approximation of logarithms of algebraic numbers[J]. Philos. Trans. R. Soc. Lond.(Ser. A), 1953, 245：371-398.

［134］ Mahler K. An application of Jensen's formula to polynomials[J]. Mathematika, 1960, 7：98-100.

［135］ Mahler K. On a class of entire functions[J]. Acta Math. Acad. Sci. Hungar. , 1967, 18：83-96.

［136］ Mahler K. Remarks on a paper by W. Schwarz[J]. J. Number Theory, 1969, 1：512-521.

［137］ Mahler K. On algebraic differential equations satisfied by automorphic functions[J]. J. Austral. Math. Soc. , 1969, 10：445-450.

［138］ Mahler K. Lectures on transcendental numbers[R]. 1969 Number theory institute, Providence：AMS, 1971：248-274.

［139］ Mahler K. On the coefficients of the 2^n-th transformation polynomial for j(ω) [J]. Acta Arith. , 1972, 21：89-97.

［140］ Mahler K. On the coefficients of transformation polynomials for the modular function[J].

Bull. Austral. Math. Soc. , 1974, 10:197-218.

[141] Mahler K. On a paper by A. Baker on the approximation of rational power of e[J]. Acta Arith. , 1975, 27:61-87.

[142] Mahler K. Lectures on transcendental numbers[M]. Lect. Notes Math. , 546, Berlin: Springer, 1976.

[143] Mahler K. On a class of transcendental decimal fractions[J]. Commum. on Pure and Appl. Math. , 1976, 29:717-725.

[144] Makarov Yu V. Estimates of the measure of linear independence of the values of E-functions [J]. Vestn. Mosk. Univ. , Ser. Mat. , 1978, 33(2):312.

[145] Manin Yu I. Cyclotomic fields and modular curves[J]. Usp. Mat. Nauk, 1971, 26(6):771.

[146] Masser D W. Elliptic functions and transcendence[M]. Lect. Notes Math. , 437, Berlin: Springer, 1975.

[147] Masser D W. A vanishing theorem for power series[J]. Invent. Math. , 1982, 67:275-296.

[148] Masser D W. Algebraic independence properties of the Hecke-Mahler series[J]. Quart. J. Math. Oxford, 1999, 50(2):207-230.

[149] Mignotte M, Waldlschmidt M. Linear forms in two logarithms and Schneider's method(I , II , III) [J]. Math. Ann. , 1978, 231:241-267;Acta Arith. , 1989, 53:251-287;Ann. Fac. Sci. Univ. Toulouse, Sér. V, Math. , 1989, 97:43-75.

[150] Molchanov S M. On the p-adic measure for the values of functions satisfying some functional equations[J]. Vestn. Mosk. Univ. , Ser. Mat. , 1983, 38(2):31-37.

[151] Moran W, Pearce C, Pollington A. T-numbers form an M_0 set[J]. Mathematika, 1992, 39: 18-24.

[152] Nesterenko Yu V. Estimates of the orders of zero of analytic functions of a certain class and their application to the theory of transcendental numbers[J]. Dokl. Akad. Nauk SSSR, 1972, 205:292-295.

[153] Nesterenko Yu V. Estimates of orders of zeros of functions of a certain class and applications in the theory of transcendental numbers[J]. Izv. Akad. Nauk SSSR, Ser. Mat, 1977, 41:253-284.

[154] Nesterenko Yu V. On a sufficient criterion for algebraic independence of numbers[J]. Vestn. Mosk. Univ. , Ser. Mat. , 1983, 38(4):63-68.

[155] Nesterenko Yu V. On a measure of the algebraic independence of the values of certain functions[J]. Mat. Sb. , 1985, 128:545-568.

[156] Nesterenko Yu V. On a measure of the algebraic independence of the values of elliptic functions[M]//Diophantine approximations and transcendental numbers. Berlin: Walter de Gruyter, 1992:239-248.

[157] Nesterenko Yu V. On the algebraic independence measure of the values of elliptic functions [J]. Izv. Akad. Nauk SSSR, Ser. Mat. , 1995, 59:155-178.

[158] Nesterenko Yu V. Modular functions and transcendence problems[J]. C. R. Akad. Sci. Paris, Sér. I, 1996, 322:909-914.

［159］ Nesterenko Yu V. Modular functions and transcendence questions[J]. Mat. Sb. , 1996, 187：
65-96.

［160］ Nesterenko Yu V. On the measure of algebraic independence of values of the Ramanujan
functions[J]. Tr. Mat. Inst. imeni V. A. Steklova, 1997, 218：299-334.

［161］ Nesterenko Yu V. Algebraic independence of π and e^π[M]//Number theory and its applica-
tion. New York：Marcel Dekker, 1999, 121-149.

［162］ Nesterenko Yu V. Introduction to algebraic independence theory[M]. Lect. Notes Math. ,
1752, Berlin ：Springer, 2001.

［163］ Nishioka K. On a problem of Mahler for transcendency of function values(Ⅰ , Ⅱ) [J]. J.
Austral. Math. Soc.(Ser. A), 1982, 33：386-393；Tsukuba J. Math. , 1983, 7：265-279.

［164］ Nishioka K. Conditions for algebraic independence of certian power series of algebraic
numbers[J]. Compos. Math. , 1987, 62：53-61.

［165］ Nishioka K. Evertse theorem in algebraic independence[J]. Arch. Math. , 1989, 53：159-170.

［166］ Nishioka K. New approach in Mahler's method[J]. J. Reine Angew. Math. , 1990, 407：202-
219.

［167］ Nishioka K. Algebraic independence by Mahler's method and S-unit equations[J]. Compos.
Math. , 1994, 92：87-110.

［168］ Nishioka K. Algebraic independence of Mahler functions and their values[J]. Tohoku Math.
J. , 1996, 48：51-70.

［169］ Nishioka K. A new proof of Masser's vanishing theorem[J]. Proc. Amer. Math Soc. , 1996,
124：3271-3274.

［170］ Nishioka K. Mahler functions and transcendeuce[M]. Lect. Notes Math. , 1631, Berlin：
Springer, 1996.

［171］ Nishioka K. Algebraic independence of reciprocal sums of binary recurrences[J]. Mh. Math. ,
1997, 123：135-148.

［172］ Philippon P. Variétés abéliennes et independance algebrique(Ⅰ , Ⅱ) [J]. Invent. Math. ,
1983, 70：289-318；72：389-405.

［173］ Philippon P. Critères pour l'independance algébrique[J]. Publ. Math. Inst. Hautes Étud.
Sci. , 1986, 64：5-52.

［174］ Philippon P. Classification de Mahler et distances locales[J]. Bull. Austral. Math. Soc. ,
1994, 49：219-238.

［175］ Philippon P. Independance algebrique et K-functions[J]. J. Reine Angew. Math. , 1997,
497：1-15.

［176］ Philippon P, Waldschmidt M. Lower bounds for linear forms in logarithms [M]//New
advances in transcendence theory. Cambridge ；Cambridge Univ. Press, 1988： 280-312.

［177］ Philippon P, Waldschmidt M. Formes Linéaires de logarithmes simultanées sur les group
algébriques(Ill) [J]. J. Math. , 1988, 33：281-314.

［178］ van der Poorten A. On the arithmetic nature of definite integrals of rational functions[J].
Proc. Amer. Math. Soc. , 1971, 29：451-456.

[179] van der Poorten A. A proof that Euler missed—Apérg's proof of the irrationality of $\zeta(3)$ [J]. Math. Intell., 1979, 1:195-203.

[180] van der Poorten A. Substitution, automata, functional equations and functions algebraic over a finite field[M]//Papers in algebra, analysis and statistics. Providence : AMS, 1982, 307-312.

[181] Popken J. Zur Transzendenz von e [J]. Math. Z., 1929, 29:525-541.

[182] Ramachandra K. Contributions to the theory of transcendental numbers(Ⅰ , Ⅱ) [J]. Acta Arith., 1967/1968, 14:65-72;73-88.

[183] Ramanujan S. On certain arithmetical functions [J]. Trans. Cambridge Philos. Soc., 1916, 22:159-184.

[184] Reyssat E. Un critère d'indépendance algébrique [J]. J. Reine Angew. Math., 1981, 329:66-81.

[185] Rhin G, Viola C. The group structure for $\zeta(3)$ [J]. Acta Arith., 2001, 97:269-293.

[186] Ridout D. Rational approximations to algebraic numbers [J]. Mathematika, 1957, 4: 125-131.

[187] Roth K F. Rational approximations to algebraic numbers [J]. Mathematika, 1955, 2:1-20.

[188] Roy D. An arithmetic criterion for the values of the exponential function [J]. Acta Arith., 2001, 97:183-194.

[189] Salikhov V Kh. A criterion for the algebraic independence of the values of a class of hypergeometric E-functions [J]. Mat. Sb., 1990, 181:189-211.

[190] Schinzel A. On the Mahler measure of polynomials in many variables [J]. Acta Arith., 1997, 79:77-81.

[191] Schmidt W M. Simultaneous approximation to algebraic numbers by rationals[J]. Acta Math., 1970, 125:189-201.

[192] Schmidt W M. T-number do exist[M]//Rendiconti convegno di Teoria dei numeri . London: Academic Press, 1970:3-26.

[193] Schneider Th. Transzendenzuntersuchungen periodischer Funktionen(Ⅰ , Ⅱ)[J]. J. Reine Angew. Math., 1934, 172:65-69;70-74.

[194] Schneider Th. Arithmetische Untersuchungen elliptischer Integrale[J]. Math. Ann., 1937, 113:113.

[195] Schneider Th. Zur Theorie der Abelschen Funktionen und Integrale[J]. J. Reine Angew. Math., 1941, 183:110-128.

[196] Schneider Th. Ein Satz über ganzwertige Funktionen als Prinzip für Transzendenzbeweise[J]. Math. Ann., 1949, 121:131-140.

[197] Schneider Th. Einführung in die transzendenten Zahlen[M]. Berlin:Springer, 1957.

[198] Serre J P. Lectures on the Mordell Weil theorem[M]. 2nd ed. Braunschweig/Wiesbaden: Vieweg, 1990.

[199] Shallit J. Number theory and formal languages[M]//Emerging applications of number theory. Berlin:Springer, 1999, 547-570.

[200] Shestakov S O. On the measure of algebraic independence for certain numbers[J]. Vestn. Mosk. Univ. , Ser. Mat. , 1992, 47(2):8-12.

[201] Shidlovskii A B. A criterion for algebraic independence of the values of a class of entire functions[J]. Izv. Akad. Nauk SSSR, Ser. Mat. , 1959, 23:35-66.

[202] Shidlovskii A B. On transcendence and algebraic independence of the values of certain functions[J]. Tr. Mosk. Mat. O. va, 1959, 8:283-320.

[203] Shidlovskii A B. On transcendence and algebraic independence of the values of certain classes of entire functions[J]. Uch. Zap. Mosk. Univ. , 1959, 186:11-70.

[204] Shidlovskii A B. Transcendence measure estimates for the values of E-functions[J]. Mat. Zametki, 1967, 2:33-44.

[205] Shidlovskii A B. Transcendental numbers[M]. Berlin:Walter de Gruyter, 1989.

[206] Shiokawa I. Applications of Nesterenko's theorem on modular functions to transcendency of certain numbers[M]//Transcendental number theory and related topics . Masan, Korea: Kyungnam Univ. Press, 1998: 33-46.

[207] Shmelev A A. Concerning algebraic independence of some transcendental numbers[J]. Mat. Zametki, 1968, 3:51-58.

[208] Shmelev A A. On algebraic independence of some numbers[J]. Mat. Zametki, 1968, 4: 525-532.

[209] Shorey T N. On linear forms in the logarithms of algebraic numbers[J]. Acta Arith. , 1976, 30:27-42.

[210] Shorey T N, van der Poorten A, Schinzel A, et al. Applications of the Gelfond Baker method in Diophantine equations[M]//Transcendence theory:advances and applications. London: Academic Press, 1977:59-78.

[211] Shorey T N, Tijdeman R. Exponential Diophantine equations[M]. Cambridge:Cambridge Univ. Press, 1986.

[212] Siegel C L. Über einige Anwendungen diophantisch Approximationen[J]. Abh. Preuss . Akad. Wiss. Phys. Math. Kl. , 1929/1930, 1:1-70.

[213] Siegel C L. Transcendental numbers[M]. Princeton:Princeton Univ. Press, 1949.

[214] Sprindzhuk V G. A proof of Mahler's conjecture on the measure of the set of S-numbers[J]. Izv. Akad. Nauk SSSR, 1965, 29:379-436.

[215] Sprindzhuk V G. Achievements and problems in Diophantine approximation theory[J]. Usp. Mat. Nauk, 1980, 35(4):368.

[216] Sprindzhuk V G. Classical Diophantine equations[M]. Lect. Notes Math. , 1559, Berlin: Springer, 1993.

[217] Stark H. Further advances in the theory of linear forms in logarithms[M]//Diophantine approximation and its applications. London:Academic Press, 1973: 255-293.

[218] Stolarsky K B. Algebraic numbers and Diophantine approximations[M]. New York:Marcel Dekker, 1974.

[219] Tijdeman R. On the number of zeros of general exponential polynomials[J]. Indag. Math. ,

1971，33：1-7.

[220] Tijdeman R. On the algebraic independence of certain numbers[J]. Indag. Math. , 1971, 33：146-162.

[221] Tijdeman R. On the equation of Catalan[J]. Acta Arith. , 1976, 29：197-209.

[222] Titchmarsh E C. The theory of functions[M]. 2nd ed. Oxford：Oxford Univ. Press, 1952.

[223] Töpfer T. An axiomatization of Nesterenko's method and applications on Mahler functions （Ⅰ，Ⅱ）[J]. J. Number Theory, 1994, 49：1-26；Compos. Math. , 1995, 95：323-342.

[224] Uchida Y. Algebraic independence of the power series defined by blocks of digits[J]. J. Number Theory, 1999, 78：107-118.

[225] Väänänen K, Xu G S. On linear forms of G-functions[J]. Acta Arith. , 1988, 50：251-263.

[226] Väänänen K, Xu G S. On the arithmetic properties of the values of G-functions[J]. J. Austral. Math. Soc.（Ser. A）, 1989, 47：71-82.

[227] Veldkamp G. Ein transzendens Satz für p-adische Zahlen[J]. J. London Math. Soc. , 1940, 15：183-192.

[228] Voutier P. An effective lower bound for the height of algebraic numbers[J]. Acta Arith. , 1996, 74：81-85.

[229] Waldschmidt M. Indépendance algébrique des valeus de la fonction exponential[J]. Bull. Soc. Math. Fr. , 1971, 99：285-304.

[230] Waldschmidt M. Solution du huitième problème de Schneider[J]. J. Number Theory, 1973, 5：191-202.

[231] Waldschmidt M. Propriétés arithmétiques des valeurs de fonctions méromorphes algébriquement indépendantes[J]. Acta Arith. , 1973, 23：19-88.

[232] Waldschmidt M. Nombres transcendants [M]. Lect. Notes Math. , 402, Berlin：Springer, 1974.

[233] Waldschmidt M. Transcendence measures for exponentials and logarithms[J]. J. Austal. Math. Soc. , 1978, 25：445-465.

[234] Waldschmidt M. Transcendence methods, Queen's Pap. Pure Appl. Math. , 52, Kingston, Ont. ：Queen's Univ. , 1979.

[235] Waldschmidt M. Nombres transcendants et groupes algébriques. Astérisque, 1979, 69/70：1-218.

[236] Waldschmidt M. A lower bound for linear forms in logarithms[J]. Acta Arith. , 1980, 37：257-283.

[237] Waldschmidt M. Algebraic independence of transcendental numbers；Gelfond's method and its developments[M]//Perspectives in Mathematics. Basel：Birkh user, 1984：551-571.

[238] Waldschmidt M. Indépendance algébrique de nombres de Liouville[M]//Fifty years of polynomials. Lect. Notes Math. , 1415, Berlin：Springer, 1990, 225-235.

[239] Waldschmidt M. Nouvelles Méthodes pour minorer des combinaisons linéaires de logarithmes de nombres algèbriques（Ⅰ，Ⅱ）[J]. Sém. Théorie de Nombres Bordeaux, Sér. Ⅱ, 1991, 3：129-185；Publ. Math. Univ. Paris Ⅵ, 1991, 93(8)：1-36.

[240] Waldschmidt M. Fonctions auxiliaires et fonctionnelles analytiques(Ⅰ , Ⅱ)[J]. J. Analyse Math. , 1991, 56：231-254；255-279.

[241] Waldschmidt M. Constructions de fonctions auxiliaires[M]//Diophantine approximations and transcendental numbers. Berlin：Walter de Gruyter，1992；285-307.

[242] Waldschmidt M. Linear independence of logarithms of algebraic numbers[M]. Matscience Lect. Notes，116，Madras：The Institute of Mathematical Sciences，1992.

[243] Waldschmidt M. Minorations de combinaisons linéaires de logarithmes de nombres algébriques [J]. Can. J. Math. , 1993, 45；176-224.

[244] Waldschmidt M. Extrapolation with interpolation determinants[M]//Special functions and differential equations. New Delhi：Allied Publishers Priv. Limit. , 1997, 356-366.

[245] Waldschmidt M. Sur la nature arithmétique des valeus de fonctions modulaires，Sém. Bourbaki 49e année(96-97)，no. 824，Astérisque，1997，245；105-140.

[246] Waldschmidt M. Transcendance et indépendance algébrique de valeurs de fonctions modulaires [M]//Number theory. Providence ；AMS，1999，353-375.

[247] Waldschmidt M. Algebraic independence of transcendental numbers；a survey[M]//Number theory. New Delhi and Boston：Hindustan Book Agency and Birkh user，1999；497-527.

[248] Waldschmidt M. Un demi-siècle de transcendance[M]//Development of Mathematics 1950～ 2000. Basel：Birkhäser，2000.

[249] Waldschmidt M. Diophantine approximation on linear algebraic groups[M]. Berlin：Springer， 2000.

[250] Waldschmidt M，Zhu Y C. Une généralisation en plusieurs variables d'un critère de transcendance de Gelfond[J]. C. R. Acad. Sci. Paris(Sér. A)，1983，297；229-232.

[251] Weierstrass K. Zu Lindemann's Abhandlung；Über die Ludolph'sche[J]. Zahl Sitzungsber. Preuss. Akad. Wiss. , 1885；1067-1085.

[252] Wüstholz G. Linear form in logarithmen von U-Zahlen und Transzendenz von Polenzen(Ⅰ , Ⅱ) [J]. J. Rein Angew. Math. , 1978, 299/300；138-150；Arch. Math. , 1979，32；356-367.

[253] Wüstholz G. Über das Abelsche Analogon des Lindemannschen Satzes[J]. Invent. Math. , 1983, 72；363-388.

[254] Wüstholz G. A new approach to Baker's theorem on linear forms(Ⅰ , Ⅱ , Ⅲ)[M]//Diophantine approximation and transcendence theory. Lect. Notes Math. , 1290，Berlin：Springer， 1987；189-202，203-211；New advances in transcendence theory . Cambridge：Cambridge Univ. Press，1988；399-410.

[255] Xu G S. A note on linear forms in a class of E-functions and G-functions[J]. J. Austral. Math. Soc. , 1983, 35；338-348.

[256] Xu G S，Wang L S. On explicit estimates for linear forms in the values of a class of E-functions[J]. Bull. Austral. Math. Soc. , 1982, 25；37-69.

[257] Xu G S，Yu K R. Some Diophantine inequalities involving a class of Siegel's E-functions[J]. Kexue Tongbao，1979，24；481-486(In Chinese).

[258] Yu J. Transcendence in finite characteristic[M]//The arithmetic of functional fields. Berlin：

Walter de Gruyter，1992，253-264.

[259] Yu K R. Linear forms in elliptic logarithms[J]. J. Number Theory，1985，20：1-69.

[260] Yu K R. A generalization of Mahler's classification to several variables[J]. J. Reine Angew. Math.，1987，377：113-126.

[261] Yu K R. Linear forms in p-adic logarithms（Ⅰ，Ⅱ，Ⅲ）[J]. Acta Arith.，1989，53：107-186；Compos. Math.，1990，74：15-113；76：307；1994，91：241-276.

[262] Yu K R. p-adic logarithmic forms and group varieties（Ⅰ，Ⅱ）[J]. J. Reine Angew. Math.，1998，502：29-92；Acta Arith.，1999，89：337-378.

[263] Yu K R，Xu G S. A not on a theorem of Baker Mahler[J]. Acta math. Sinica，1979，22：487-494（In Chinese）.

[264] Yu X Y，Yu K R. A class of linear forms in complex logarithms[J]. Kexue Tongbao，1980，25：580-582.

[265] Zhu Y C. On the algebraic independence of certain power series of algebraic numbers[J]. Chin. Ann. Math.，1984，B5：109-117.

[266] Zhu Y C. Arithmetica properties of gap series with algebraic coefficients[J]. Acta Arith.，1988，50：295-308.

[267] Zhu Y C. Criteria of algebraic independence of complex numbers over a field of finite transcendence type（Ⅰ，Ⅱ）[J]. Chinese Sci. Bull.，1989，34：185-189；Acta Math. Sinica，NS，1990，6：24-34.

[268] Zhu Y C. An arithmetic property of Mahler's series[J]. Acta Math. Sinica，NS，1997，13：407-412.

[269] Zhu Y C. Algebraic independence of values of generalized Mahler's series[J]. Chin. Math. Ann.，1998，A19：723-728（In Chinese）.

[270] Zhu Y C. Algebraic independence by approximation method[J]. Acta Math. Sinica，NS，1998，14：295-302.

[271] Zhu Y C，Wang L X. Introduction to Diophantine approximations[M]. Beijing：Science Press，1993（In Chinese）.

[272] Zhu Y C，Wang L X，Xu G S. On the transcendence of a class of series[J]. Kexue Tongbao，1980，25：1-6.

索　引